费县耕地地力评价

费县农业局　编著

合肥工业大学出版社

图书在版编目(CIP)数据

费县耕地地力评价/费县农业局编著．—合肥：合肥工业大学出版社，2011.10

ISBN 978-7-5650-0596-1

Ⅰ.①费…　Ⅱ.①费…　Ⅲ.①耕作土壤—土壤肥力—土壤调查—费县②耕作土壤—质量评价—费县　Ⅳ.①S155.4②S158

中国版本图书馆 CIP 数据核字(2011)第 203857 号

费县耕地地力评价

费县农业局　编著　　　　责任编辑　孟宪余

出　版	合肥工业大学出版社	版　次	2011 年 10 月第 1 版
地　址	合肥市屯溪路 193 号	印　次	2011 年 10 月第 1 次印刷
邮　编	230009	开　本	710 毫米×1010 毫米　1/16
电　话	总编室:0551-2903038	印　张	15.5
	发行部:0551-2903198	字　数	236 千字
网　址	www.hfutpress.com.cn	印　刷	中国科学技术大学印刷厂
E-mail	hfutpress@163.com	发　行	全国新华书店

ISBN 978-7-5650-0596-1　　　　定价：58.00 元

如果有影响阅读的印装质量问题，请与出版社发行部联系调换。

《费县耕地地力评价》编辑委员会

#《费县耕地地力评价》编辑人员名单

主　　编　韩继起

副 主 编　姬　鹏　陈晓燕

编 著 者　陈明增　杨明礼　韩继起　姬　鹏　陈晓燕
王瑞良　刘吉元　庄倩梅　赵学永　王海飞
李凤芹　罗　芳　王宝军　李　荣

审　　稿　韩继起　姬　鹏

采样调查　李景军　刘吉元　刘道峰　陈万民　任　冲
姜　慧　赵中国　刘凤相　韩继起　王发忠
董勤成　雷艳秀　李士兴　李　梅　王成银
李腾腾　姚富国　谭　婧　贾彦宾　周宪伟
孙文艺　李文秀　杨中启　周　超　任重庆
孙友刚　刘宝东　刘全法　贾俊昌　曹光明
王发宗　王启国　闵召柱　裴怀增　杨茂同
鲍玉玺　张　伟　尹兆君　刘宝刚　宁宝峰
吴玉鹏　孙海涛

化验分析　陈晓燕　姬　鹏　赵学永　李凤芹
王海飞　李　春
姜　峰　崔传梅　董勤惠　罗　芳
朱锦霞　韩咏辰

前　言

费县位于鲁中南山地丘陵区南部，蒙山以南，分布有低山、丘陵和平原；土壤主要有棕壤、褐土、潮土、砂姜黑土、石质土和粗骨土六大类。主要种植小麦、玉米、地瓜、花生等农作物，素有“中国西瓜之乡”、“中国板栗之乡”、“中国奇石之乡”、“全国核桃产业十强县”之称。花生、肉类产量位列全国百强县，金银花产量居全国第二。

耕地是人类赖以生存的基础和农业生产的前提条件，是农业生产不可替代的重要生产资料，是保持社会和国民经济可持续发展的重要资源。掌握耕地和土壤资源状况、耕地肥力状况及动态变化，开展生产能力和障碍限制因子、耕地土壤养分的时空变化特征及变化趋势的系统分析，对区域农业结构调整、耕地和土壤利用、耕地改良和指导农业生产都具有重要的意义，也是土壤肥料工作者的重要任务。费县农业科技工作者在此前做了大量的工作，并分别于1958年和1980年开展了两次土壤普查工作，特别是第二次土壤普查工作，对全县土壤类型进行了详尽的描述和分类，并对土壤类型形成和分布做了重要阐述，不仅对当时平衡施肥和农业发展起到重要推动作用，而且对以后的土壤肥料基础性工作起了重要推动作用。但由于当时工作手段落后，调查内容和资料偏少，技术资料应用等方面有较大的局限性，尤其是不能适应经过28年的农业生产变革的现代农业发展的需要。因此2006至2008年我们按照农业部和山东省有关方案要求开展了费县耕地地力调查和质量评价工作。

我们严格按照《全国耕地地力调查与质量评价总体工作方案》、《全国耕地地力调查与质量评价技术规程》及山东省土肥总站《采样分析与耕地地力评价技术》等关于耕地地力评价方面的要求，我们应用地理信息系统（GIS）、全球定位系统（GPS）、空间插值等技术，开展了全面的野外调查和室内化验分析及数据库建设工作，先后对费县的6.57万公顷耕地进行了调查取样。共采集土样 7 303 个，其中耕地地力调查土样 2 000 个。化验分析土壤有机质、pH 值、全氮、碱解氮、有效磷、速效钾、缓效钾、交换性钙、交换性镁、有效硫、有效锌、有效硼、有效锰、有效铁、有效铜、有效钼及土壤容重等 17 项，共计 45 579 项次。并强化了数据整理和开发，利用 3S 技术建立了县域耕地资源管理信息系统和费县农作物施肥指导信息专家系统，完成了费县耕地地力调查工作报告、技术报告、专题报告，绘制了耕地地力等级图、土壤养分等级图、地形地貌图等 24 种图幅。

我们在整个工作中，严密组织，精心安排，严格操作规程和统一标准，严格质量控制。一是严格人员筛选和组织。二是合理布点和采样，布点在考虑地形地貌、土壤类型、肥力高低、作物种类等的同时兼顾空间分布的均匀性，做到典型性和代表性。采样中严格采样的一致性和统一 GPS 定位。三是严格数据审核。四是严格化验分析，特别是在分析化验过程中严格人员操作、环境、器具质量控制，实行空白、平行试验和参比样控制手段，确保了化验数据的可靠和准确。

费县耕地地力调查与评价工作是在山东省农业厅、山东省土肥总站、临沂市农委、临沂市土肥站领导的具体指导、帮助和费县县委、县政府的大力支持下，经农业局全体人员共同努力下完成的。工作中得到县财政局、县统计局、县民政局、县国土局、县气象局等的支持，给予了提供数据、图件等方面的配合；山东农业大学资环学院、天地亚太遥感公司在数据库建设、地力评价图的绘制方面也给予了一定帮助，在此一并表示诚挚的感谢。

本书的编者以科学严谨和认真负责的态度，力求内容真实可靠、准确完美。由于水平所限，错误之处在所难免，真诚希望各级领导和农业战线的同行们给予批评指正，以便进一步修改。

编者

2011 年 9 月

目　录

第一篇　工作报告

费县耕地地力评价工作报告 …………………………………………… (3)

第二篇　技术报告

第一章　自然与农业生产概况 ………………………………………… (23)
第一节　自然条件 ………………………………………………… (23)
第二节　农村经济与农业生产情况 ………………………………… (34)
第三节　农业基础设施情况 ………………………………………… (40)
第二章　土壤与耕地资源状况 ………………………………………… (42)
第一节　土壤类型与分布 …………………………………………… (42)
第二节　土地利用状况 ……………………………………………… (53)
第三节　耕地利用与管理 …………………………………………… (58)
第三章　样品采集与分析 ……………………………………………… (78)
第一节　土壤样品的布点与采集 …………………………………… (78)

第二节　土壤样品的制备 …………………………………… (81)
第三节　植株样品的采集与制备 ……………………………… (84)
第四节　样品的分析与质量控制 ……………………………… (85)
第四章　土样理化性状及评价 …………………………………… (89)
第一节　土壤pH值和有机质 ………………………………… (89)
第二节　土壤大量元素状况 …………………………………… (96)
第三节　土壤中量元素状况…………………………………… (108)
第四节　土壤微量元素状况…………………………………… (116)
第五节　土壤主要物理性状…………………………………… (129)
第五章　耕地地力评价……………………………………………… (133)
第一节　评价的原则依据及流程……………………………… (134)
第二节　软硬件准备、资料收集处理及基础数据库的建立………………………………………………… (137)
第三节　评价单元的划分及评价信息的提取………………… (142)
第四节　参评因素的选取及其权重确定……………………… (143)
第五节　耕地地力等级的确定………………………………… (147)
第六节　成果图编制及面积量算……………………………… (152)
第六章　耕地地力分析……………………………………………… (154)
第一节　耕地地力等级及空间分布…………………………… (154)
第二节　耕地地力等级分述…………………………………… (157)
第七章　耕地资源合理利用与改良………………………………… (167)
第一节　利用与改良的耕地资源的现状、特征……………… (167)
第二节　耕地资源合理利用的对策…………………………… (169)
第八章　耕地资源管理信息系统数据库建设……………………… (174)
第一节　概述…………………………………………………… (174)
第二节　建库内容及建库工作中主要问题的处理…………… (175)

第三节　数据库标准化……………………………………………………（177）
第四节　数据库结构………………………………………………………（178）
第五节　建库工作方法……………………………………………………（189）
第六节　建库成果…………………………………………………………（192）
第七节　小结………………………………………………………………（193）

第三篇　费县耕地地力评价专题报告

费县耕地改良利用分区专题研究…………………………………………（197）
费县花生高产创建与耕地地力评价专题报告……………………………（209）
费县白浆化棕壤的改良利用专题报告……………………………………（217）
费县土壤酸化状况与改良对策专题报告…………………………………（222）

附：费县耕地地力评价成果图 ………………………………………（233）

第一篇　工作报告

费县耕地地力评价工作报告

开展耕地地力评价，是为了更快推进社会主义新农村建设，更好地发展环境友好型和资源节约型的现代农业，也是为了认真贯彻党的十七大精神，以科学发展观为指导，加快科学施肥技术的全面推广和应用，提高肥料利用率，鼓励和支持农民科学施肥，提高耕地综合生产能力，减轻农业面源的污染，确保粮食生产稳定发展。我县于 2006 年承担实施了耕地地力评价工作项目，自项目实施以来，我县按照农业部、省农业厅的统一部署，在上级业务部门的大力支持下，在各有关单位的积极配合下，紧紧围绕“调查、资料汇总与整理、数据库建立、指标体系建立、耕地评价”等关键环节，同时开展测土、配方、配肥、供肥、施肥指导等专业技术，通过强化领导，采取各项措施，规范技术操作规程，借鉴各项目县的先进经验，加大工作力度，使我县的耕地地力评价工作顺利开展，农民施肥习惯有了很大的改进，肥料利用率有了较大提高，配方肥得到大面积推广应用，有效地推动了我县现代农业的全面快速发展。

费县是一个农业大县，位于鲁中南山地丘陵区的南部，北临蒙山。现辖 18 个乡镇，563 个行政村，人口 94 万人。其中农业人口 88.2 万人。耕地面积 65 726.67 ha，农作物种植面积 110 000 ha。其中，粮食种植面积 72 666.7 ha。小麦、玉米、地瓜、花生为我县主要种植作物。全县共有棕壤、褐土、潮土、砂浆黑土、粗骨土、石质土 6 大土类，15 个亚类，25 个土属，73 个土种。棕壤和褐土呈复区状分布，各种土壤的肥力状况相差较大，农民施肥千差万别，开展耕地地力评价和进行测土配方施肥势在必行。费县农业局积极与上级业务部门和科研机构、高等院校联系，利用现有的耕地地力评价调查数据，进行耕地地力评价工作，并取得了相应的成果。现将我县耕地地力评价工作开展情况报告如下：

一、耕地地力评价的目的与意义

（一）耕地质量问题严重

耕地质量在全国范围内受到各方关注已经持续了一段时间。20 多年来，化肥投入量和作物产量的持续增长，耕地土壤氮、磷养分供应状况有较大改进，但耕地土壤质量新一轮的问题也凸显出来。

首先是基础地力低。由于耕地基础地力下降，保水保肥性能、耐水耐肥性能差，对干旱、养分不均衡更敏感，对农田管理技术水平要求更高（即农民所说的“地越来越难伺候”），增加产量或维持高产，主要靠化肥、农药、农膜的大量使用。

其次是耕地土壤污染。耕地中有机废弃物含量高，污染了农田环境，恶化了土壤结构，不仅影响农作物产量，而且影响农产品的质量达标和市场准入。

第三，地表水污染严重，有害物质经农作物的吸附效应和生物链的传递累积，最终影响到人类的健康。

此外工矿企业、乡镇企业、建设工程项目的排污、倾渣占压土地、破坏灌溉和生态植被，造成土质恶化，地力退化，有的甚至使农业生产无法进行。

上述因素造成农田环境污染，不断积累而加重，并构成了从水体—土壤—生物—大气的全方位污染，给包括粮食等关乎国计民生在内的各种农产品产量和质量带来负面影响。

（二）耕地质量事关长治久安

土地是人类赖以生存的重要资源，耕地是农业生产的基本要素。据测算，生产1吨农产品，其耕地土壤质量的贡献率一般占50%左右。没有一定数量和质量的耕地，就不可能发展生态高效农业，增加农民的收入。

耕地质量，是指能够满足农作物生长和安全生产所需的土壤地力和土壤环境质量。耕地质量的优劣，直接影响土地的产出率，影响农产品质量安全，影响农业增效、农民增收。

我国的现实是化肥、农药的使用已经成为提高土地产出水平的重要途径。同时化肥利用率低、流失率高。我国的化肥利用率平均为30%～35%，而发达国家如美国等，化肥利用率平均为45%～50%，有的可以达到60%。因此，尽管我国农村劳动力成本低，但农田氮化肥消耗的能源高于发达国家，农产品生产成本仍然很高。这不仅导致生产成本增加，农产品品质下降，而且造成资源浪费，直接影响农业可持续发展和农产品质量安全，农民经济效益也难以提高，农业产业的国际竞争力弱。

由于目前我国化肥用量水平已很高，受报酬递减率作用，靠增加化肥投入量，尤其是氮肥能够引起的产量增长几近极限。继续提高我国粮食生产能力，仅靠增加农用化学品和能源投入量的模式将是一条死胡同，而提高耕地基础地力，才是建立我国未来粮食安全的长效机制，实现粮食安全的必然选择。

（三）提高耕地质量大有裨益

众所周知，农作物生长以土壤为基础。优质土壤才能生长出“优质、高产、高效、安全”的农产品。费县已经实施数年的测土配方施肥项目，这对土壤增补有机质，培肥地力，加强土壤保肥保水功能，改变土壤理化性状，增强农业发展后劲大有裨益。

为有效地控制和防止耕地退化、保护农业生态环境、控制农业面源污染，全面实施耕地质量及其环境保障体系建设是一项十分紧迫和艰巨的任务。耕地质量保护多方面的努力正在进行中，比如扩大沃土工程、旱作节水农业和耕地地力调查与质量评价项目的实施规模，加强标准粮田建设和中低产田改造、土壤有机质提升及测土配方施肥技术推广等。此外，还通过广泛实施以田、水、路、林、村综合整治为主要内容的土地整理，完善农田基础设施建设，改善生产条件和生态环境，加大绿化造林力度，特别是加强水源林、防护林等建设，涵养水源，护土防风，净化空气，制止水土流失，确保耕地永续利用。

二、具体措施

（一）成立项目领导小组，完善组织

自耕地地力项目立项以后，我们就根据《全国测土配方施肥工作方案》的要求，结合我县的实际情况，制定了《费县耕地地力评价工作实施方案》，并积极争取上级主管部门和县委县府的支持，成立了以分管农业的副县长周耘耕同志为组长、农办主任、农业局长等有关部门负责同志为副组长的领导小组，协调耕地地力评价工作，确保耕地地力评价工作的顺利开展。领导小组下设耕地地力评价工作办公室，由农业局分管副局长任办公室主任，具体主持耕地地力评价的全面工作。办公室分工明确，分别成立野外取土调查组、技术宣传推广组、化验分析组、技术资料汇总整理组和配方肥推广销售组等。各个机构在项目领导小组的统一领导下，相互协作、相互支持、密切配合、各负其责。领导小组的成立，为耕地地力评价工作的有序开展提供了有力的领导支持，确保了项目的顺利实施。

（二）聘请专家顾问，指导地力评价

耕地地力评价是一项科技含量高、牵扯专业多的复杂工作，为提高工作效率、保证评价结果的准确性、及时解决工作中遇到的技术难题和疑问，我县聘请省、市土壤肥料工作站、高等院校、科研部门中具有较高专业水平和项目工作经验的专家教授担任耕地地力评价工作的技术顾问，对整个项目提供技术咨询和指导，帮助审查技术方案与培训方案，指导建立各种技术指标体系，帮助完成耕地地力评价技术成果的编写与制作，确保项目按时圆满完成。

（三）扎实做好耕地地力评价工作

做好耕地地力评价是体现测土配方施肥工作成果的重要形式，是建

立测土配方施肥技术推广长效机制的关键。为此，我们从以下几个方面入手：

1. 资料准备

耕地地力评价是以耕地的各性状要素为基础，因此必须广泛地收集与评价有关的各类自然和社会经济因素资料，为评价工作做好数据的准备。本次耕地地力评价我们收集的资料主要包括以下几个方面：

(1) 数据及文本资料

第二次土壤普查成果资料。第二次土壤普查土壤农化样采样点基本情况及化验结果数据表，土壤肥力普查土壤采样点基本情况及化验结果数据表，各乡镇、村近三年小麦、玉米、花生、果树等农作物单产、总产、种植面积统计资料，农村及农业生产基本情况资料，土壤志，气象资料，测土配方施肥土壤采样点所有化验数据及 GPS 定位数据，农村及农业生产基本情况资料，土壤类型代码表，行政区划代码表。

(2) 图件资料

土地利用现状图、土地利用现状图（电子版）、地貌图、行政区划图、水利分区图、土壤图、第二次土壤普查点位图、耕地地力调查点位图和灌溉保证率图等 9 种图件的收集整理。

(3) 数据库建设

一是基础属性数据库建立。采用测土配方施肥数据汇总软件，以调查点为基本数据库记录，以各耕地地力性状要素数据为基本字段，建立耕地地力基础属性信息数据库。应用该数据库可进行耕地地力性状的统计分析，是耕地地力管理的重要基础数据。

二是基础空间数据库建立。将扫描矢量化及空间差值等处理生成的各类专题图件，在 MAPGIS 软件的支持下，以点、线、区文件的形式进行存储和管理，同时将所有图件转换统一到相同的地理坐标系统和文件格式，最后均导入县耕地资源管理信息系统中以建立基础空间数据库及我县工作空间。通过空间数据文件与属性数据文件同名字段实现空间数据库与属性数据库的连接并可进行空间数据库与属性数据库的实时更新。

2. 技术准备

(1) 确定耕地地力评价因子

评价因子是指参与评定耕地地力等级的耕地的诸属性。影响耕地地力的因素很多，选取评价因子的原则：一是选取的因子对耕地地力有比较大的影响；二是选取的因子在评价区域内的变异较大，便于划分耕地地力的等级；三是选取的因子在时间序列上具有相对的稳定性；四是选取评价因子与评价区域的大小有密切的关系。依据以上原则，本次耕地地力分析按照农业部耕地质量调查和评价的规程及相关标准，结合当地实际情况，选取了对耕地地力影响较大、区域内变异明显、在时间序列上具有相对稳定性、与农业生产有密切关系的 11 个因素，建立评价指标体系。

(2) 确定评价单元

评价单元是由对土地质量具有关键影响的各土地要素组成的空间实体，是土地质量评价的最基本单位、对象和基础图斑。同一评价单元内的土地基本自然条件、土地的个体属性和经济属性基本一致。不同土地评价单元之间，既有差异性，又有可比性。耕地地力评价就是要通过对每个评价单元的评价，确定其地力等级，把评价结果落实到实地和编绘的土地资源图上。本次费县耕地地力评价是通过以土壤图与土地利用现状图的叠置和检索，将费县耕地地力划分为 8 927 个评价单元。

3. 耕地地力评价

(1) 评价单元赋值

影响耕地地力的因子非常多，并且它们在计算机中的存贮方式也不相同，因此如何准确地获取各评价单元的评价信息是评价中的重要一环，鉴于此，我们舍弃直接从键盘输入参评因子值的传统方式，采取将评价单元与各专题图件叠加采集各参评因素的信息。具体的做法是：a. 按唯一标识原则为评价单元编号；b. 在 ARCVIEW 环境下生成评价信息空间库和属性数据库；c. 在 AR cmAP 环境下从图形库中调出各化学性状评价因子的专题图，与评价单元图进行叠加计算出各因子的均值；d. 保持评价单元几何形状不变，在耕地资源管理信息系统中直接对叠加后形成的图形的属性库进行“属性提取”操作，以评价单元为基本统计单位，按面积加权平均汇总评价单元立地条件评价因子的分值。由此，得到图形与属性相连的，以评价单元为基本单位的评价信息，为后续耕地地力的评价奠定了基础。

（2）确定评价因素的权重

在耕地地力评价中，需要根据各参评因素对耕地地力的贡献确定权重。确定权重的方法很多，本评价中采用层次分析法（AHP）来确定各参评因素的权重。

（3）确定评价因子的隶属度

对定性数据采用 DELPHI 法直接给出相应的隶属度；对定量数据采用 DELPHI 法与隶属函数法结合的方法确定各评价因子的隶属函数。用 DELPHI 法根据一组分布均匀的实测值评估出对应的一组隶属度，然后在计算机中绘制这两组数值的散点图，再根据散点图进行曲线模拟，寻求参评因素实际值与隶属度关系方程从而建立起隶属函数。

（4）耕地地力等级划分

计算耕地地力综合指数之后，在耕地资源管理系统中我们选择累积曲线分级法进行评价，根据曲线斜率的突变点（拐点）来确定等级的数目和划分综合指数的临界点，将费县耕地地力共划分为 6 个等级。

（5）成果图件输出

为了提高制图的效率和准确性，在地理信息系统软件 MAPGIS 的支持下，进行费县耕地地力评价图及相关图件的自动编绘处理。其步骤大致分以下几步：扫描矢量化基础图件→编辑点、线→点、线校正处理→统一坐标系→区编辑并对其赋属性→根据属性赋颜色→根据属性加注记→图幅整饰输出。另外还充分发挥 MAPGIS 强大的空间分析功能，用评价图与其他图件进行叠加，从而生成其他专题图件。如评价图与行政区划图叠加，进而计算各行政区划单位内的耕地地力等级面积等。

（四）综合宣传、全面推广耕地地力评价技术

耕地地力评价技术是一项科技含量高，涉及人员广，推广应用相对困难的技术。由于农民受传统农业生产习惯的影响，对于耕地地力评价技术接受需要一定的时间和过程，为了尽快将该项技术推广给农民，应用到农业生产中去，我们结合我县实际情况，进行了全方位、立体式、密集型的宣传和推广。

1. 空中：利用电视、广播、网络等媒体借助声音、图像进行宣传。首先以新闻的形式进行综合报道，将耕地地力评价这项利国利民的政策宣传到农村，宣传给农民，力争做到家喻户晓。其次，邀请相关专家，以专题讲座的形式分期分批进行连续宣讲，深入浅出地把耕地地力评价技术的优点、特点讲解给广大农民听，真正让农民做到耳濡目染，对该项技术有个面上的认识。其中省、市、县电视报道及专题讲座 15 期，利用行风热线广播宣传 6 期，同时利用中国肥料信息网、山东土肥网、临沂广视网、琅玡信息网、临沂农业信息网等网络平台，及时发布各类耕地地力评价信息 20 余条，点击近 2 000 次。

2. 地面：借助文字、图画的形式，将宣传内容制成科技明白纸、宣传挂图、宣传条幅、过街布联等，并利用宣传车宣传到村，深入到户，赶科技大集，送农技到田间地头，力争做到家家有张明白纸，户户有个明白人。同时充分利用《金费县报》，大篇幅介绍耕地地力评价技术，并印制了《费县测土配方施肥技术问答》10 000 本，免费赠阅给乡镇分管领导、农业技术人员、村级领导及农业科技带头户等，这些举措深受广大农民群众的欢迎。目前共发放《致全县农民朋友的一封信》200 000 份，张贴耕地地力评价挂图 3 000 张，发放耕地地力评价技术明白纸 300 000 份，发放测土施肥建议卡 110 000 余份，耕地地力评价光盘 60 张，张挂横幅等广告宣传 100 多条，发耕地地力评价信息 10 期，出动宣传车 150 余辆次，赶科技大集近百场次。

3. 充分发挥农技人员的技术优势：让农技人员分区包片，解决了农技推广“最后一千米”问题，确实将耕地地力评价的技术落到实处。

具体是将各个乡镇按农技人员数分成几个小区，每位农技人员负责一区，具体做好本区农技咨询、农技推广、施肥建议卡发放、配方肥的销售等工作。在施肥建议卡上，分区包片的农技人员写上自己的电话，便于农民咨询联系。每位农技人员必须做到培训到村、宣传到户、指导到地头，从而真正解决了农技推广“最后一千米”的问题。被农民亲切地称作“庄稼的120”。农民一个电话，农技人员就会赶到现场，就地查看，就地解答，实现了“科技人员直接到村、科学成果直接到田、技术要领直接到人”，达到农技推广的无缝覆盖。

4. 通过展示促推广：合理安排试验示范，建立示范片、示范区。试验地的选择应具有代表性、典型性，且具有一定的影响力。在全县范围内，每个乡镇选择交通方便且影响力较大的村，建立十、千、万示范片、示范区，合理安排试验示范，通过试验示范区作物的长势、产量对比，来体现出耕地地力评价技术的效果，发挥示范区的辐射带动作用，以点带面，推动耕地地力评价技术的全面推广。

5. 通过配方肥销售，促进技术推广与宣传。单纯的技术推广，只能流于理论形式，只有技物结合，才能相互促进，使技术融于物资，真正得到推广和充分应用。在测土配方项目实施过程中，我们把配方肥的销售和技术推广进行了有机的结合，特别是乡镇农技站这一级，他们车上装着配方肥，带着技术资料，直接销售到村、宣传到户。经过配方肥的销售，促使人们去了解什么是配方施肥技术，去认识配方肥，而测土配方技术的推广，又引导人们急切去尝试使用配方肥，从而达到了技术推广带动了配方肥的销售，反过来，配方肥的销售又促进了测土配方技术的推广。

6. 捆绑式宣传。农技推广宣传时，不再就事论事，而是将几项技术综合起来进行宣传，如耕地地力评价与科技入户工程和小麦良种补贴项目联手进行综合推广宣传，有效地降低了推广成本，大大节约了推广人力，同时也便于农民可一次获得较多的农技知识。

（五）加强培训，提高技术人员的专业能力和农民的认识水平

根据项目的实施方案，结合项目区的生产实际和不同的生产环节，

制定了技术培训计划，组织具有高级职称的专业人员编写培训教材，有效地开展了全县耕地地力评价的技术培训，有力地推动费县耕地地力评价工作的深入开展，大大提高了农业技术人员的耕地地力评价业务能力和农民的认识水平。在培训形式上，结合农事、农时，根据农民的时间，由县农业局1人和乡镇技术人员1～2人组成一个培训组，农闲时，晚饭后深入农村，披星戴月，组织农民面对面培训；农忙时，走入田间，手把手教农民施肥。自项目实施以来，广大农技人员经风雨忍饥饿，走遍了全县90％村庄，举办现场培训和指导，每天最多1人培训过4场，不少同志生病了仍坚持讲课，农民深受感动。通过更多的与农民接触，达到了“日久见人心，天长记忆深”的效果。另外，根据培训计划，每年3月份和9月份分两期对专业农技人员和农村种植大户进行集中培训。3年共举办各类培训300多场次，培训技术骨干700余人次，培训农民2万余人次，使一大批技术骨干成为耕地地力评价带头人，一大批农民成为耕地地力评价技术明白人。通过培训，使农民群众对耕地地力评价有了比较深刻的认识，农民逐步学会了科学施肥、配方用肥，为耕地地力评价项目的顺利开展奠定了技术基础。

（六）县乡一体，推广体系完备

在费县农技推广体系中，18个乡镇农技站整体编制于县农业局，其人、财、物归农业局统一管理、调配使用，这样有利于农技推广工作的全面规划、组织协调和突出重点。在耕地地力评价项目实施过程中，其优点更是得到了体现。农业局根据耕地地力评价项目内容要求，将取样点、施肥建议卡、配方肥推广数量、试验示范、宣传培训、村级网络发展等进行细化，按乡镇土地面积大小、人口数量多少、作物种植面积等进行分配，将项目分解，使每个乡镇工作具体化，工作目标方向明确，职责分明，确保推广工作顺利实施。另外，我们以乡镇农技站为载体，以村级网点为终端，形成了县乡村一体化的耕地地力评价技术指导绿色通道，建立了较为完整的配方肥推广体系。

（七）寻求技术创新，高标准开展试验示范工作

试验示范是建立不同作物耕地地力评价指标体系的基础性工作。为

了提高试验精度，我们首先对多处地块进行土壤养分含量测定，根据监测结果和产量水平，分别落实了“3414”、配方校正试验和对比示范，选拔多名技术骨干，主要精力开展试验示范工作，从耕地、施肥到播种、管理、调查，技术人员到试验点亲自操作，确保了试验高标准、高质量。同时在示范区立有标牌明示，让农民群众“看得见、信得过、学得会、推得开”，真正起到了示范作用。

(八) 配方科学化、配方肥推广市场化

我国现行的经济制度是社会主义市场经济，配方肥虽具有很高的农业科技含量，但同时是一种商品，其推广销售离不开市场。因此我们在耕地地力评价实施过程中，实行肥料由厂家配方加工生产，推广销售由土肥站组织，乡镇农技站和肥料大户作为肥料直接供应商和终端商，按市场化低利润进行销售，确保配方施肥的推广面积，保证配方肥的推广应用。三年来，根据土壤化验结果，组织有关专家在结合往年施肥经验的基础上，提出了费县花生、玉米、地瓜、小麦耕地地力评价建议方案，制定各种农作物配方 12 个。通过自己加工及分别与山东网联肥业公司、临沂康沃特肥业有限公司合作，购进 10 种不同配方比例的配方肥11 600多吨，乡镇按方自主选购配方肥 6 800 余吨，按每吨比市场价格让利百元以上的优惠政策供给农户，让农民节支增收，充分享受到耕地地力评价的好处。同时，为调动农民的积极性，促进农民扩大采用耕地地力评价技术和施用配方肥，提高施肥水平，我们印发了 10 000 份测土配方肥优惠卡，认真抓好项目扶持政策的落实。

(九) 化验室建设标准化，确保耕地地力评价样品的及时、准确完成

为保障项目顺利实施，按照国家级耕地地力评价项目的要求，投入大量资金对原有化验室进行了改造，配套完善了水、电、暖等基础设施，建立了样品室、天平室、微机室、资料室、药品室和分析室，并进一步科学布局，完全满足了土壤化验分析的需要。仪器设备全部按照省站统一要求进行配置，共采购原子吸收分光光度计、紫外分光光度计等 20 多套仪器，为项目顺利实施提供了保障，并配备了 6 名专业化验人员。由于

购置的仪器精密先进，人员配置齐备，使得检测实现了规模化、机械化、精准化。可以成批检测样品，每批可达50～90个样。因操作机械化省去了许多手动过程，减少了检测过程人为因素的影响，提高了检测结果的精准度。数据处理微机化，避免了数据处理过程错误的发生。经过化验人员加班加点地辛勤工作，已完成7 303个土样的化验任务。

（十）加强各项质量控制

为了确保耕地地力评价成果的质量，我们严格按照项目的统一技术规程、统一评价指标体系、统一调查表格、统一统计路径、统一汇总方法的“五个统一”标准，在样点布置、样品采集、野外调查、样品处理和分析、数据处理和汇总等方面进行严格质量控制，力求每个环节操作的规范化、科学化、整体化，实现耕地地力评价的真实性、合理性、科学性和实用性，保证耕地地力评价工作的按时保质完成。

（十一）强化监督管理，确保项目顺利实施

按照山东省农业厅的统一部署和要求，通过健全制度、严格程序，加强对项目监督管理。在仪器设备采购中，制定了相应招投标办法以及资金使用和监管制度。严格按照招投标程序和要求，进行仪器设备招标和配肥加工企业认定，切实做到信息公开、过程公开和结果公开。项目资金开支范围和金额严格按项目合同和实施方案要求，确保项目资金使用的高效、安全，通过上述监管措施的落实到位，保证了项目的有效实施，保证了资金的使用安全。

（十二）加强档案管理

档案资料具有重要的参考利用价值，为切实加强档案管理，我们建设了档案室，购置了档案橱等设施，进行专橱存放、分类管理。我们坚持边实施边建档，每次活动都及时进行档案的收集和整理。到目前为止，共建音像档案、文字档案、图件档案等四大类，建立和完善了采样地块基本情况调查表、农户施肥情况调查表、土壤检测结果等属性资料数据库，建立了耕地地力评价录入系统、管理系统，为今后的农业持续发展积累了大量技术资料。目前已完成土样采集与野外调查、测试化验、田间试验、配方肥推广、宣传培训、数据库建立、指标体系建立、耕地地力评价等12类，共150多卷的入档工作。

三、主要成效及经验

（一）获取了大量试验数据

由于取样科学，化验准确，试验示范安排合理，三年来获得了大量技术数据。现已完成农户调查7 303户，化验土样7 303个，共计45 579项次。其中常规检测27 100项，微量元素11 500项，中量元素2 290项。用于耕地地力评价的样品2 000个，化验有机质、大量元素及pH值31 750项次，中量元素1 575项次，微量元素12 254项次，容重123项次。安排小麦、花生、地瓜、玉米“3414”试验40处，配方矫正示范40处，并完成了试验示范的汇总和分析，基本上摸清了我县的土壤养分状况，为综合建立施肥指标体系，科学开展耕地地力评价、合理研制肥料配方、指导农民配方施肥提供了科学依据。

（二）经济效益显著

通过耕地地力评价项目的开展，配方肥在我县得到了全面推广和应用，三年共推广配方肥11 600吨，实施测土施肥面积53 333 ha，累计减少化肥使用（折纯）0.216 6万吨，增产粮食1.86万吨，节本增效总额5 373.3万元以上。

（三）惠及了广大农民

提升了农业部门的形象。初步测算，全县近2万户农户接受并实施了耕地地力评价技术，同时全县推广配方肥11 600吨，每吨为民让利100元，累计为民让利约110万元。

（四）提高了技术人员素质，锻炼壮大了队伍

通过项目的实施，共组织培训技术骨干及农技人员704人次。并在取样、化验、试验、示范、填写施肥卡等环节的工作中不断磨炼，业务素质普遍提高。

（五）配备完善了化验设施，提高了检测能力

借助项目的实施，土肥站化验室建设上了一个新台阶。通过省统一

仪器招标，新购置先进仪器设备10余台套，并配齐了常规化验设备和数据传输设备，化验室能够进行土、肥、植株常规检测。基本实现了样品分析规范化、批量化和数据传输网络化。这些仪器的配备，既保证了本次耕地地力评价工作的顺利开展，也为耕地地力评价的后序工作提供设备保障。

（六）探索了一条农技推广的新模式

以项目为依托，整合技术力量，技物有机结合，深入乡村田间，在讲授技术的同时，为农民提供信息物资服务，使技术推广更直接、更有效，也深受农民欢迎。

（七）提高了干部和农民科学施肥意识，保护了农业生态环境

耕地地力评价改变了农民的农业生产习惯，使农民对耕地地力评价有了深刻的了解，农民学会了科学施肥，配方用肥。通过配方肥的使用提高了肥料利用率，肥料利用率平均提高了3.5个百分点，降低了农民的生产投入，有效地改善了土壤状况，减少了土壤面源的污染，农业生态环境有了较大改善。

（八）取得了大量图件成果

共完成成果图24幅，其中土壤有机质含量分布图、土壤全氮含量分布图、土壤有效磷含量分布图等16幅养分图，耕地地力评价图、点位图、灌溉分区图、坡度图、地貌图、土壤图、地理底图、土地利用现状图。

四、今后工作计划安排

（一）加强多点示范，以点促面，带动耕地地力评价工作的更深层次开展。

在粮食、蔬菜、水果等优势作物集中产区，抓好种植大户，集中连片创办耕地地力评价示范样板。通过测土配肥示范工作，引导农民主动采用耕地地力评价技术。落实测土配方施肥面积53 333 ha以上，其中花生面积133 00 ha，地瓜10 000多ha，蔬菜及其他作物3 500多ha，小麦、玉米面积26 660多ha。安排花生、玉米、小麦、蔬菜等配方施肥技术参数试验40处，校验示范40处，示范方20处。

（二）健全配方肥推广体系

进行连锁配送供应推广使用，加强对这些肥料的宣传推广力度，做到专用配方肥尽快送到农民手中，耕地地力评价技术落实到田间地头，让农民用上放心肥。宣传介绍各种肥料产品的性质、养分特点、使用方法，肥料产品包装、标识要求和国家相关政策等，提高农民鉴别假劣肥料的能力和维权意识，维护农民的合法权益。

（三）完善耕地地力评价基础设施

不断完善土壤分析化验仪器设备，确保土肥化验室高效运转，为耕地地力评价工作提供强有力的科技支撑。提高耕地地力评价基础设施建设的投资比例，配套田间试验基础条件和配肥服务相关设施，为耕地地力评价技术推广提供强有力的手段保障。

（四）进一步完善地力评价工作

耕地地力评价工作是一项系统复杂的数据库建立过程，本次耕地地力评价与测土配方施肥工作紧密结合，积极组织人员将与本次地力评价相关的数据进行标准化处理和规范化管理，搜集并录入自第二次土壤普查以来的相关历史资料和本次耕地地力评价项目数据、图件等，为建立规范的县域耕地地力资源基础数据库和县域耕地资源管理系统做准备。通过综合指数法对耕地地力进行评价，为不同尺度的耕地资源管理、农业结构调整、养分资源综合管理和耕地地力评价指导服务。

（五）全面整合力量

要整合行政、科研、教学、推广部门成立技术组，负责培训教材、宣传挂图、指导手册等技术资料的编制，开展技术培训和指导。充分利用农业系统检测仪器设备和培训设施，为耕地地力评价技术推广提供技术支持和手段支撑。引导肥料企业、经营单位积极参与，做好耕地地力评价配套服务工作。

五、存在的主要问题和建议

开展耕地地力评价工作，实施测土配方施肥补贴项目是一项利国利民的系统工程，工作任务繁重，实施时间长，涉及的部门人员多，技术要求高，县级农业局作为基层农技推广部门，在技术及推广上还存在很多不足，就我县实际情况，具体表现在以下几点：

(一) 农民对耕地地力评价工作有待进一步提高认识

耕地地力评价在开展之初就受到领导的重视，且进行了大量的宣传推广工作，但由于农村的分散经营和农民一家一户种植规模相对较小，单元增值量小，因此农民对测土配方施肥重视程度不够，对耕地地力评价的认识还不到位。同时领导对农业经济重视程度不够，对测土配方施肥项目认识和关注程度不足。为了切实解决农民乱施肥、浪费肥问题，让农民学会科学施肥、配方用肥，国家应该制定相关政策科学引导，与其他农业项目配合让农民在获得实惠中利用耕地地力评价，学会配方施肥，节约肥料成本。

(二) 技术力量薄弱

耕地地力评价是一项科技含量较高的综合性技术，由于基层农技推广人员队伍老化，技术水平不高，对于耕地地力评价技术的操作和应用还存在一定的差距。为了提高县级农技人员的业务素质，就应对他们进行定期系统培训，在巩固耕地地力评价和测土配方施肥技术的基础上，及时掌握新知识，获得新信息，更新新技术，以提高基层农技人员的科技水平和技术应用能力。

(三) 耕地地力评价的配套物资不充足

耕地地力评价的目的之一就是让农民通过使用配方肥料，达到合理施肥、节约肥料成本的目的，但现在市场上流通的大部分都是普通的肥料，真正意义上的配方肥料量并不大。因为肥料的配方是经过大量的试验示范、土壤测试，并根据土壤供肥量及作物养分需求量等科学制定出来的，需要投入大量资金、人力、物力。同时一种真正的配方肥具有局域性、市场具有针对性，因此厂家极少生产配方肥。为此针对某一区域的肥料市场，应通过政府招标，农业局提供几种主要作物的肥料配方，由几个厂家生产加工，市场化运作，保证配方肥的市场，使农民在购买过程中主动使用配方肥。

（四）耕地地力评价与测土配方施肥的长效机制

耕地地力评价与配方肥的长期推广面临的三大主要问题：一是农民认识和领导关注程度，二是资金问题，三是技术问题。首先继续加大宣传，提高农民测土配方施肥意识。领导继续关心支持耕地地力评价与测土配方施肥工作，推动农业可持续发展和粮食增产、农民增收，改善农业生态环境。其次资金的解决，除政府继续加大补贴资金外，还应该通过配方肥市场运作来维持技术推广的各种费用，多措并举，确保耕地地力评价和测土配方施肥的连续性和延展性。最后技术问题的解决除参加技术培训交流，多积累测土配方施肥知识外，应积极与相关大专院校及科研院所合作，增加技术力量，解决技术难题。只有这样，才能保证耕地地力评价技术的实用性，并为耕地地力评价提供更好的技术储备，使耕地地力评价技术得到长期推广与应用。

第二篇　技术报告

第一章

自然与农业生产概况

第一节　自然条件

一、地理位置与行政区划

费县位于山东省东南部，临沂市的西南，地处鲁中南山地丘陵区的南部，北临蒙山。地理坐标为东经 117°36′～118°18′，北纬 35°～35°33′。北依蒙山，与蒙阴县、沂南县相连；南靠抱犊崮，和临沂市兰山区、苍山县毗邻；东与兰山区接壤；西和平邑县、枣庄市搭界。东西长 63 千米，南北宽 58 千米，总面积 1 903.75 平方千米，折合 191 212.12 ha。如图 1－1 所示。

费县 1985 年 9 月撤区并乡，全县划为 7 个镇 18 个乡：费城镇、上冶镇、薛庄镇、方城镇、探沂镇、梁邱镇、马庄镇、大田庄乡、南张庄乡、竹园乡、马头崖乡、汪沟乡、胡阳乡、新桥乡、城北乡、员外乡、朱田乡、水连峪乡、郝家村乡、许家崖乡、南新庄乡、刘庄乡、石井乡、岩坡乡、芍药山乡。到 2001 年 1 月，实行乡镇规模调整，全县划为 14 个镇、4 个乡：费城镇、朱田镇、梁邱镇、石井镇、新庄镇、马

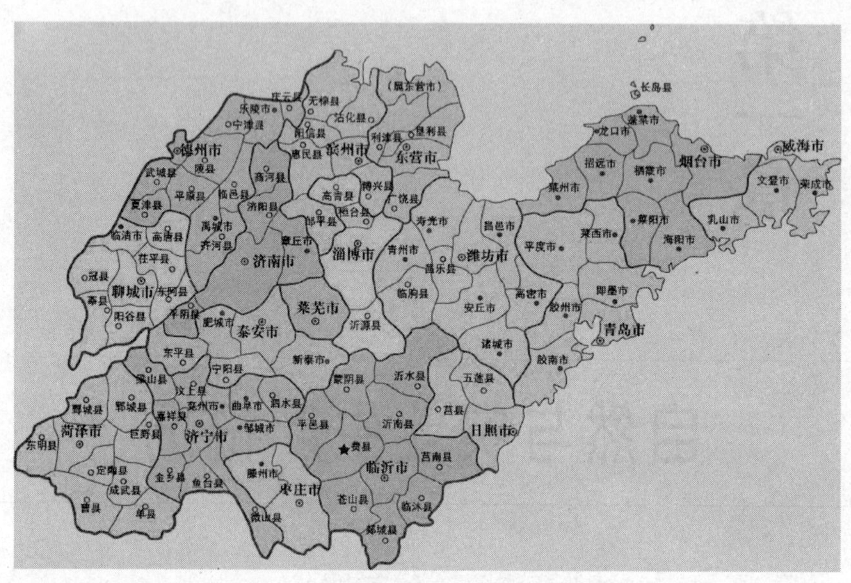

图 1-1　费县在山东省的位置示意图

庄镇、刘庄镇、探沂镇、新桥镇、汪沟镇、方城镇、胡阳镇、薛庄镇、上冶镇、城北乡、大田庄乡、南张庄乡、芍药山乡。2004 年 12 月，行政村规模合并，全县由 1 045 个行政村，合并为 563 个行政村。总人口 94 万多人，其中农业人口 88.2 万人。详细情况见表 1-1。

表 1-1　费县行政区划与人口情况　　单位：个，人

乡（镇）办事处	居民委员会	村民委员会	总人口	其中农业人口	非农业人口
费城镇	11	77	171 776	149 057	22 719
朱田镇	—	38	58 730	55 862	2 868
梁邱镇	—	33	87 444	85 229	2 215
石井镇	—	22	36 172	33 501	2 671
新庄镇	—	33	49 710	44 625	5 085
马庄镇	—	22	31 773	29692	2 081
芍药山乡	—	19	22 329	22 329	—

（续表）

刘庄镇	—	30	30 316	28 694	1 622
探沂镇	—	44	51 887	49 740	2 147
新桥镇	—	33	54 340	51 546	2 794
汪沟镇	—	40	63 478	60 961	2 517
方城镇	—	29	46 738	42 634	4 104
胡阳镇	—	17	42 220	39 134	3 086
薛庄镇	—	21	54 396	483 85	6 011
南张庄乡	—	19	35 559	35 559	—
大田庄乡	—	17	21 823	21 823	—
上冶镇	—	38	55 957	52 511	3 446
城北乡	—	19	31 468	31 468	—

费县土地总面积为 191 212.12 ha，其中农业用地面积 134 294.25 ha，占总面积的 70.51%，建设用地面积 22 382.65 ha，占总面积 11.75%。在占全县总面积 70.51%的农用地中，耕地面积 65 726.67 ha，占农用地面积 48.94%；园地面积为 14 308.93 ha，占农用地面积 10.65%；林地为 38 283.86ha，占农用面积 28.51%；牧业用地面积为 1 333.33 ha，占农用地面积 1.0%。在全县农用地的地类构成中耕地所占比重最大。

费县海拔高差较大，最大高差为 950.7 米。地势北高、中低、西南次高，由西北向东南倾斜。地貌特征为低山地、丘陵地、倾斜的山前平原及沿河阶地。海拔由 1 000 米降至 300 米以上的山地 899.55 平方千米，占全县总面积的 47.25%；海拔由 300 降至 120 米以上的丘陵地 615.1 平方千米，占 32.31%；海拔由 120 米降至 75.3 米的倾斜的山前平原为 25.73 平方千米，占 13.52%；较四周为低、小而浅的洼地为 131.8 平方千米，占 6.92%。比较高的山地主要在北部，丘陵地主要在南部；只有浚、祊两河北岸至蒙山前狭长地带和探沂镇大部为倾斜的山前平原。全县境内以断裂地貌为主要构造地貌，平原由冲积、洪积而成。自中生代起，因燕山造山运动影响，特别受第三纪喜马拉雅山造山运动影响，形成若干断块山（又叫块状山）和个别断块盆地等正负地形。费县土壤类型复杂，主要有棕壤、褐土、潮土、砂姜黑、土石质土和粗骨土 6 大土类，12 个亚类，17 个土属，73 个土种。其中以棕壤和褐土最多，呈复区状分布。

二、自然气候与水文地质条件

（一）气候

费县属暖温带半湿润大陆性季风气候，四季分明，光照充足。由于冬季受蒙古高压侵袭较多，夏季受大陆热带低压影响明显，加之海洋气候调和，一般春季干旱多风，夏天炎热多雨，秋季凉爽干燥，冬季寒冷少雨雪。形成了春旱、夏涝，无霜较长的气候特点。

1. 气温

费县年平均气温一般在 13.1℃～13.9℃，南部略高于北部，东部和东北部平原偏低，西部山区偏高，年平均气温为 13.6℃，最高年份为 14.2℃，最低年份为 12.4℃。平均年变率为 0.4℃。年最高气温一般出现在汛期间的 7 月和 8 月，月平均气温约 30.6℃，极值高温为 42.5℃；年最低气温常出现在 1 月份，月平均气温约－6.5℃，极值低温为－18.3℃。寒冷期一般始于 11 月下旬，至次年 2 月下旬，历时 90 多天。严寒期始日一般即为河流封冻的开始期，终止于次年 2 月初，历时 40 多天左右；炎热期开始于每年的 7 月初止于 7 月底，期长为 25 天左右。

2. 风

费县位于中纬度，受季风带影响，春季盛行东风和东南风，夏季盛行南风和东南风，秋季多为西风和西南风，冬天多为北风和西北风。多年平均风速为 2.7 米/秒。全年以 4 月份风速最大，平均 3.5 米/秒；6 月份最小，为 2.1 米/秒。年风向多为东风和东南风，频率各占 10%。春季风力最大，秋季风力最小，冬季多西北风，夏季多东到东南风。

3. 日照

费县年平均日照时数为 2 532.1 小时，最多年为 2 825.2 小时，日照充足。年水面蒸发量平均为857.9 mm，最多年为2 134.6 mm，最少年为466.8 mm。其中以5月、6月蒸发量最大，月均值分别为281.0 mm和280.3 mm；12月和1月蒸发量最小，月均值分别为53.71 mm和54.0 mm。霜冻通常发生在地面温度低于0℃的季节，费县平均初霜冻期始于10月26日，终止于4月11日。按80%保证率计算，初霜冻日为10月31日，终霜冻日为4月17日。据县气象站观测统计，年无霜期平均为197天，最长为213天，最短为178天，80%保证率189天以上。

4. 降水

全县常年平均降水量为850.0 mm，有气象记录年最大降水量为1 161.5 mm，年最少降水量为452.1 mm。降雨特点不一，年内降雨分配不均匀，历年多集中在6至9月汛期，约占全年降雨量的75%，且多集中在6月下旬至8月上旬的主汛期。3至5月降雨量占全年降雨量的13.5%，12月至2月的冬季降雨量仅占全年的4.1%。年际间降雨量不平衡，丰水、枯水年比较悬殊。据代表站降雨量资料分析，最大年降雨量模比系数为1.45～1.76，一般为1.56；最小年降雨量模比系数为0.48～0.66，一般为0.6左右，年际间降雨不平衡。降雨地区的分布变化大，一般情况，年降雨量变差系数为0.25左右。总的趋势是西南向北及东北递减，其变化西南及东北大，中部小、山区大、平原小。而南部为947.1 mm，北部及东北部为837.5 mm，两者差值为109.6 mm。

由于我县四季分明，光热资源丰富，降雨充沛，适合小麦、玉米、花生、地瓜、棉花和各种蔬菜等农作物及果树生长发育，气候条件对农业生产发展十分有利。

（二）河流水库

1. 河流

费县河流以祊、浚、温凉、涑四河为主干，连接大小支流，纵横全县，密如蛛网，是排涝行洪的主要通道，并对附近地下水起到补给和排泄作用。由于费县地势陡峻、河流源短流急，因而具有汛期洪水暴涨、汛末基本干枯的山洪性河流特征，河水流量变化幅度较大。县内河流中，属沂河水系的流域面积 1 827.4 平方千米，占全县总面积的 96%；属运河水系的流域面积为 76.4 平方千米，占全县总面积的 4%。费县有大小河溪 765 条，河流主要有祊、浚、温凉、涑四条，附属大小支流（3.5 千米以上 119 条）共 123 条，总长 987.6 千米，总流域面积 2 123.8平方千米。其中费县境内为 1 903.75 平方千米，均属淮河流域，沂河水系。北有上冶、薛庄、方城、柳青诸河；南有涑河；西有浚河、温凉二河入境，形成北引蒙山水，南集尼山河，蜿蜒汇流于祊入沂的自然水系。其成因多为降雨补给为主，故费县诸河系属雨源型河流。

（1）祊河

祊河是费县的主要干河，属沂河水系一级支流。县境内温凉河、浚河相会于南东洲以下习称祊河，流向自西向东南。境内祊河长 27.1 千米，河源高程 98.90 米，出口高程 81.10 米。落差 17.8 米，平均比降为 0.73‰，河口宽 500 米，县内河段最宽处西蒋村 1 100 米，总流域面积 1 744.3 平方千米，其中县内流域面积为 1 524.2 平方千米，系常流河。

（2）浚河

浚河是祊河干流上源。《水经注》、《汉地理志》称“浚水”。《费县志》载“祊水，今名浚水”。因与南部温凉河并向入祊，浚河亦称北条水。其主源在蒙阴县榛子崖村南鳞山北，蜿蜒行在平邑县地方镇东北入费县境，而后东行 1.1 千米，有朱田河自西南汇入，又折北复东偏南行转东与清太庄，有上冶河自西北汇入，又折东南行至北石沟（此处 1984 年 5 月建成中型拦河闸一座），有白埠河北来汇入，偏东转东南，有南石沟自南汇入，再行 1 千米至南东洲汇温凉河入祊。

浚河在我县境内全长 24.05 千米，河源高程 117.10 米，河口高程 98.9 米，落差 18.2 米，平均比降 0.76‰。县内流域面积为 467.84 平方千米。该河平均宽度 384.1 米，最宽处毕城村达 800 米，系常流河。浚河在县境内较大支流有 4 条：上冶河、朱田河、白埠河、南石沟河。

(3) 温凉河

为祊河在费县镜内最大支流，居沂河水系二级支流。源于平邑县南部太皇崮西北大刘家沟北山。西北—东南自平邑县魏庄东南行 5 千米许入费县境内，又行经关司、梁邱折东北行入许家崖水库，再行至费城镇东北南东洲与浚河交汇入祊河。

温凉河在费县境内长 53.8 千米（全长 61.3 千米），斜贯于费县西南部，集尼山山脉之水，有“蒙山九回头，费县水倒流”之说．源头高程 160.00 米，河口高程 98.90 米，落差 61.1 米，平均比降 1‰，河口 250 米，总流域面积 752.65 平方千米。其中费县内为 581.04 平方千米，系常流河。内有大型水库一座，总库容 2.93 亿立方米。

(4) 涑河

上源分南北二支：北支源出天井汪，南支源出鲍家庄一带。两支流交汇后东行横穿马庄、刘庄两乡镇至西土单村后入临沂境。属沂河水系一级支流，境内河长 23.1 千米，源头高程 192.30 米，河口高程 95.70 米，落差 96.6 米，比降为 4.18‰。流域面积为 161.34 平方千米，内有中型水库 1 座，小（一）型水库 2 座，控制流域面积 87.38 平方千米，总库容 3 535 万立方米，1981 年 5 月在中游北辛庄北建成拦河蓄水 10 万立方米的自动翻板闸一座，系常流河。据《费县志》记载“涑水”，此水在费县境曰涑，过县境曰武，有上涑下武之说，知武水即涑水也。

(5) 薛庄河

源于马头崖乡北端玉皇顶下，东流经谭家庄，折向南经薛庄镇、胡阳镇，在城头村西汇入祊河，长 28 千米，源头高程 516.7 米，河口高程 98.9 米，落差 417.8 米，比降为 14.92‰，流域面积 137.8 平方千米，内有石岚等中小型水库 4 座，属季节性河流。

(6) 胡阳河

源于薛庄东北五彩山南麓，南行经胡阳至北尹东入祊河，长 8 千米，源头高程 200 米，河口高 90.8 米，落差 109.2 米，比降为 6.07‰，流域面积 60.92 平方千米，内有小型水库 1 座，属季节性河流。

2. 水库

费县境内现有大型水库 1 座，中型水库 6 座，小（一）型水库 21 座，小（二）型水库 66 座，塘坝 837 座，总蓄水量 5.1 亿立方米，干、支、斗渠 980 条，总长 980 千米，全县有效灌溉面积 3.1 万公顷，淡水储量 12.3 亿立方米。

（1）许家崖水库

属于大型水库，位于费县城西南 11 千米的温凉河中游，横卧官山—鳌子山之间。水库始建于 1958 年 10 月，1959 年 10 月 19 日主体工程建成并拦蓄洪水。属于山东省八大水库之一，控制流域面积 580 平方千米，总库容 2.93 亿立方米，其中防洪库容 0.73 亿立方米，兴利库容 1.67 亿立方米，是一座具有防洪、灌溉、发电和水产养殖综合效益的大型水库。水库灌区控制灌溉面积 2.1 万公顷，占全县耕地面积的三分之一，有十一个乡镇受益，已发展灌溉面积 1.08 万公顷。水库建成以来，拦蓄洪水确保下游城市、工矿、铁路、公路、交通和广大人民群众生命财产安全，灌溉耕地 1.08 万公顷，综合效益显著，为促进费县农业和费县国民经济的发展起到了巨大作用。同时该水库也是费城镇、新庄镇及县城居民的主要饮用水源。

（2）石岚水库

属中型水库，位于薛庄河上游，控制流域面积 79 平方千米，总库容 4 155 万立方米，兴利库容 2 056 万立方米。1959 年 10 月 21 日成立施工指挥部开始大坝清基，至翌年 4 月大坝合龙成库。水库按百年一遇洪水设计，坝长 670 米，高 20.4 米，控制灌溉面积 3 150 ha。

（3）上冶水库

属中型水库，位于上冶河上游，大田庄乡境内，由 4 条支河汇成，控制流域面积 77 平方千米，总库容 3 638 万立方米，兴利库容 1 433 万立方米。水库大坝 1959 年 10 月 18 日开始清基，于 1960 年 1 月 25 日建成。水库兴建按百年一遇洪水设计，控制灌溉面积 3 150 ha。

(4) 古城水库

属中型水库，位于方城镇，古城河上游，控制流域面积 16.7 平方千米，总库容 1 412 万立方米，兴利库容 881 万立方米。该水库于 1970 年 10 月组织施工，1971 年 8 月大坝建成。水库防洪按百年一遇洪水设计，设计灌溉面积 670 ha。现在也是方城、胡阳、汪沟三镇居民的主要饮用水源。

(5) 龙王口水库

属中型水库，位于朱田镇，由吾河上游。1970 年 11 月 5 日动工，1972 年 11 月 20 日建成，控制流域面积 23.5 平方千米，总库容 1 491 万立方米，兴利库容 1 056 万立方米，设计灌溉面积 2 100 ha。

(6) 书房水库

属中型水库，位于梁邱镇境内，温凉河上游，控制流域面积 18.5 平方千米，总库容 1 456 万立方米，兴利库容 776.8 万立方米。1966 年 10 月下旬动工，1967 年 6 月竣工。该水库按百年一遇洪水设计，设计灌溉面积 1 000 ha。

(7) 马庄水库

属中型水库，位于涑河上游，控制流域面积 66 平方千米，总库容 3 363 万立方米，兴利库容 878 万立方米。该水库自 1958 年 4 月 13 日开始兴建，7 月 14 日，大坝主河槽合拢。按百年一遇洪水设计，坝长 750 米，高 25.6 米，宽 6 米，控制灌溉面积 1 670 ha。

(三) 地质地貌

费县地形复杂，北面山峰重叠，西面与南面为山岭地环绕，东面为较开阔的平原。全县海拔均在 75 米以上，最高点为北部蒙山挂心崛子，海拔 1 026 米，最低点在汪沟镇与临沂界的山水口，海拔 75.3 米，平原海拔一般为 75～100 米，丘陵海拔 100～200 米，山地海拔在 200 米以上。费县属低山丘陵区，可分为南北两地形区域。以浚河、祊河为界，以北为低山区，其面积为 772.3 平方千米，占县总面积的 40.6%；以南为低山丘陵区，其面为 1 131.72 平方千米，占县总面积的 59.4%。

两个区域地形起伏不平，山丘连绵，共有大小山头 1 400 个。

就地表形态和成因而言，全县可划分为 3 个地貌单元。

北部蒙山和西南部老虎山区系变质岩与火成岩，在内外力的作用下，地表风化侵蚀严重，山谷多呈 V 形，山势陡峻，岩石裸露，山峰林立。

南部山区多维寒武系、奥陶系底层，页岩、灰岩相间摆列，且成单斜构造向东北倾覆。断层纵横交错，V 形谷发育，山坡陡，山顶平，多悬崖峭壁，具有岩溶地貌特征。

中部为山前倾斜平原，大都是冲积、洪积和坡积平原，地表为亚砂土和亚黏土，地势平缓，河床低于地面 2～5 米，一级阶地呈条带状分布于祊河凸岸处。

费县主要地貌类型有：石质山岭，荒坡岭，岭坡地，岭坡梯田，坡麓梯田，沟谷梯田，近山阶地，山前斜平地，山前缓平地，沿河阶地共 10 种地貌。其中石质山岭主要分布在全县大小山岭的顶部，自然覆盖率小于 60%，有的岩石裸露，土层较薄，质地较粗，面积 2 324.7 ha，占总面积的 1.23%；荒坡岭主要分布在山丘的中上部，地势较陡，多生杂草和灌木，土层较浅，多由岩石风化的残积物生成，面积有 47 722.5 ha，占总面积的 25.25%；岭坡地共有 13 192.2 ha，占总面积的 6.98%；岭坡梯田，分布在山丘的中上部，梯田面积较小，由坡积洪积物通过人工堆积而成，面积有 65 998.8 ha，占总面积的 34.92%；坡麓梯田，分布在山丘中下部的缓坡地上，梯田面积较大，土层较厚，由坡积洪积物通过人工堆积而成，面积有 12 984.3 ha，占总面积的 6.87%；沟谷梯田，主要位于山丘沟谷之间，土层厚，土壤肥沃，面积有4 233.6 ha，占总面积的 2.24%；近山阶地，位于山丘前坡麓之下，阶地面积较大，地堰明显，面积有 6 936.3 ha，占总面积的 3.67%；山前斜平地，主要分布在山脚下，土层厚，田块面积较大，一般一年两作，面积有 4 006.8 ha，占总面积的 2.12%；山前缓平地，面积 18 144 ha，占总面积的 9.6%；沿河阶地，主要分布在大小河流的两岸，由人工修整而成，面积有13 456.8 ha，占总面积的7.12%。

地势：费县地势南北高，中间低，西部高，东部较低，呈现自西北向东南倾斜的趋势。

岩性不同的构造特点，与地形地貌条件形成明显的一致性，使境内地表形态表现出崎岖折叠、错综复杂的特点。除北蒙山和西南部老虎山为砂石山区外，其他大部分为青石山区，面积为740平方千米，占总面积的38.92%。青石山区土地瘠薄，灰岩出露较广，也是全县主要缺水区。

（四）植被

人工植被：费县人工植被主要是各种农作物和栽培植物。粮食作物主要有小麦、玉米、地瓜、高粱、大豆、谷子等，经济作物主要有花生、棉花、芝麻、烟草等，蔬菜作物主要有芹菜、辣椒、萝卜、大白菜、黄瓜、西红柿、韭菜等。费县有树木植物348种。其中主要品种有：侧柏、杨、柳、国槐、刺槐、榆、楸、柞、楝、梧桐、桑、槲；山楂、板栗、梨、杏、桃、柿、核桃、樱桃、李子、枣、石榴、葡萄、银杏、花椒、蜡条、杞柳等。境内至今尚有唐、宋、元、明、清历代留传下来的国槐、银杏、桧柏、大叶朴、小叶黄杨、桂花等。新庄镇店子村两株唐槐，大者高11米，胸径2.4米；薛庄镇城阳村唐代银杏高24米，胸径2.4米，东西冠幅25米，南北冠幅20米；采山前村有一株桂花，树龄约300岁，地径45 cm，高4.95米，树冠直径5.5米。此外，还有冰糖石榴、五香果、雪老木等珍稀树木数十株。

自然植被：县内自然植被多为野草和野生灌木丛，树木极少。灌木以丛生荆棘居多，杂草类分布在田埂、路旁、沟边、河渠沿、荒地及林间空地，主要植被有一年生禾本科植物，种类繁杂，分布较广，地表多为单一群丛，有的也与多年生禾本科植物组成群丛，形成混生植被。

（五）*矿产资源*

费县地处鲁西隆起区的东南部边缘，境内地层发育较为齐全，由老至新太古界、古生界、中生界和新生界均有大面积出露。太古界泰山群变质岩系主要分布在北部，构成蒙山大背斜，主要岩性有黑云斜长片麻岩、角闪斜长片麻岩、斜长角闪岩、变粒岩等；古生界寒武系、奥陶系、石炭系海相石灰岩及海陆交互相砂页岩广泛分布于中部、西部和西南部；中生界白垩系火山碎屑岩零星出露在中部偏北地区；新生界第三系砂砾岩黏土岩分布于北部，第四系松散沉积物则广泛分布于平原山麓、沟谷等低洼地带。境内断裂构造发育，主要为北西向，部分呈北北西、北西西和北东向，主要断裂有蒙阴断裂、苍山断裂等，其余均属蒙阴、苍山及沂沭断裂带的低序次断裂。

费县目前已发现具有开发利用价值的矿产30多种。其中金属矿产7种，有金、银、铜、铅、锌、镁、铁等；非金属矿产20多种，主要有水泥灰岩、化工灰岩、熔剂白云岩、冶镁白云岩、饰面石材、煤、石膏、重晶石、石英、水晶、玛瑙、园林石、天景石、金星石、燕子石、木纹石、上水石、焦宝石、黄沙、铸型砂以及砖瓦黏土，耐火黏土和水泥配料用页岩、黄土等。在非金属矿产中花岗石储量1亿立方米，石灰石储量50亿吨。“天景石”堪称天下一绝，集“瘦、漏、透、皱、丑”于一身是装点园林的上乘佳品。

费县金属矿产不多，目前已发现金属矿产地1处，金矿点多处，铅矿点10余处，银矿点2处。金、铜矿产地主要在马头崖乡彭家岚子及梧桐沟一带，已探明金储量800多千克，铜20多吨。

铅、锌矿点主要分布在刘庄乡西南部，目前已发现10余处，多产于近南北向断裂带内，以铅矿为主，伴生铜、锌、银等有用矿物。

第二节　农村经济与农业生产情况

一、农村经济情况

自新中国成立以来，全县的农村经济总收入、农民人均纯收入均处于连年增长态势，特别是党的十一届三中全会以来，我县紧紧围绕农民增收和农村稳定两大目标，按照农村发展的要求，积极推进农业和农村经济结构的战略性调整，促进了农业和农村经济的快速发展。

据2008年统计资料，乡村劳动力资源535 076人，占乡村总人口的60.7%。全县农林牧渔业总产值482 900万元（当年价），比上一年增长10.5个百分点。其中农业产值306 600万元，占63.5%；林业产值18 400万元，占3.8%；牧业产值126 500万元，占26.2%；渔业产值11 200万元，占2.3%；农林牧渔服务业20 200万元，占4.2%。农民人均纯收入5 282元，与2000年相比农民人均纯收入翻一番多。

2008年全县粮食总产383 384吨，其中夏粮总产162 716吨，秋粮总产220 668吨。全县粮食作物产量稳中有增，经济作物产量增长较快，其中油料作物全年产量107 576吨，烟草总产13 396吨，蔬菜瓜果类产量有创新高，总产量达621 061吨。

随着全国退耕还林的开展和附近地区木材加工业的迅速崛起，全县林业发展十分迅速，逐步形成了以公路两边、沿河两岸、城乡周围、荒山荒地为主的林木生态绿化带。其中2008年完成绿化造林面积2 098.1 ha。截至2008年年底，全县林业用地面积达到8.44万ha，林业占地4.92万ha，人均占有647 m^2。其中，有林地3.36万ha，占68.29%；疏林地2 000 ha，占4.07%；未成林造林地982.4 ha，占2.0%。四旁植树92.1万株，人均12.2株，其覆盖率为2.76%；宜林网面积2.33万公顷，已林网335.7 ha，占应林网面积的1.44%，全县森林覆盖率达到41.2%。木本粮油面积达3.14万公顷，产量1.34亿千克，产值7.8亿元。全县山区农民人均纯收入中来自经济林产业的收入已占到七成以上。

2008年，畜牧业生产稳步增长。全年肉类总产量53 359吨，比上一年增长14.5%；蛋类总产34 575吨，比上一年增长9.5%；奶类总产9 433吨，比上一年增长35.2%。全年生猪出栏439 848头，比上一年增长26.3%；家禽出栏15 175 100只，比上一年增长6.5%；蜂蜜产量33 727千克，比上一年增长1.5%；蚕茧产量811 600千克，比上一年增长12.8%。

二、农业生产概况

（一）农业发展历史

费县是一个传统农业县，农业生产历史悠久，农产品以粮、棉、菜及烟草、果品为主，土地资源和气候资源十分有利于农林牧渔的全面发展。费县种植业，据记载从商周始，至今已有3 000多年的历史。在封建社会，种植业手段落后，正常年景“上田每亩不过百余斤，中田七八十斤，下田四五十斤或二三十斤不等”，农业生产水平非常低下。上溯至清末，县衙内配有劝业员管理农业，后建劝业所，民国时期改为实业局。

新中国成立后，党和政府高度重视农业，由初期的建设科、农业科，1956年11月正式成立农业局。农业生产发展较快，耕作制度开始逐步完善，农业技术得到较为全面的应用。1949年一年一作、两年三作和一年两作的面积分别占总播面积的42.7%、45.1%和10.3%。上世纪50年代末60年代初，由于实行“稻改”，一年两作面积迅速扩大，1956年一年两作面积达到16.2%。党的十一届三中全会后，实行家庭联产承包责任制，复种指数大幅度提高，1983年一年两作面积达到24.9%。进入90年代，特别是近几年“三高”农业的迅速发展，立体种植、间作套种、棚类保护地栽培等技术普遍应用，一年多作，几种几收高效种植技术被农民普遍掌握，复种指数得到了很大提高。

农业科技的发展投入对耕作制度的改革和农业生产水平的提高起到了非常重要的作用。新中国成立前，费县农业科技几乎为空白，农业生产发展缓慢，器具沿用旧制，农作物种植“刀耕火种”，农业生产根本无保障措施，处于人种天收的原始状态，农业生产水平非常低下，农村经济非常薄弱，人民生活困苦不堪。新中国成立后，党和政府重视农业科技发展，在组织广大农民完成了土地改革，成立互助组、合作社和人民公社的同时，有计划地进行大规模的农田水利基本建设和治山治水，建设“三合一”梯田，引进胜利百号地瓜、徐州438小麦、坊杂2号玉米、斯字棉5A等良种。扩种玉米，实行“稻改”，推广使用“肥田粉”化肥和高效杀虫农药；在农业机械上，自1951年开始推广使用七步犁、解放牌水车、喷雾器等农具，解放了农业生产力，促进了农业生产的发展。

十一届三中全会以来，随着农业科技队伍的不断壮大和农技推广体系的不断完善，农业科技水平进一步提高，开展了大规模的“低产变中产，中产变高产”的农业综合技术开发，农田病虫草害综合防治，以及新农药、新技术的推广与应用。特别是进入90年代，农业科技推广工作又有了更新的内容，以项目带动、技术配套、利益驱动为措施，政、技、物综合投入的农业高新技术开发应用在全县兴起，以发展高产优质高效农业为重点，棚类保护地栽培、测土配方施肥、病虫草害综防、农作物“化控”、旱作农业、立体栽培等农业十大新技术在全县普遍得到推广和应用，全县农业生产得到了持续、稳步提高。据统计资料显示，2000年农业总产值228 486万元（当年价），比1949年的2 483.5万元，增长了91倍。在种植业中，粮食总产由1949年的58 419吨增加到2000年的312 107吨，油料总产由1949年的8 141吨增加到2000年的72 388吨，烟草由1949年的285.5吨增加到2000年的5 098吨，蔬菜2000年产量达到72 388吨。随着最近几年农业龙头企业的发展壮大，我县的花生和蔬菜大棚种植面积逐年扩大，至2008年全县花生种植面积达到23 960.0 ha，越冬大棚发展到近6 660 ha。农业经济持续发展，农民收入逐年增加。农业工作人员努力工作，自党的十一届三中全会以来，仅农业系统的科技人员在农业科研、技术推广、农业开发中的科技成果达97项。其中各类科技进步奖40余项，在各类成果奖中，部省级12项，厅、市级38项。同时引进繁育、推广农作物良种147个品（系）2 868万千克，培训农业技术员12万人次。特别是2006年至今，随着测土配方施肥项目的实施和推广，全县共取土化验样品7 303个，获取有用数据45 579项次，并建立了耕地地力评价管理系统、测土配方施肥数据库等，为农业生产实行配方施肥奠定了科学基础，为我县农业向区域化布局、专业化生产、产业化发展做出了重要贡献。

山区农业资源的综合开发利用、种植业耕作制度的改革、农业科技进步和实用技术的普遍推广和应用，为费县农业的发展提供了重要保障。进入 90 年代，费县陆续被列为省科技先进县、省生态农业试点县、省夏玉米制种样板县和国家种子产业化示范县等，这些试点、示范项目的实施，为费县农业生产连接大市场，形成山区农业强县起到了重要的推动作用，也促进了全县农村经济的巨大发展。

进入 21 世纪，费县围绕突破“三农”瓶颈，按照“一调三转移”的工作思路，狠抓优质农产品基地建设，形成了瓜菜、板栗、核桃、丰产林 4 个“十万亩生产基地”集中连片的优质农产品产业带。到 2008 年，全县优质瓜菜面积达到 16 660 ha、优质板栗 6 660 ha、优质核桃 6 660 ha、丰产林 20 000 ha，粮经比例调整到 48：52，成为远近闻名的“中国板栗之乡”、“中国西瓜之乡”、“中国核桃之乡”。

2006 年，费县实施测土配方施肥项目和开展耕地地力评价以来，积极指导农民节肥增收，保护农业生态环境，提高农产品质量，为实现农业可持续发展提供技术支持。2006—2008 年，全县共取土化验样品 7 303个，化验 45 579 项次，完成野外调查表 13 000 余份，成功安排“3414”肥效对比试验 40 处，制定肥料配方 20 多个，基本建立起了不同作物的施肥指标体系，为农民增收和农业增产提供科学依据。另外培训农民 15 000 人次，发放施肥建议卡 150 000 份，大大提高了农民科学种田的水平，推进了我县农业的现代化进程。具体情况见表 1-2。

表 1-2 费县 1949～2008 年主要农作物产量 （单位：吨）

年份	粮食	油料	蔬菜	果品	烟草	棉花
1949	58 419	8 141	—	—	285.5	400
1955	78 211	17 718	—	—	344.5	545
1960	82 375	1 703	—	—	55.5	105
1965	94 160	7 640.5	—	—	61.5	355
1970	130 345	15 303.5	—	—	115	940

（续表）

1975	188 910	15 595	—	10 445	465	82.0
1980	220 815	18 290	—	13 590	2 310	130.0
1985	328 772	6 072.69	—	—	8 323	55.8
1995	435 233	66 458	491 871	145 789	3 017	98
2000	312 107	72 388	529 354	141 510	141 510	186
2005	340 061	101 311	597 775	296 371	5 424	1 812
2008	383 384	107 576	621 061	270 156	13 396.0	1 250.0

（二）农业发展现状

费县是一个典型的山区农业大县，有五山一水四分田之说。农业的气候特点：一是光照充足，平均日照时数为 2 532.1 小时；二是积温较高，年平均气温 13.4℃，无霜期 197 天，大于或等于 0℃以上积温 5 001℃；三是雨热同期，年均降水量 856.4 mm，其中夏季降水 552.7 mm。种植业资源特点：一是土壤类型多，县土壤共分 6 大土类，15 个亚类，25 个土属，73 个土种。二是耕地资源少，农业人均占有耕地 706.2m^2。三是生物资源丰富：作物品种 2 纲 9 科 23 属 329 种。主要农、林、果及经济作物有小麦、玉米、地瓜、水稻、大豆、谷子、高粱、花生、黄烟、苹果、梨、山楂、桃等。四是农业劳动力充裕。2008 年农业种植业劳动力 34.51 万人，占总劳动力的 75%，其中女性 15.74 万人。劳动力中具有初中以上文化程度的 28.74 万人。丰富的农业资源为费县的农业发展和农业结构调整提供了有利条件，费县逐步形成了以小麦、玉米为主的粮食生产基地，以花生为主的油料生产基地，以烟草为主的经济作物基地，以板栗、核桃、苹果为主的林果生产基地，以西瓜为主的瓜菜生产基地，费县农业发展趋于合理化、区域化，农业经济发展逐步形成产业化。

近年来，费县大力实施农业产业化战略，以解决“三农”问题为核心，以稳定土地承包政策、落实农业税减免、粮食直补、良种补贴等

"三补一减"为重点的各项农村政策为动力，以培育特色农产品产业带、增加农民收入为目标，按照"平原抓粮、瓜菜，山区抓林果，丘陵抓烟桑，全县发展畜牧业"的思路，大力推进农业现代化，调整农业产业结构，培育瓜菜、板栗、核桃和丰产林"四个10万亩"基地，形成了具有费县鲜明特色的农业。被中国特产委员会命名为"中国板栗之乡"、"中国西瓜之乡"、"中国核桃之乡"、"中国金银花之乡"，成为全国肉类生产百强县和全国油料生产百强县。同时一大批农业龙头企业的兴起，有效带动了费县生态农业的产业化发展。

前几年，由于粮食经济下滑，农民种粮积极性不高，农业生产投入逐年减少，粮食产量较低。加上农民施肥不合理，造成土壤养分失衡，土地板结，土壤污染较重，作物品质降低，化肥浪费严重，产投比失衡，农业经济效益较低。近几年，随着中央不断加大惠农政策，农民种粮积极性有了很大提高，测土配方施肥项目的实施和推广，提高了农民科学施肥水平，降低了肥料投入，提高了肥料利用率，增加了农民的效益，保证了粮食生产的安全、优质、高效。

第三节　农业基础设施情况

一、费县农田水利概况

费县地处沂蒙山腹地，境内有大小河流123条，祊河、浚河、温凉河、涑河为四大主干河流，总长987.6千米，总流域面积2 123.8平方千米，其中费县境内为1 903.75平方千米，均属淮河流域，沂河水系。新中国成立以来，先后建成大中小型水库95座，塘坝900余处，素有"百库千塘"之称。其中大型水库1座，中型水库7座，小I、II型水库87座，万方以上塘坝433座，各类小型民营水利工程11 000余处。全县水利工程总拦蓄水能力达5.3亿m^3，除涝面积9 200 ha，干、支、斗渠980条，总长1 100千米。打机电井5 000余眼，建水电站12处，有效灌溉面积由新中国成立初期的106.7 ha，增加至2008年的32 000 ha，充分发挥了水利事业兴利除害的调节作用。

二、农业生产机械

随着农业经济的发展，农业生产机械化程度有了较大提高。近几年，国家对农业基础设施投入力度加大，农业生产条件和农村生活环境有了较大改善。2008 年全县农机总动力达到了 58.8 万千瓦，农用拖拉机保有量 16 759 台，小麦收割机 1 100 台，玉米联合收割机 28 台，配套机具 2.2 万台。全县完成机耕面积 3.4 万 ha，机收面积 3.58 万 ha，小麦生产全程实现了机械化。玉米机收率较低，还占不到总面积的 7%。蔬菜生产与加工、设施农业、水产、畜牧等其他生产领域机械化水平都有较大的发展，全县农业机械化水平有了较大的提高。农村用电量 13 061 万千瓦。农药用量 1 358 吨，比上一年同期下降 8.2%。农用地膜使用量 1 964 吨。年末耕地面积 65 726.67ha，全县总灌溉面积 3.475 万 ha。其中农田有效灌溉面积 31 210 ha，灌溉保证率 47.1%，林地灌溉面积 1 360 ha，果园灌溉面积 3 070 ha。由于受地形及环境的影响，自来水的普及有一定的困难，但经过县委县政府及上级有关部门的努力，全县自来水受益村已达 472 个，自来水普及率为 83.8%，有效解决了农村居民饮水问题，保证了饮水安全。

第二章 土壤与耕地资源状况

第一节 土壤类型与分布

一、土壤类型及分布

土壤是一种十分重要的自然资源，是生态系统的重要组成部分。土壤是农业生产的基础，最基本的生产资料，有限的土壤资源正在供养着我们这个发展中的世界。根据自然和社会影响的成土条件、成土过程和土壤的综合因素，依照全国第二次土壤普查的土壤分类归属暂行方案，费县共有 6 大土类，15 个亚类，25 个土属，典型土种 73 个，变型土种五级。其中土类，是高级分类单元，是在一定生物、气候等成土因素作用下，具有主导形成过程和由此而形成的土壤属性来划分的，我县有棕壤、褐土、潮土、砂姜黑土、石质土、粗骨土 6 个土类。亚类是土类范围内土类之间的过渡类型，如我县棕壤分为棕壤性土、林地棕壤、棕壤、白浆化棕壤和潮棕壤 5 个亚类。土属是中层分类单元，是亚类的续分，又是土种的归纳。土种是最基本的分类单元，它是在相同母质的基础上具有类似的发育过程和土体构型的一组土壤。变种是在一定时间内，随耕作、施肥及灌溉条件的改善而变更的，根据我县土壤状况，可划分为五级变种。费县土壤分类系统表见表2－1。

表2－1 费县土壤分类系统表

土类		亚类		土属		土种			
代号	名称	代号	名称	代号	名称	代号	划分依据（分母表示）	代号	表示质地（分子表示）
E	石质土	a	酸性石质土	1	酸性岩类		按土体厚度与		粗砂土（砾
		b	中性石质土	2	基性岩类	1	基底性质分极		石含量按标
				3	砂页岩类		薄层硬石底	1	准注在编号
		c	钙质石质土	4	石灰岩类		（土体为坚硬		后，如△2）
							基底）	2	石皮土
						2	薄层硬石底	3	石碴土
						3	中层硬石底	4	马牙砂土
				5	砂页岩类	4	极薄层酥石棚	5	壤质土
						5	薄层酥石棚		
						6	中层酥石棚		
F	粗骨土	a	酸性粗骨土	1	酸性岩类		按土体厚度		
		b	中性粗骨土	2	基性岩类		与基岩性质分	1	粗砂土（砾
						1	极薄层硬石底		石含量按标
							（土体下为硬		准注在编号
				3	砂页岩类		石基底）		后，如△2）
						2	薄层硬石底	2	石皮土
		c	钙质粗骨土	4	石灰岩类	3	中层硬石底	3	石碴土
						4	极薄层酥石棚	4	马牙砂土
						5	薄层酥石棚	5	壤质土
				5	砂页岩类	6	中层酥石棚		

（续表）

土类		亚类		土属		土种			
								1	松砂土
								2	紧砂土
					按母质类型分		按土层构型分	3	砂壤土
						1	均质	4	轻壤土
						2	薄心		
		c	棕壤	1	坡积洪积物			5	中壤土
						3	厚心		
A	棕壤							6	重壤土
						4	薄腰		
		e	潮棕壤	2	洪积物			7	黏土
						5	厚腰		（粗粒部分
						6	薄层		
		f	白浆化棕壤	3	洪积冲积物				可在质地
						7	中层		名称前
									加形容词）
				1	坡积洪积物		按土层构型分	1	松砂土
						1	均质	2	紧砂土
		c	淋溶褐土	2	洪积物	2	薄心	3	砂壤土
						3	厚心	4	轻壤土
		d	褐土	3	洪积冲积物	4	薄腰	5	中壤土
						5	厚腰	6	重壤土
		f	潮褐土	4	冲积物	6	薄层	7	黏土
B	褐土					7	中层		（粗粒部
									分可在质
									地名称前
									加形容词）

（续表）

土类		亚类		土属		土种			
						按土体构型分		1	松砂土
						1	薄砂心	2	紧砂土
						2	厚砂心	3	砂壤土
						3	薄砂腰	4	轻壤土
		b	潮土	4	河潮土	4	厚砂腰	5	中壤土
						5	薄砂底		（粗粒部分可
						6	厚砂底		在质地名称
						7	薄壤心		前加形容词）
						8	厚壤心		
						9	薄壤腰		
						10	厚壤腰		
						11	薄壤底		
						12	厚壤底		
C						13	薄黏心		
	潮土					14	厚黏心		
		e	湿潮土	10	冲积湿潮土	15	薄黏腰		
						16	厚黏腰		
						17	薄黏底		
						18	厚黏底		
						19	均质		
	砂				按黑土层出现部位分				
G	姜	a	砂姜黑土	1	黑土裸露	1	黑土裸露	5	中壤土
	黑			2	黄土覆盖	10	厚砂姜腰	6	重壤土
	土								

我县属于鲁中南低山丘陵区，由于成土母岩——酸性花岗岩、片麻岩、黑云母混合片麻岩、砂页岩、富钙石灰岩的相间分布，使我县的棕壤、褐土呈复区状分布。棕壤和褐土是主要的两大类土壤类型。我县的北部蒙山山地丘陵地区及南部老虎山一带是以花岗岩、片麻岩为主，其次是砂页岩、片岩、正长岩等母岩风化物形成的棕壤，其他山地丘陵内均为富钙石灰岩风化物及红土堆积形成的褐土。潮土分布在县内各河流两岸，由冲积母质形成。砂姜黑土分布在低洼平坦处，多为湖沼相沉积物。

（一）棕壤土类

这类土壤，全县共有 15 492.9 ha，占可利用面积的 9.86%。棕壤共分 3 个亚类，5 个土属 17 个土种，主要分布于费县北部、西部和东北部山区丘陵地带。按亚类分述如下：

1. 棕壤亚类。包括酸性岩坡积洪积棕壤和酸性岩洪积冲积母质棕壤两个土属，9 个土种，一般群众将之称作黄沙土、砂质黄土、坡黄土等，该类土面积为 6 495.9 ha，占可利用面积的 4.14%。现将主要土种描述如下：砂壤表土厚黏化心非钙质砂页岩坡积洪积棕壤、砾质砂壤表土中层酸性岩坡积洪积棕壤、砾石粗砂表土厚黏化心酸性岩坡积洪积棕壤等，主要分布于我县的朱田镇西北部，上冶镇西部，薛庄镇和方城镇、汪沟镇北部，胡阳镇的多富庄一带。轻壤表土壤均质酸性岩洪积冲积棕壤、砂壤表土厚黏化心非钙质砂页岩洪积冲积棕壤，该类土种主要分布于薛庄镇以东、方城镇以西沿汶泗路两侧。

2. 白浆化棕壤亚类。俗名白淌土，包括一个土属为酸性岩洪积冲积母质白浆化棕壤，含轻壤表土薄白浆心厚黏化心非钙质砂岩洪积冲积白浆化棕壤、轻壤表土厚白浆心厚黏化腰酸性岩洪积冲积白浆化棕壤、砂壤表土薄白浆心厚黏化心非钙质砂岩洪积冲积白浆化棕壤、砂壤表土薄白浆心厚黏化腰非钙质砂岩洪积冲积白浆化棕壤 4 个土种，面积为 1 929.7 ha，占全县可利用面积的 1.23%，主要分布在胡阳镇周边的缓坡平地上。

3. 潮棕壤亚类。共 7 038.7 ha，占可利用土地面积的 4.49%。包括两个土属，一个是酸性岩洪积冲积母质潮棕壤，群众习惯称之为砂黄土、厚黏砂黄土，该土属分布地势较棕壤亚类低，主要分布在薛庄、胡阳、石井、汪沟镇的平地上。另一土属为酸性岩冲积母质潮棕壤，该土群众一般称之为黄老土、黏黄老土，主要分布在探沂、新桥、梁邱镇的沿河两岸。

（二）褐土类

褐土发育在富钙母质上，剖面中有不同的石灰含量，呈中性至微碱性反应，是盐基饱和度很高的一种土壤，全县共有 44 328.6 ha，占可利用土地面积的 28.28%，是费县的主要土壤之一。主要分布在城北乡、费城镇、刘庄镇、马庄镇、石井镇、梁邱镇、新庄镇、朱田镇等地。该土类在费县共包括 3 个亚类，5 个土属，17 个土种。按亚类综述如下：

1. 褐土亚类。该亚类包括两个土属，10 个土种，面积 911.6 ha，占可利用面积的 0.59%，主要分布在上冶、薛庄、汪沟、刘庄镇的缓坡岭上。

2. 淋溶褐土亚类，包括两个土属，6 个土种，面积为 36 470.8 ha，占可利用土地面积的 23.26%。该类土又名黄黏土、僵瓣黄黏土，主要分布于城北、费城、新庄、刘庄等乡镇，为费县的主要土类。

3. 潮褐土亚类，主要含一个土属为钙质洪积冲积母质潮褐土，群众一般称为老黄土、砂质老黄土、黏质老黄土，全县共 6 949.8 ha，占可利用面积的 4.43%，主要分布于城北、费城、梁邱、刘庄、朱田等乡镇的沟谷梯田和缓平地上。

（三）潮土类

潮土分布地形平坦，地下水位较高，土层深厚，沉积层较为明显，也是费县的主要耕作土壤。该土类分为两个亚类，两个土属和 17 个土种，面积 13 925 ha，占全县可利用面积的 8.88%，主要分布于新桥、薛庄、上冶、梁邱、探沂等乡镇。按亚类综述如下：

1. 河潮土亚类，包括一个冲积河潮土属，12 个土种。该类土群众俗称为两合土、砂纸两合土，主要分布在祊河、沭河、浚河、温凉河两岸，面积 10 115.5 ha，占全县可利用面积的 6.45%，是费县的粮食主产地。

2. 湿潮土亚类，包括一个土属冲积湿潮土属，5 个土种，该类土群众俗称冷黄土、黑黏冷黄土。该土属所处地势低洼，是在较长期或季节积水和较高潜水条件下形成的土壤。方城、薛庄、上冶、梁邱、探沂、新桥等乡镇均有分布，但面积不大，全县共有 3 809.5 ha，占全县可利用面积的 2.4%。

（四）砂姜黑土类

砂姜黑土分布地势较低洼，地下水排泄不畅，地下水埋藏深度通常为 1～2 米。在费县该土类包括 1 个亚类，2 个土属（黑土裸露和黄土覆盖），4 个土种，面积 3 338.9 ha，占全县可利用面积的 2.13%，主要分布于新桥、汪沟、胡阳、方城等乡镇。按土属综述如下：

1. 黑土裸露砂姜黑土属，群众习惯称之为黑黏土、黑土湖、蛤蟆汪，全县 2 922.2 ha，占可利用面积的 1.86%，主要分布在汪沟小山口、永太庄及镇驻地西邻，新桥镇的大官庄至汪沟的大长夫，胡阳以东与方城交界一带的低洼地带。

2. 黄土覆盖砂姜黑土属，当地百姓一般称之为砂姜老黄土，全县面积 416.8 ha，占可利用面积的 0.27%，主要分布于汪沟镇甘胜庄一带的低洼平地上，受蒙山洪积冲积的影响，表层覆盖了一层黄土。

（五）石质土类

该土类在费县包含 1 个亚类，1 个土属，1 个土种，农民一般习惯称之为马牙砂土或火石碴子土，全县共有面积 2 303.3 ha，占可利用面积的 1.49%。此土主要由岩石风化残积而成，主要分布于城北、费城、芍药山、马庄、新庄、石井、梁邱、朱田等乡镇的低山丘陵中上部一带。

（六）粗骨土类

该土类在费县分布有 3 个亚类，6 个土属，9 个土种，是费县的主要耕作土壤，分布较为广泛，在城北、费城、芍药山、马庄、新庄、石井、梁邱、朱田等乡镇分布面积较大，全县面积 77 558.8 ha，占可利用面积的49.36%。按亚类分述如下：

1. 酸性粗骨土亚类，包含1个土属，2个土种，群众一般称之为粗砂土、粗骨土，全县共有面积47 321.8 ha，占可利用面积的30.18%。此土主要由酸性岩风化残积而成，整个土层薄，土地贫瘠，所处地势较高，多分布在山丘的中上部，在城北、费城、芍药山、马庄、新庄、石井、梁邱、朱田等乡镇分布较为广泛。

2. 中性粗骨土亚类，包含2个土属，2个土种，群众一般称之为黑岭盖土，主要由非钙质砂页岩风化残坡积而成，土层较薄，土质较轻，全县面积432.12 ha，占可利用面积的2.76%，在费县的中北部、西部及南部有零星分布。

3. 钙质粗骨土亚类，包含3个土属，5个土种，群众习称之为石皮土或叠石板子土，多位于低丘山岭的中上部，一般为荒草坡或山坡梯田，受侵蚀影响较重，上冶、城北、芍药山、马庄、新庄、石井、梁邱、朱田等乡镇分布面积较大，全县面积25 754.2 ha，占可利用面积的16.42%。

二、土壤类型特征及主要生产性能

(一) 棕壤的土壤类型特征及主要生产性能：该土壤母质为洪积冲积物，全剖面无石灰反应，呈中性至微酸性，表土多为轻沙壤质，土壤结构成碎块状，土壤中含有少量的铁锰结核，土层深浅不一，耕性好，土壤保肥蓄水能力各有差别，一般排水条件良好。如能保证灌溉和施肥，可适合于多种作物生长，一般一年一熟或两年三熟。下面介绍各亚类和主要土种的特征及主要生产性能：

棕壤亚类的特征及主要生产性能，包含酸性岩坡积洪积棕壤和酸性岩洪积冲积母质棕壤两个土属。其中含酸性岩坡积洪积棕壤主要分布在山丘下部的岭坡和山麓地带，而酸性岩洪积冲积母质棕壤分布地势较低。由于它们所处地形部位不同，土壤特征及主要生产性能也相差很大，酸性岩坡积洪积棕壤土属的土壤，地形平坦，土层较深厚，在30～60 cm深处一般会出现一层厚度大于30 cm的砾质黏土，严重影响土壤的透气性和作物根系的下扎。黏化层和铁锰淀积明显，一般种植花生、地瓜等耐瘠作物，也有小麦种植，但产量不高。酸性岩洪积冲积母质棕壤土属的土壤，地势平坦，质地比较适宜，一般通体均质，保肥保水性能好，是一种产量较高的土壤，现在大部分种植小麦、玉米、地瓜。

白浆化棕壤亚类的特征及主要生产性能：该亚类土主要分布在缓坡平地上，该土有两个障碍层次，在犁地层以下有一层坚硬、紧实、养分贫乏且含大量铁锰结核的白土层，厚度一般 20～30 cm。其下为黏重、紧实、透水不良的黏土层，此种土壤生物积累作用差，养分含量低，严重缺磷，怕旱、怕涝、土壤板结，物理性状不良，是一种低产土壤。主要种植花生、地瓜、谷子、高粱等一些耐瘠作物。

潮棕壤亚类的特征及主要生产性能：包含两个土属，酸性岩洪积冲积母质潮棕壤和酸性岩冲积母质潮棕壤。其中酸性岩洪积冲积母质潮棕壤分布地势较低，土层较厚，地下水位一般为 5～7 米，地势平坦，灌溉条件良好。由于土质较轻，生物积累作用不强，土壤养分含量不高，但如果注意平衡施肥，作物产量一般较高，该土较适宜于种植小麦、玉米、水稻等作物。

（二）褐土的土壤类型特征及主要生产性能：该土壤成土母质为富钙洪积冲积物，剖面中有不同的石灰含量，呈中性至微碱性反应，是盐基饱和度很高的一种土壤。心土层多，底土较少，土层深厚，河阶地有部分轻壤，微斜平地为重壤，蓄水保肥能力强，表层质地适中，耕性好，排水条件良好，适合各种作物的种植，是费县境内较好的土壤，可一年两收。下面介绍各亚类和主要土种的特征及生产性能：

褐土亚类的特征及主要生产性能：多位于缓坡岭上，土层较厚，潜水位较深，表层质地多为中壤和轻壤，其中以中壤居多，土层 30 cm 以下出现黏化层，碳酸钙淋溶淀积明显，通体有中度石灰反应。由于犁底层坚硬，通透性差，影响作物根系下扎，现一般种植地瓜、花生、小麦、玉米、烟草等，属于中等产田。应注意平衡施肥，培肥地力，合理灌溉。

淋溶褐土亚类的特征及主要生产性能：多数由红土母质发育而成，土体内游离碳酸钙基本淋失，含量甚微，呈中性至微碱性反应，表土质地轻壤到中壤，耕层以下质地黏重。淋溶褐土部分为林地和果园，其他为农田，一般种植花生、地瓜、大豆、小麦、烟草、棉花等，一般一年两熟或两年三熟，亩产 400～500 kg。

潮褐土亚类的特征及主要生产性能：该土含有 8 个土种，除少数夹砂夹黏外，大部分土体质地均一，通体无障碍层，耕性良好，地下水位 3～5 米，水源丰富，灌溉配套，保水保肥能力强，养分丰富，适种各种作物，亩产 500 kg 以上，是费县熟化程度较高的一种褐土。

（三）潮土的土壤类型特征及主要生产性能：潮土分布地形平坦，地下水位较高，土层深厚，沉积层较为明显，包含 2 个亚类，2 个土属，17 个土种，是费县的主要耕作土壤，土壤形成主要由温、祊、涑、浚等河冲积沉积而成。土壤保肥蓄水能力强，一般种植小麦、玉米、水稻等高肥水作物，平均亩产 500 kg 以上。下面介绍各亚类和主要土种的特征及生产性能：

河潮土亚类的特征及主要生产性能：由于受紧砂漫淤沉积规律的影响，该土属分为两种类型：一是靠近河边的沙土，土层虽然深厚，但沙性大或在浅位、中位出现较厚的夹沙层，漏肥、漏水，不耐旱，产量一般。另一种是距河较远的，土质通体轻壤，或是上轻下黏，水、肥、气、热较协调，平均亩产 500 kg 以上，主要种植小麦、玉米、水稻等高肥水作物。

冲积湿潮土亚类的特征及主要生产性能：该类土所处地势较低洼，在较长期或季节积水和较高潜水条件下形成的土壤，此土通体无石灰反应，中下部有锈纹锈斑，汛期易涝，质地多为轻壤土，部分为中壤，易结块，理化性状较差，不宜耕作。这种土壤发老苗不发小苗，主要种植小麦、水稻等作物，常年平均亩产 450 kg 以上。

（四）砂姜黑土的土壤类型特征及主要生产性能：此类土分布地势较洼，地下排水不畅，地下水埋深通常为 1～2 米，在低洼地段，甚至有积水现象，雨季易涝，春秋干旱，成土母质为沼湖相沉积物。它有两个基本发生层段，即“黑土层”和“砂姜层”，由于砂姜黑土所处地势低洼，所以也是冲刷物质的沉积区，一般种植小麦、地瓜、水稻等作物，两年三熟，或一年一熟。

下面介绍各亚类和主要土种的特征及生产性能：

黑土裸露砂姜黑土属的特征及主要生产性能：该土分布地势较洼，土性较冷，发老苗不发小苗，质地黏重，通透性很差，下部有砂姜或砂姜层，有机质含量较高，但矿化速率慢，供肥力差，缺磷现象较为严重，是一种低产田。但是这种土壤具有较大增产潜力，经改良方能提高产量。现主要种植小麦、水稻、地瓜等作物，一般两年三熟。为提高作物产量，应增施有机肥，培肥地力，追肥注意少量多施，减少养分的流失。

黄土覆盖砂姜黑土属的特征及主要生产性能：受蒙山洪积冲积的影响，表土覆盖了一层黄土，表层质地较轻，宜耕作，水源丰富，土壤肥力较黑土裸露砂姜黑土高，但由于黑黏土层出现在 60 cm 土体内，对作物根系下扎、水分上升下移都有一定的影响。主要种植小麦、玉米、大豆等作物。

（五）石质土的土壤类型特征及主要生产性能：石质土在我县分布面积较大，由富钙母质发育而成，土壤呈中性或微碱性反应，多位于低山丘陵的中上部，大多为荒草坡或山坡梯田，受侵蚀程度较为严重。种植农作物一般为花生、地瓜等，常年一年一熟，平均产量 200～300 kg。该土土壤水土流失较重，养分含量低，应注意配方施肥，增施有机肥，合理追肥，保证作物生长需肥。

（六）粗骨土类的土壤类型特征及主要生产性能：此土由酸性岩风化残积而成，整个土层薄，一般小于 50 cm，多数在 25～50 cm 之间。所处地势较高，在山丘中上部，土地贫瘠，水土流失严重。大部分种植花生、地瓜等农作物，常年一年一熟，平均亩产在 150～300 kg 之间。有条件的对农田进行加以改造，采取有效措施，搞好灌排配套，推广秸秆还田或粮肥轮作，增施有机肥，培肥地力。

第二节　土地利用状况

一、土地利用现状

至2008年年底，全县土地总面积为190 452.11 ha。其中农业用地面积134 294.25 ha，占总面积的70.51%；建设用地面积22 382.65 ha，占总面积11.75%。在占全县总面积70.51%的农用地中，耕地面积65 726.67 ha，占农用地面积48.94%；园地面积为14 308.93 ha，占农用地面积10.65%；林地为38 283.86 ha，占农用地面积28.51%；牧业用地面积为1 333.33 ha，占农用地面积1.0%。在全县农用地的地类构成中耕地所占比重最大，耕地占全县土地的34.51%。

二、耕地资源的保护和利用

耕地资源的保护和利用关系到经济可持续发展和社会稳定。耕地资源是经济发展中不可代替的生产要素，是农业生产中最重要的生产资源，它提供了粮食、油、棉花和其他工业原料，是人们衣食生存的主要来源地。农业作为第一产业具有基础性地位，耕地资源是农业的基础，做好耕地资源的保护和利用工作，是促进经济可持续发展的有力保证。近几年，随着市场经济和外向经济的发展，费县的果品和花生种植加工业成了全县农业经济增长的重点。就当前形势下，进行种植结构调整，对合理利用土地资源，发挥耕地资源优势、提高经济效益、增加农民收入、保护农业生态环境和提高农产品质量具有十分重要的意义。为此，依据全国耕地地力调查与质量评估结果，结合费县县政府制定的土地利用总体规划、农业局的农业生产总体布局，在分析耕地、人口及相关资源的基础上，提出了费县耕地资源合理配置与农业结构调整建议。

（一）耕地数量平衡与人口发展分析预测

费县是一个山区县，人多地少，耕地后备资源不足，境内山区、平原、丘陵相间，适宜多种农作物的种植和生长。新中国成立初，全县耕地面积为64 400 ha，人均耕地1 607 m^2；2000年耕地为65 867 ha，人均耕地面积706.2 m^2，50多年间全县耕地发生了较大变化，人均减少了901 m^2。从各年耕地动态变化看，以1949年为基数，至1955年耕地呈上升趋势，较新中国成立初期，耕地面积增加了22 333.3 ha。自1956年至1995年40年间，受各种因素的影响，全县耕地面积开始逐年下降，平均每年下降650多ha，至1995年底耕地面积下降到61 066.7 ha，人均耕地只有678 m^2。到了1995年以后，随着国家对耕地保护力度的加大，非农业用地得到了严格控制，同时对部分宜耕丰产林进行了退耕还林，全县耕地面积开始有所增加，到2000年底，在人口不断增加的形势下，人均耕地增加到706 m^2，稍高于全省人均耕地水平。近几年，随着耕地保护的更加严格，全县耕地面积逐渐趋于稳定。全县人口与耕地变化情况见表2-2。

表2-2 费县人口、耕地变化情况表

单位：万人，ha，m^2

年度	1949	1955	1965	1975	1982	1983	1986	1995	2000	2006
人口	40.1	45.9	53.5	69.3	74.9	75.8	79.1	90.1	91.2	92.5
耕地	64 400	86 733.3	76 666.7	69 593.3	67 733.3	67 466.7	63 933.3	61 066.7	65 867	67 333
人均	1 607	1 891	1 434	1 005	905	891	806	678	706	728

经过分析全县耕地与人口发展与变化趋势，在未来几年，费县人口自然增长率控制在7.5‰以内，但每年仍平均增长人口大约7 000人，加之工业发展和小城镇建设用地，人均耕地面积还将进一步减少，人多地少的矛盾日渐突出。从全县人民生存和全县经济发展的高度出发，采取必要的有效措施，保持全县耕地总量相对稳定，合理安排，科学规划，集约利用，就可以兼顾耕地与建设用地之间的需求。在控制人口增长的基础上，合理规划农村宅基地，减少农村建房用地，开发土地后备资源，加强对矿区的复垦，增加耕地面积，保持耕地数量相对平衡，确保农业生产用地，保证粮食生产安全。

（二）耕地地力与粮食生产能力分析

1. 耕地粮食生产能力

耕地生产能力是粮食产量高低的决定因素之一。近年来，由于种植业结构调整和建设用地等因素的影响，粮食播种面积在不断减少，而随着人口的不断增加，畜牧业和工业用粮逐年增长，社会对粮食的需求量在不断攀升。保证全县粮食需求，挖掘耕地生产潜力已成为农业生产的大事之一。

耕地生产能力是由自然因素和人为因素共同决定的，耕地的生产能力又分为当前生产能力和潜在生产能力两种。

（1）当前生产能力

费县现有统计耕地面积为65 726.67 ha。其中中低产田占耕地总面积的64.7%，与高产田相比，中低产田土层薄、肥力低、生产条件差、作物产量不高，这些造成全县当前生产能力偏低。再加之农民施肥不合理，造成土壤养分不均衡，同时，耕作管理粗放，影响了耕地当前生产能力。至2008年年底，全县主要种植农作物有小麦、玉米、花生、烟草、地瓜、蔬菜等，粮食种植总面积为65 685 ha，总产量为383 384吨，单产5 835吨/ha；花生播种面积23 983 ha，总产107 564吨，单产4 485 kg/ha；棉花播种面积1 045 ha，总产1 250吨，单产1 200 kg/ha；烟草种植面积4 708 ha，总产13 396吨，单产2 850 kg/ha；蔬菜播种面积11245 ha，总产621 061吨，单产55 230 kg/ha。具体见表2－3

表2－3　费县2008年粮、油、菜产量统计

种植作物	种植面积（ha）	总产（吨）	单产（kg/ha）
粮食	65 685	383 384	5 835
其中小麦	30 301	162 716	5 370
玉米	19 748	130 633	6 615
棉花	1 045	1 250	1 200
烟草	4 708	13 396	2 850
蔬菜	11 245	621 061	55 230

（2）耕地潜在生产能力

生产潜力是指在正常的社会秩序下所能达到的最大产量。从历史的发展角度和分析长期的利益来看，耕地的生产潜力是比粮食产量更为重要的粮食安全因素之一。

费县是一个农业大县，是全省较大粮食生产基地之一，全县土地资源较为丰富，土壤类型多，土壤质地和土壤养分状况比较均一，光热资源充足，有利于农业生产和发展。就全县近几年的粮、棉、油、菜的平均亩产和全县农民对耕地的经营状况，并结合测土配方施肥肥效对比试验来看，全县的耕地生产潜能还具有较大的提升空间。通过测土配方施肥项目的实施，近几年全县小麦、棉花、玉米、蔬菜、烟草等的经济效益显著，特别是配方施肥区比习惯施肥区作物增产效果明显。因此，如果采取合理有效的措施，提高耕地质量，充分挖掘耕地生产潜力，就能确保全县粮食生产安全，增加农民收入，推进我县现代农业的快速发展。要提高耕地生产潜力，首先，要合理增加农业生产投入，加大基本农田建设，兴修水利，扩大灌溉面积，保证农业生产的稳定性。第二，进一步推广先进实用的农业技术，扩大良种和环保高效低毒农药的使用面积，加大中低产田的改造力度，提高农业抗自然灾害的能力。第三，有计划地对宜农荒地进行合理开发，以弥补同期耕地的占用，保持耕地面积的相对稳定，保证全县粮食产量。第四，提高复种指数，在有限的耕地面积上，通过提高复种指数，实现作物种植面积增加，提高作物总产量。第五，举办科技培训班，将农业新技术、新方法传授给农民，提高农民的整体科技意识，实现农业科技化，农民种田科学化，农业生产生态化，农业产业规模化、经济化。第六，建立示范片和示范基地，培养科技带头户，使农民更直观更实在地学到技术知识和操作方法，开展丰富多彩的技术宣传和推广工作，使农业新技术真正应用到农业生产中去。第七，发挥农技人员的技术优势，技术人员实行分区包片，划分技术责任区。技术人员在责任区内应做好宣传培训和跟踪服务等工作，直接指导农民精耕细作、配方施肥、选使良种、综合农业病虫防治，积极推进全县农业现代化进程，确保全县粮食丰产稳产。

2. 不同时期费县人口和粮食需求分析与预测

在任何时期，农业是国民经济的基础，粮食是关系国计民生和国家安全自立的特殊物资，特别像我们这样一个拥有世界 1/6 人口的国家，粮食安全更是和谐稳定的基础，其重要性和特殊性是其他一切所不可替代的。从新中国成立初期到现在，全县人口数量和食品构成都发生了较为巨大的变化。根据费县统计年鉴，1949 年，全县人口数为 40.1 万人，人均粮食占有量为 145.8 kg，居民食品主要以粮食为主，也有少量的肉、蛋类食品，水果、蔬菜品种等，但其比重很小，而且品种十分单一，只有一些季节性水果。随着科学的发展和社会的进步，农业生产新技术得到了快速提高和应用，农产品产量和品质都有了较大提高，农民生活质量有了较大改善。至 2006 年年底，全县人口数量为 92.5 万人，人均粮食占有量达到了 414 kg，食品构成更加丰富，肉、蛋、奶以及水果、蔬菜等占有相当的比重。费县人口与粮食统计表见表 2-4。

表 2-4 费县人口、粮食变化情况表

单位：万人，吨，kg

年度	1949	1955	1965	1975	1982	1983	1986	1988	1995	2000	2006
人口	40.1	45.9	53.5	69.3	74.9	75.8	79.1	81.8	90.1	91.2	92.5
粮食	58 419	78 211	94 160	188 910	220 815	344 450	328 278	337 149	435 233	312 107	383 000
人均	145.8	170.4	176	272.6	294.8	454.4	415.1	412.2	483.1	342.2	414.1

通过上表分析看出，全县人均粮食占有量不高。随着人口的增加，粮食需求量将进一步加大，全县粮食供应将面临巨大的压力。通过本次耕地地力评价分析，全县粮食生产还存在很大的增长潜力，随着农业科技的发展、农业政策的调整、农田基础设施条件的进一步完善，加上良种良法的配套使用，粮食生产与供求矛盾将得到平衡。

费县属于农业县，由于受气候及环境条件的影响，全县粮食生产年际变化较大，粮食商品率随人均占有粮食和食品结构的变化，从无到有，近几年有所增加。新中国成立初期，粮食生产水平低，人均占有粮食仅145.8 kg，不能解决温饱问题，因此当时无粮可卖，到了20世纪70年代，随着化肥及农业技术的发展，粮食产量有所增加，农民除能解决温饱和交付部分公粮外，有少量用作牲畜家禽饲养用，出售的粮食还很少。到了1983年以后，农村分田到户，农民的粮食生产积极性提高，加之农业科技的应用，优质杂交良种全面推广，全年粮食产量达到344 450吨，是1949年的5.9倍，此后，我县粮食生产稳中有升。到1986年以后，一批粮食加工流通企业的发展，粮食商品率增大，目前，小麦商品率达到38.2%，玉米商品率达到91%以上，农民储粮减少。

第三节　耕地利用与管理

一、耕地利用现状

（一）耕地改良模式及效果

1. 农业综合开发改造中、低产田的模式及效果

费县自2000年开始实施农业综合开发项目，涉及薛庄、方城、上冶、汪沟、梁邱、胡阳、南张庄、大田庄等8个乡镇，共11个土地综合治理项目，完成中、低产田改造总面积5 600 ha，小流域治理340 ha，总投资3 718.2万元。其中国家、省、市财政资金2 414万元，群众自筹1 304.2万元。我县以胡阳、探沂、新桥的大部及费城、上冶、城北、刘庄、梁邱少部分为渠灌区，其他为井灌或喷灌区。根据灌溉类型的差别在农业综合开发中、低产田改造过程中采取了不同的模式。在渠灌区，以配套田间工程为主，采取疏挖排沟，修建灌渠，实行灌排分设，配套桥、涵、闸、放水门等水工建筑，提高改造区灌排能力。同时进行平整土地，深翻改土，推广秸秆还田，增施有机肥，培肥地力，达到提高作物产量的目的。其次，在非渠灌区，以加强井、泉、塘坝建设，推广节水灌溉技术为主，实现井、泵、房、电、防渗漏输水管道配

套。同时，在项目区，推广畜牧业的发展，利用秸秆饲养牛、羊、兔等牲畜，达到秸秆过腹还田目的，并推广配方施肥技术，改善土壤状况，平衡土壤养分，培肥地力。

通过农业综合开发项目的实施，取得了显著成效。一是项目区内制约农业生产的主要矛盾得到解决，农业生产条件得到明显改善，农业基础设施建设得到加强，主要农产品综合生产能力有了很大提高。项目区实现了田成方、林成网、路相连、渠相通、旱能灌、涝能排的格局，形成了田、林、路、沟、渠、井、桥、涵、闸相配套的田间新面貌。二是经济效益显著。项目区经过开发治理，农业内部结构得到全面调整。项目区产业结构得到了调整优化，普遍增加了瓜菜等高效作物的种植面积，粮食单产较开发前有较大提高，项目区农民人均纯收入较开发前普遍增加 300 多元。三是社会效益和生态效益显著。项目区经过开发治理，进一步巩固和完善了农村承包经营责任制，瓜菜等主要农产品商品率达到 95%，比开发前大幅增加。农业科技推广率达到 95%，带动培养了大批农民科技示范户和农业技术员。

2. 通过改善农业生态环境改造中、低产田的模式及效果

(1) 以科学为指导，综合改善农业生态环境。着重发展节水节肥农业、生态农业，兴建节水灌溉工程，推广管道输水、微灌和滴灌等实用技术。大力推广秸秆还田或过腹还田，实施秸秆汽化和集中沼气工程，严禁焚烧农作物秸秆。推广秸秆的综合利用工程，培肥地力，改良土壤结构，提高农作物产量。

(2) 推广配方施肥和高效低毒、低残农药的施用。严格控制生物生长激素在农业生产中的使用范围，严禁在水果、蔬菜中使用高毒、高残留化学农药。科学施肥，配方用肥，合理控制化肥、农药的使用量，控制农业面源的污染，保护农业生态环境。加大建设以农业废弃物综合利用为主的土壤培肥项目力度，优化农业和农村环境。

(3) 广泛建立无公害农产品、绿色食品和有机食品基地。加大对农产品龙头企业的扶持力度，积极引导农产品加工业的健康发展，带

动农产品基地的快速壮大。加大农业科技示范区和示范场的建设，推广生态设施配套、生态种植、生态养殖，促进农产品加工业的发展，带动全县农业标准化生产的综合发展。推广环保型农业生产资料和生产技术，在蔬菜、玉米、花生等作物上，推广生物降解、光降解地膜覆盖工程。

(4) 强化规模化畜禽养殖，开展畜禽粪便污染治理。结合养殖场大型沼气工程，加大屠宰、加工工业的污染防治，确保污染物达标排放。继续推广秸秆过腹还田和秸秆青储、氨化和生物活化技术，发展肉牛、奶牛等食草牲畜和苜蓿草种植。

3. 采用农艺等措施改造中、低产田的模式和效果

为了推进费县中、低产田的改造，推动费县现代农业的全面发展，近几年全县有针对性地实施了多项农业科技推广项目，通过推广秸秆还田和增施有机肥，改善了土壤状况，改良土质，平衡了土壤养分，培肥地力，中、低产田得到改造，作物产量有了明显提高。通过本次测土配方施肥项目和耕地地力评价的开展，改变了农民的施肥习惯，减少了化肥的使用量，提高了化肥利用率，减少了农业面源的污染，保护了农业生态环境。近几年费县农业开发项目有：费县吨粮田建设，30 万亩花生标准化生产研究与开发，玉米高产优良品种配套建设，旱作农业综合开发项目，10 万亩瓜果蔬菜基地建设，优质板栗与优质核桃基地建设，费县小流域治理综合开发，薛庄镇、汪沟、方城、胡阳、南张庄 8 万亩中低产田改造项目，方城镇 6 000 亩节水灌溉项目，上冶镇 5 000 亩无公害瓜菜基地建设项目和上冶镇 1 万亩优质瓜菜基地项目。以上项目的实施，改善了费县土壤养分状况及耕地生产条件，为现代农业全面发展奠定了优良的环境基础。

(二) 耕地利用程度与耕作制度

耕作制度是指一个地区或生产单位农作物种植制度及相应的养地制度的综合技术体系。其中种植制度，是一个地区作物组成、配置、种植方式的综合，是耕作制度的中心。而养地制度是与种植制度相适应的以

提高土地生产力为中心的一系列技术措施，是耕作制度的基础。随着生产的发展与自然条件的改善，耕作制度也在不断完善。

1. 种植制度。耕地上作物的种植制度以及与之配套的技术措施的总称。其中作物种植制度是耕作制度的中心，主要是根据作物的生态适应性与生产条件，确定作物种植结构与布局，作物种植次数即复种与休闲，作物布局与种植方式，即间作、套种和单作、连作、轮作等。与作物相配套的技术措施是作物种植制度的基础与保证，包括农田基本建设、土壤培肥制度、灌溉水管理制度、土壤耕作制度、病虫害杂草防除制度以及农业服务制度等。

1949 年—1981 年，全县常年总播种面积为 101 318～112 576 ha 之间，其中粮田和经济作物面积分别稳定在 71%～84%和 29%～16%之间。从 1982 年开始，随着经济综合发展和种植业结构的调整，粮食作物所占比例有所下降，经济作物发展较快，粮食作物占总播种面积的 59.2%～74.6%之间，经济作物占总播种面积的 40.8%～25.4%之间。在粮食结构中，面积变化最大是地瓜，由 1949 年占粮食总播种面积的 28.6%降到 2000 年的 11.7%；其次是谷类，由 1949 年 1.1%降到 2000 年的 0.022%。随着油料加工企业在我县发展壮大，经济作物中变化较大的为花生，由 1949 年经济作物的 16.5%增加至 2000 年的 37.2%。

费县具有良好的农业气候资源，属于暖温带大陆性季风气候区。常年主要种植作物有小麦、玉米、花生、地瓜、水稻、大豆、棉花、烟草等。耕作制度主要是一年一熟、一年两熟或者两年三熟，复种指数为 162.4%。

(1) 主要种植方式。上世纪 70 年代后期开始，我县先后推广了玉米间作大豆，花生、地瓜间作西瓜等种植栽培方式，但到了 90 年代以后，农民为了便于种收操作，以上间作方式逐渐减少，到了近几年，间作、混作种植方式也基本消失。

(2) 轮作与连作。在我县山区丘陵地带，土壤瘠薄，春花生、地瓜一年一熟，实行花生地瓜轮作。位于平原区和丘陵地带土层深厚，土壤肥沃，且灌溉便利地块，小麦与玉米、大豆、夏花生、夏地瓜及其他杂粮一年两作，是我县的主要连作方式。其中以小麦玉米连作为主，其次是小麦大豆连作。

费县作为一个传统农业大县，其整体耕作制度和种植制度具有很强的传统性。与新中国成立前相比，耕地面积变化不大，新中国成立前全县耕地面积为 64 400 ha 左右，粮田占 85％以上，粮食作物以种植小麦、玉米、地瓜、花生、高粱、谷子、大豆为主。在费城镇西部，朱田、石井镇、城北乡大部，梁邱、上冶镇少部分地区种植黄烟；新庄、马庄、芍药山等乡镇地瓜面积较大；南张庄、薛庄、大田庄、方城、胡阳等乡镇花生种植面积较大；汪沟镇南部、新桥、探沂镇大部、胡阳镇少部种植水稻；其他地区主要种植小麦和玉米。

自第二次土壤普查以来，随着种植方式的不断调整，种植技术的不断改进，费县复种指数逐年提高。据统计部门资料，2008 年农作物播种面积为 115 740 ha，复种指数为 176.1％，比 1980 年提高了 13.7％。

2. 养地制度。主要包括培肥地力与施肥、灌排改造、土壤耕作等方面。

(1) 培肥地力与施肥，平衡土壤养分

费县地处沂蒙山区，山地、平原、丘陵相间分布，土壤养分状况高低不一，其中土壤比较肥沃的占全县耕地总面积的 15％左右，比较贫瘠的地块占 40％左右，其余田块土壤肥力较为一般。上世纪 70 年代以前，农民施肥还是沿袭着几千年来的传统施肥习惯，农家肥为主要施肥品种。农家肥主要是一些人畜粪尿、厩肥、草木灰及秸秆沤肥为主，化肥使用量很少。但随着农业科技的发展和化肥工业的兴起，特别是当时费县化肥厂的建成投产，直接带动了化肥的推广和应用。随着化肥使用的增加，土壤养分有了较大改善，特别是土壤中氮的含量有了明显增加，但当时化肥主要为单养分肥料，其中氮素肥料包括氨水、碳酸氢铵和尿素等。氨水含氮量 16％，上世纪 60 年代引进推广，70 年代得到广泛使用；碳酸氢铵含氮量 17％，也是上世纪 60 年代引进推广，60 年代后期得到广泛使用，一直延续至今。在玉米种植上，主要作为追肥，于玉米喇叭口期追施；在小麦及其他作物种植上，主要作为基肥于整地时撒于垄沟。尿素，含氮量46%，使用方便，主要作为追肥使用，从上世纪70年代推广至今一直广泛使用。磷肥的使用，磷肥最初主要为过磷酸钙，用于小麦基肥，于整地时撒施，到了上世纪80年代以后，磷酸二铵得到大量推广和使用，逐渐代替了过磷酸钙，二铵主要用于小麦种肥。钾肥，通常使用的为氯化钾和硫酸钾两种，在小麦、地瓜、花生、蔬菜等种植中得到广泛应用。到了80年代以后，随着化肥工业的进一步发展，复合肥料得到了广泛推广和应用，同时随着一些叶面肥料、液态肥料、冲施肥料及生物肥料的应运而生，在提高作物产量、改善作物品质、平衡土壤养分状况、保护农业生态环境等方面效果十分明显。

随着党的十一届三中全会的召开，农村实行家庭联产承包责任制，农民的种地积极性有了极大提高，农业生产投入急剧增加，化肥和土杂肥使用量逐年加大，土壤质地有了较大改善，土壤肥力呈上升趋势。到了80年代中后期，随着农业机械使用量的增加和畜牧养殖集约化，农家肥使用量逐渐减少，有些农户为了省事，甚至只施化肥而不使用农家肥，此时，土壤板结现象严重，酸化程度加大，土壤质地变差，土壤养分失衡，土壤有机质含量降低。但到了90年代，随着秸秆还田技术的应用和有机肥的出现，逐渐弥补了农家肥使用不足的局面，同时随着近几年测土配方施肥的全面推广和应用，农民施肥更加趋于合理，耕地地力逐年提高。

由于推行秸秆还田，可有效增加土壤中新鲜有机质的含量，提高土壤肥力，调整土壤物理性状，增加土壤孔隙度，改善土壤耕性，同时较好地发挥化肥肥效，提高化肥利用率。因此，费县于上世纪60年代末开始推广秸秆还田技术，广泛种植苕子、田菁等绿肥作物，利用耕作直接翻压回田，或者将绿肥堆沤还田。到了80年代中后期，在费县的上冶、费城、胡阳等镇大力推广了小麦高留茬、玉米秸秆粉碎还田，但由于该项技术不方便操作，不便于下一茬作物的耕种管理，在实施几年后于90年代初就停止了。到了2000年以后，在蔬菜、果树上主要推广有机肥、生物菌肥等，而粮食作物还是以圈肥、农家肥为主。

配方施肥。从上个世纪80年代后期，在第二次土壤普查的基础上，费县土肥站就开始根据不同的作物需肥特点及作物产量的高低，开展配方施肥。最初，主要结合第二次土壤普查养分测试结果和相关技术资料，分别制定出不同作物配方，由土肥站组织人员加工复混肥。由于配方合理，技术指导到位，农民用肥适量，作物增产效果明显。但因生产工艺落后，生产的肥料混合不均匀，且受潮易结块，养分易分解不稳定，使用不方便，因此，到1997年该种肥料就停止了加工和推广。为进一步提高肥料质量，费县土肥站投资引进粉碎、搅拌、成球、烘干、分筛等成套设备，建立起了初具规模的复混肥加工厂，年生产能力8 000吨，实际年均生产2 500～3 000吨。肥料主要覆盖全县18个乡镇及周边县部分地区，多应用于地瓜、花生、小麦、玉米等作物上。这种复混配方肥在当时使用比较普遍，而且深受农民群众的欢迎。随着该肥料的全面推广和应用，作物产量有了大幅度提高，作物平均增产11.5%左右，其中以小麦、地瓜和花生上使用效果最为明显。特别在地瓜上测产，最高增产幅度达31.4%，同时减少了化肥投入，降低了生产成本，农民节本增收效果明显。到了2005年以后，随着化肥生产工艺的革新，费县淘汰了原有复混配方肥的加工和推广，改由土肥站制定肥料配方，由大型肥料企业定点保质加工，土肥站监督并推广。年均取土样300个，化验1 400余项次，制定肥料配方10多个，推广肥料1 500多吨，使用面积4 000 ha。配方施肥的推广，改变了农民的传统施肥习惯，增加了作物产量，改善了作物品质，提高了肥料利用率，保护了农业生态环境。由于配方肥推广效果显著，费县土肥站曾多次被省、市、县评为农业系统先进单位。表2-5和表2-6是费县不同利用类型耕地和不同粮食作物肥料使用情况统计。

表 2-5 费县不同利用类型耕地肥料使用情况

单位：kg/ha

利用类型	N	P_2O_5	K_2O	$N:P_2O_5:K_2O$	有机肥
粮田	220.6	61.0	43.9	1:0.28:0.2	17 250
菜地	397.5	142.5	111.5	1:0.36:0.28	54 000
果园	303.7	168.7	112	1:0.56:0.37	19 500

表 2-6 费县不同粮食作物肥料使用情况

单位：kg/ha

作物	N	P_2O_5	K_2O	$N:P_2O_5:K_2O$	使用量	有机肥使用比率（%）
小麦	234.8	90.4	50.9	1:0.38:0.22	14 400	12.7
玉米	262.5	37.6	42.7	1:0.14:0.16	6 450	1.6
花生	182	56.2	41.2	1:0.31:0.23	18 900	22.4

土壤养分的变化。在第二次土壤普查以前，有针对性的系统的土壤调查和记载很少。费县地处沂蒙山区，地形复杂，成土母质及成土因素不一样，土壤质地和土壤养分状况也千差万别，但总体上费县土壤比较贫瘠。综合第二次土壤普查土样分析结果看出，全县土壤各种养分值分别为：有机质，按油浴加热重铬酸钾氧化法测定，平均值为 7.8 g/kg；全氮，按凯氏蒸馏法测定，平均值为 0.51 g/kg；全磷，按氢氧化钠—钼锑抗比色法测定，平均值为 0.83 g/kg；碱解氮，按碱解扩散皿法测定，平均值为 34 mg/kg；有效磷，根据碳酸氢钠提取—钼锑抗比色法测定，平均值为 2.8 mg/kg；速效钾，按硝酸提取—火焰光度法测定，平均值为 47 mg/kg。第二次土地普查时土壤养分中有机质和氮素含量普遍较低，磷素含量缺乏，钾素含量一般，部分地块偏低，土壤肥力总体不高。

从上个世纪 90 年代初开始，结合配方复混肥的推广，每年在全县不定点取土样 300 多个，并对土样进行了有机质、碱解氮、有效磷、速效钾的常规分析。通过取土化验，大体掌握了全县土壤养分变化状况，为科学制定配方、平衡施肥提供了技术依据。对全县十几年土壤化验结果汇总分析，以四年为一个分析周期，从1992—1995年，随着农民对化肥投入量的增加，土壤养分含量变化较大，其中全县土壤有机质平均含量为11.2 g/kg，较第二次土壤普查结果有所升高，含量增加了43.5%；土壤碱解氮平均含量为40 mg/kg，比第二次土壤普查增加17.7%；土壤有效磷平均含量为11.6 mg/kg，比第二次土壤普查增加314.3%，土壤速效钾平均含量为51 mg/kg，比第二次土壤普查增加8.5%。到1996—1999年，全县土壤有机质平均含量为13.8 g/kg，土壤碱解氮平均含量为48 mg/kg，土壤有效磷平均含量为19.4 mg/kg，土壤速效钾平均含量为56 mg/kg。与1992—1995年土壤养分状况相比，其中果园、菜地增幅明显，粮田变化不大，总体土壤养分略有增加。到2000—2003年，全县土壤有机质平均含量为15.3 g/kg，土壤碱解氮平均含量为61 mg/kg，土壤有效磷平均含量为25.0 mg/kg，土壤速效钾平均含量为81.3 mg/kg，与1996—1999年相比，土壤养分含量变化不大。

2006年，费县开始承担全国测土配方施肥项目，全年共计采集土样4 020个，并分别对土壤有机质、碱解氮、有效磷、速效钾进行了全部测定，对全氮、全钾、pH值、中微量元素进行了部分测定。综合分析本次土壤测试结果可知，有机质最高含量为35.6 g/kg，最低为2.4g/kg，平均值为14.2 g/kg；土壤碱解氮最高含量为530 mg/kg，最低为16 mg/kg，平均值为57.6 mg/kg；土壤有效磷最高测定值为306 mg/kg，最低值为0.8 mg/kg，平均值为27.8 mg/kg；土壤速效钾最高值为642 mg/kg，最低值为15 mg/kg，平均值为94.5 mg/kg。其中大部分高含量土壤为果园和蔬菜地块，而含量低主要为丘陵山区瘠薄地块，同时受施肥习惯的影响，费县中北部土壤养分状况平均好于南部和西南部。

通过对以上几次测试结果平均值进行综合分析可知，土壤养分变化总体呈上升趋势，但由于受不同时期施肥的影响，出现了单种养分先升后稳。产生这种现象的原因主要是，在上世纪80年代末90年代初大力推广秸秆还田和在小麦种植上重施磷肥，到了90年代中后期主张减施氮肥，稳定磷肥，增施钾肥，因此单种养分会出现不同的变化趋势。但总体土壤肥力有了较大提高。

（2）土壤耕作

是指使用农机具以改善土壤耕层构造和地面状况等的综合技术体系。包括基本耕作（翻耕、深松耕等）和表土耕作（耙地、耢耱、整地、镇压、耖田等）两类。各个单项土壤耕作措施有其独特效能，而要达到良好的耕层结构和地面状况，必须根据当地自然条件和作物种植方式等，采用一系列互相配套的土壤耕作综合措施。土壤耕作综合措施可改良土壤耕作层的物理状况和耕层构造，使地表保持符合农业要求的状态。费县耕作主要包括深耕、中耕、浅耕、耙耢等。80年代以前，土壤耕作主要依靠人力翻土和蓄力耕地，一般耕深20 cm左右，到了80年代以后，随着农机推广应用，全县耕作逐渐由机耕代替，耕深一般为15～20 cm。随着旋耕犁耕作方法的出现，全县80%耕作依靠旋耕，旋耕方式碎土能力强，耕层浅，耕深一般为10～15 cm，属于浅耕。中耕松土是在作物生长期内结合除草进行的，使用工具主要有锄、耙等，可以破除板结、疏松土壤、创造临时团粒结构、防旱保墒，改善土壤表层水肥气热等条件，提高土壤肥力。

（3）水分给排

费县的灌溉水源主要有许家崖等20多座大、中、小型水库，及浚河、祊河、温凉河、涑河等几条河流及其支流。到了上世纪90年代以后，随着国家对农业的投入加大，许多地方打了灌溉深井。输水方式主要有干渠、衬渠、管道等。90年代以前，费县灌溉主要以大水漫灌为主，耗水量大，水分利用率低；90年代以后，随着对农田的不断改造，灌溉逐渐改为畦灌，将大畦变小、长畦变短，达到了节水灌溉的目的。到了90年代末期至今，主要推广了喷灌、大棚滴灌等节水技术，进一步提高了水分利用率。干渠灌区平均每年灌溉 2～3 次，亩年灌溉用量平均为 150 m^3 左右，平均费用为 17.3 元/亩·次；井灌区，一般年灌溉 4～6 次，平均亩用量 40～60 m^3/次，平均费用 10 元/亩·次。在做好灌溉防旱的基础上，同时加强了雨季排水防涝措施，主要有平整土地、排涝防渍，修挖排水沟，便于排水防涝等。总体上保证了作物生长的良好环境。

（三）耕地合理种植模式

随着农业经济的不断发展，种植业内部结构不断进行调整，在保证优势传统种植业项目的基础上，近几年，以稳定粮食种植面积为前提，逐步扩大了果菜和其他经济作物的种植面积。由于先进农业技术和新成果的试验引进、推广与应用，费县农业种植模式更加趋于科学化、合理化、区域化，使农业及农业经济向着科学、高产、优质、高效、生态发展。因各地地形、土质及水源条件不同，种植模式也各种各样。总体上可分为以下几个区和几个种植模式：汪沟镇竹园、费城镇员外一带，新庄镇、马庄镇、朱田镇、城北乡、芍药山乡、大田庄乡及石井镇大部，梁邱镇、上冶镇少部以种植地瓜、花生、烟草为主，一般一年熟，或与小麦轮作，为两年三熟；胡阳、新桥、探沂、刘庄四镇部分地区种植水稻、小麦，多为一年两熟；大田庄乡、薛庄镇的马头崖一带、芍药山乡部分地区种植板栗、核桃、桃等果树；南张庄乡石沟一带、费城巩庄、吴家后一带以露地蔬菜为主；方城诸满以种植大棚蔬菜为主，上冶兴国、胡阳秦屯一带以发展日光温室为主，主要种植西瓜、辣椒、西葫芦、豆角等。种植方式多为早春大棚西瓜、豆角—秋延迟辣椒；其他地方主要种植小麦、玉米、大豆，一般小麦—玉米或豆麦轮作，多为一年两熟。

（四）不同耕地类型投入产出情况

1. 旱地及水浇地

2008 年，费县小麦播种总面积为 30 301 ha，平均单产 5 370 kg/ha；玉米播种面积为 19 748 ha，平均单产 6 615 kg/ha；花生播种面积为

23 983 ha，平均单产4 485 kg/ha。根据农户农业生产调查情况汇总，小麦平均667 m^2投入295.3元，当年小麦售价1.52元/kg，667 m^2小麦均产值为548.5元，667 m^2小麦均纯收入为252.9元；玉米平均667 m^2投入196元，当年玉米售价1.20元/kg，667 m^2玉米均产值为468元，667 m^2玉米均纯收入为272元；花生平均667 m^2投入307.6元，当年花生售价3.92元/kg，667 m^2花生均产值为912.6元，667 m^2花生均纯收入为605元。

2. 菜地

2008年，全县蔬菜种植面积为11 245 ha，总产量为621 061吨。其中大棚蔬菜地为3 000 ha，少部分日光温室，其他主要为露天菜地。露天菜地当年平均667 m^2投入937元，当年售价平均为0.84元/kg，667 m^2均产值为2 047元，667 m^2均纯收入1 110元；大棚菜地当年平均667 m^2投入2 480元，当年售价平均为1.75元/kg，667 m^2均产值为10 176元，667 m^2均纯收入7 696元。

综合旱地、水浇地与菜地的投入产业情况，水浇地的产出和投入高于旱地，蔬菜地的产出和投入远高于水浇地。因此，在条件允许的情况下，农民逐渐向蔬菜地发展，特别是大棚蔬菜，这几年在我县发展尤为迅速。

（五）农田环境质量与历史变迁

对农田环境质量的影响，主要来自工业三废和过量农药化肥及农膜的使用。农药环境质量的好坏，直接关系着农产品的质量。自党的十一届三中全会以来，随着工农业的快速发展，工业废水、废气、废渣及生活垃圾的排放迅猛增加，同时农民无节制地使用农药、化肥、农膜，造成农业环境的污染加重。特别是浚河、祊河、温凉河等河流的污染加重，造成部分地下水和灌溉水源污染，对周边农田的环境造成一定的影响，部分地块酸化、板结，有害元素含量超标，农产品品质低下，人民身体健康受到威胁。随着国家对环境保护的重视，我县对工业环境进行了综合治理，工业三废的排放得到了有效的控制。同时通过对农民科学指导和高效低毒农药的推广，农民用药和施肥逐渐趋于合理，农业环境质量有了很大改观，农产品质量有了大幅度提高，为我县发展生态绿色农业奠定了耕地基础。

二、耕地管理历史回顾

耕地作为农业的基本生产资料，其管理质量的好坏，直接反映当时的农业发展水平。而耕地质量主要受地表侵蚀、涝渍危害、土壤肥力、耕作及生态环境等因子的制约，全县耕地质量及其开发利用与农村管理体制、耕作制度改革、当地工业发展、环境保护等因素密切相关，成正态分布。大致可以分为以下几个阶段：

（一）耕地利用初始阶段

从新中国成立到1958年第一次土壤普查，农村先后经历了互助组、合作社和人民公社三个管理体系的演变。当时农业生产比较落后，粮食产量水平比较低下。其主要障碍因子是耕地利用一直沿袭古老传统的耕作制度，土壤肥力贫瘠，种植制度单一，农业管理粗放，耕地环境治理处于初始发展阶段。1958年，全县粮食平均单产80 kg/667 m^2，化肥使用面积19 981 ha，平均使用量15 kg/667 m^2。受生产工艺的影响，主要是单养分肥料，氮肥主要为氨水，用于小麦追肥，磷肥主要用于小麦基肥，其他作物种植上除了使用一些圈肥外，基本不使用化肥。1958年以前，费县水利灌溉条件很差，除了几条季节性河流及塘坝以外，几乎无其他灌溉水源，灌溉面积只有6 760 ha，农民仍过着那种“种在人，收在天”的落后生活，农业生产基本上是靠天吃饭。1958年以后，随着兴修水利的发展，费县先后建成了许家崖水库、上冶水库、马庄水库等十几座大、中、小型水库，总蓄水量达到10多亿立方米。同时，随着后期许家崖干渠、上冶水库干渠、马庄水库干渠、古城水库干渠等建成，及支、斗渠的延伸，全县共建干、支、斗渠1 000多条，总长度980 km，灌溉面积达33 600 ha，是以前总灌溉面积的近5倍。水库及干、支、斗渠的建成，还起到了防洪排涝的作用。农业生产条件有了较大改善，粮食产量开始逐年增加，耕地利用转入发展阶段。

（二）耕地利用发展阶段

从人民公社成立到党的十一届三中全会召开，全县利用冬歇期，组织人民进行土地平整大运动，兴修农田水利设施，保证农田灌溉。同时化肥工业的发展，带动了农用化肥的增加，以上措施的实施，使耕地质量有了明显的改善，农业综合开发利用初见成效。

1. 旱薄地及涝洼地的土壤改良

旱薄地及涝洼地的土壤改良。当时，费县旱薄地有大约34 979.6 ha，该类地块田坡度大，水土流失严重，经对有关资料分析，每年被水土流失的土壤约有426 446.75吨，按当时土壤养分含量计算，平均每年流失掉的有机质3 326.26吨、全氮217.48吨、全磷353.94吨、钾素20吨。有些地块土壤熟化速度低于土壤侵蚀量，入不敷出，导致土地越种越薄。涝洼地全县约有4 164.6 ha，主要分布于胡阳、新桥、汪沟三镇的部分地区。

上个世纪60～70年代，为了改良土壤，全县统一组织安排，展开了农业整地大会战。针对土壤存在的问题，因地制宜，采取“垒堰堵坝，保持水土；深翻改土，增施有机肥；合理用地，养用结合的综合治理”的措施。全县平整土地29 732.6 ha，深翻改土29 640 ha，治理率达85%以上。在丘陵地基本上实现了保持水土，积土存肥，培肥地力。冬春耕翻，加深耕层，广开肥源，增施有机肥，增加土壤有机质，加快土壤熟化程度。

对于涝洼地整改，分为白浆化棕壤改良区和砂姜黑土改良区。其中砂姜黑土涝洼区有1 933 ha，该区土层深厚，土壤质地差。主要表现在：①耕层物理性状不良，易受涝灾。②土体内有白浆层和黏土层，且出现部位较浅。③土壤有机质含量较少，其他养分含量贫乏。对此采取的综合治理的方法是：①深翻改土，破除障碍层次；②开沟排水，以防内涝；③增施有机质肥和磷肥，改善土壤物理性状。经过近十年的治理，该区基本上实现了旱能灌、涝能排，治理率达95%以上。对于砂姜黑土区的涝洼地，总面积约为4 563.5 ha，该种类型的土质地重壤，土壤通体偏黏，地下水位在 1.5～3 米之间。对农业生产的影响主要表现在：①雨天澥涝，春天干旱；②大部分黑土裸露，质地黏重，湿时泥泞，干时坚硬，适耕期短；③黑黏土死板冷硬，微生物活动不旺盛，供肥能力差。对此，当时采取措施为：①在排水的基础上，实行灌排结合，建设完善的灌排系统；②推广秸秆还田、增施有机肥料，③改种水稻。通过治理，土壤综合性状有了明显改善，提高了作物产量。

2. 农田水利工程发展时期

1958 年以前，全县灌溉面积很少，只有 4 200 ha，多为菜地，少部分为水稻地，灌溉方式主要是从河、沟、汪塘中提水，部分为自流灌溉，当时灌溉次数少，灌溉量小。

随着当时中国对农业的逐渐重视，特别是对农业水利发展的关注，费县于 1958 年以后，水利事业有了迅猛的发展，灌溉面积大幅增加。1958 年 10 月，全县组织民工 10 万余人，在许家崖拦温凉河修建水库，该库属于山东省八大水库之一，横卧官山—鳌子山之间，至 1959 年 10 月 19 日主体工程建成并拦洪蓄水。控制流域面积 580 平方千米，总库容 2.93 亿立方米。其中防洪库容 0.73 亿立方米，兴利库容 1.67 亿立方米。是一座具有防洪、灌溉、发电和水产养殖综合效益的大Ⅱ型水库。水库灌区控制灌溉面积 21 000 ha，占全县耕地面积的三分之一，有 11 个乡镇受益，已发展灌溉面积 8 700 ha。水库建成以来，拦蓄洪水确保下游城市、工矿铁路、公路、交通和广大人民群众生命财产安全，综合效益显著。同时，还于 1958 年 4 月 13 日兴建马庄水库，并于当年 7 月 14 日合拢建成。该库属于中型水库，位于涑河上游，控制流域面积 66 平方千米，总库容 3 363 万立方米，控制灌溉面积 2 600 ha。马庄水库的建成，有效地解决了马庄及周边地区的灌溉问题。另外，分别于 1959 年建成石岚水库和上冶水库，1966 年建成书房水库，1970 年建成龙王口水库和古城水库，以上五座水库属于中型水库，总库容为 1.23 亿立方米，总蓄水量为 8 000 万立方米，总控制流域面积为 300 多平方千米，总灌溉面积为 12 000 ha，有效解决了上冶、方城、梁邱、薛庄、胡阳、朱田六乡镇及周边农田的灌溉，确保粮食丰收。

干渠修建。自1958年开始，先后建成许家崖水库干渠，马庄水库干渠，上冶水库干渠，龙王口水库干渠，书房水库干渠，古城水库干渠。其中许家崖水库干渠最长，途经费城、城北、胡阳、方城、汪沟、新桥、探沂等乡镇，全长116千米多，灌溉面积8 700 ha。全县干渠总长度178千米，总控制灌溉面积为33 000 ha。

农田水利工程的建成，确保了农业灌溉用水的供应，农作物产量有了明显的增加，全县粮食平均单产比1958年以前增加了85 kg。

3. 化肥的施用及发展时期

上个世纪60年代末，随着农用化肥需求量的增加，化肥工业迅速崛起，我县于1968年筹建费县化肥厂，设计生产能力为年产合成氨5 000吨。主要加工氨水和碳酸氢铵，次年建成投产，实际年供应量3 500吨，由于企业管理严格，肥料质量过硬，所生产氮肥在满足本县使用的基础上，还供应到周边县区，最高年供应量4 300多吨。随着化肥企业的发展，全县化肥的使用得到进一步推广，平均化肥使用量45.8 kg/667 m^2，耕地贫瘠得到了初步缓和。到了20世纪70年代末80年代初，随着第二次土壤普查和二铵、磷肥的广泛推广使用，土壤有效磷含量有了较大提高，小麦产量增产明显。到了80年代末期至90年代中期，随着秸秆还田的推广，加之复混肥料生产的发展壮大，肥料养分更加全面，全县粮食生产有了大幅提高。进入21世纪以后，随着配方施肥的推广和应用，农业施肥更加科学化、合理化，农业生产得到了进一步发展。

4. 农业生产管理及农业科技滞后

党的十一届三中全会以前，农村推行人民公社制，土地经营集约化，社员跟着队长干，实行集体管理，农民的自主性差，生产积极性落后，农业生产传统化，农业科技投入及推广应用不足，同时受以粮为纲的影响，耕地利用呈现广种薄收、土地重用轻养现象，粮食产量不高，农业产投比失衡。

1981 年，费县根据全国统一部署开展了第二次土壤普查工作，整个土壤普查工作于 1981 年 7 月开始，到 1982 年 12 月结束，历时一年半的时间。观察土壤剖面 5 428 个，土壤钻孔 6 686 个，取农化样 1 171 个，取典型剖面分析土样 720 层，常规分析化验数据达 173 902 项次。速测农化样 17 477 个，取得数据 52 431 项次；土壤物理测定剖面 24 个，取得数据 379 项次。同时，绘制了五万分之一的费县土壤图、土壤评等分级图、土壤改良利用分区图、耕层质地及土体构型图、地貌图、土壤养分含量分布图（有机质、全氮、全磷、碱解氮、速效磷、速效钾等）共 275 张。还为全县 18 处公社绘制了二万五千分之一的土壤图、土壤改良利用分区图、耕层质地及土体构型图、土壤评等分级图、土壤养分含量分布图、生产及耕地障碍因素图等 270 多张。根据土壤发生学分类原则，准确划分全县土壤类型，基本查清了土地资源、土壤类型及分布规律、土壤主要理化性状、高产稳产田的土壤条件及低产田的面积、分布和障碍因素。为农田基本建设，因地施肥、因地种植、因土改良和合理耕作及农业结构调整提供科学依据，有效地指导了农业生产，推动了农业经济的快速发展。

分析第二次土壤普查结果看出，土壤整体养分含量普遍不高，全县土壤有机质和氮的含量总体较低。磷素不足，钾含量一般，氮、磷、钾比例失调，肥料利用率较低。根据当时的化验结果统计，其中缺氮耕地达 67 000 ha，占全县耕地面积的 82.98%；缺磷的面积有 52 000 ha，占全县耕地面积的 64.14%；缺钾的面积有 43 900 ha，占全县耕地面积的 54.26%。由于受传统施肥习惯的影响，农民施肥不合理，肥料利用率不高，加之资源利用不当，农业生态失衡，土壤酸化、板结现象严重，影响了作物的正常生长和产量，制约了农业生产发展。

三、综合治理开发阶段

自党的十一届三中全会以来，费县工业有了迅猛发展，但随着一些污染企业的投产，费县环境质量不断恶化，农业环境遭受破坏，农产品的产量和品质受到影响。全县环境污染源主要来自本县工业污染、生活垃圾的污染和过境河流带来的外来污染。但随着国家对环保事业的重视，费县不断加大环保治理措施，费县环境质量逐步改善，同时随着农业基础设施的不断完善和先进农业科技的推广应用，费县耕地质量有了明显的提高，农业生产进入了和谐发展的新阶段。

（一）污染治理

为了改善环境质量，保护生活生态环境，环境污染治理在严格控制县内污染源的同时，加强过境河流入境点水质监测，及时提请市环境监管部门进行监督协调、综合治理，防止外源污染的进入。为了提高监督检测能力，费县环保局配备了先进的仪器设备，对县内的水质、噪声、大气等各种环境进行监测，对排污超标企业进行严格治理和加大处罚力度，污染特别重大和不能及时治理的企业要坚决予以关停。至80年代末，费县化肥厂对锅炉进行了改造，生产工艺进行了改进，减少了工业废气对大气环境的污染。县酒厂及上冶造纸厂，建立了污水处理池，对工业污水进行了治理，排水基本上达标，并通过了省市环境部门的验收。通过以上措施，费县环境治理取得了良好的效果，环境质量得到了较大的改善。

到了90年代初，费县在招商引资上进行了严格把关，对那些高污染企业，即使经济效益再好，也不准在费县落户，对落户企业进行严格排污控制。比如，上个世纪90年代引进的国电费县电厂、新时代药业公司等，都必须实现排污治理达标才能投产，我县出境河流断面稳定达标，水质自动监测站站址已初步选定，涉及的9项具体任务中，山东光华纸业集团有限公司污水治理再提高及资源化工程和费县正义染整有限公司废水治理工程已按规划完工，并已通过环保验收；汪沟镇8家废水排放量较大的石英砂生产企业进行了停产治理；为保证城区居民饮用水安全，环保局、执法局、费城镇已就两岸的垃圾清理、废水处理作了安排，并在积极实施中；荷花湾采砂点已经被取缔，为杜绝沿河两岸饭店废水、秽物直接排入河道，环保局、执法局、工商局及卫生部门对沿河5家饭店下达了《限期整改通知书》；山东施丰化工有限公司废水再提高工程、污水处理厂扩建、配套管网、温凉河浅层地下饮用水保护区基础设施建设工程，新温和酒业有限公司搬迁工程等正在加快建设进度；对群众反映强烈，污染严重的畜禽养殖业正制定管理办法。今后环保局将继续加强环境监管力度，整治违法排污企业，加大对河流出境断面水质监测的频次，确保我县河流出境断面水质不出现任何问题。保证生态农业和现代农业的发展。

（二）农业综合开发

自上个世纪80年代末，我县开始实施农业综合开发项目，涉及薛庄、方城、上冶、汪沟、梁邱、胡阳、南张庄、大田庄等8个乡镇，共11个土地治理项目，完成平原治理总面积5 600 ha，小流域治理350 ha。在农业综合开发中，费县针对当地水源严重不足、水的利用率较低的现状，大力兴建节水灌溉工程，在方城镇建起400 ha节水农业示范工程，年可节水105万立方米，水的利用率达到90%，年增加产值1 200万元。通过农业综合开发，农业配套设施进一步完善，大部分农田基本实现了旱能浇、涝能排、沟渠相通，道路相连、土地平整，对提高耕地质量起到了积极的作用，使农业生态环境有了较大改善，农产品产量和质量都有了较大提高。

（三）重视土壤培肥时期

20世纪80年代末，随着农业经济的快速发展，农业投入不断加大，加上农业科技新成果不断推广应用，特别是配方施肥、秸秆还田及生物菌肥的推广，农民施肥更加趋于合理，耕地质量有了明显改善，土壤养分有了很大提高，加之良种良法的配套推广，粮食连年增产。至2000年，全县小麦平均单产达到4 890 kg/ha，玉米单产6 180 kg/ha，花生平均单产4 500 kg/ha。

（四）优质农产品的生产时期

近年来，随着农业产业结构的不断调整，全县建立起了一批绿色农业生产基地，主要有方城镇“万亩望梅牌”大棚西瓜生产基地，芍药山乡“10万亩生态核桃基地”，大田庄乡“10万亩生态板栗基地”。另外还有新庄的金银花，朱田和城北的莲藕，城北的桑蚕，薛庄、费城镇的瓜菜及猪、牛、羊等家畜生态生产基地 20 余处。生态生产基地的建立，带动了一批农产品加工企业的发展壮大，推动了费县绿色农业和现代农业的快速发展。

第三章

样品采集与分析

第一节 土壤样品的布点与采集

一、确定采样点位

（一）布点原则

根据耕地地力评价的需求和农业部2006年测土配方施肥技术规范要求，为了保证土壤采集所获信息具有典型性和代表性，并最大限度地节省人力和资金，提高工作效率，在土样布点时遵循以下原则：参考费县土壤图、最新土地利用现状图、行政区划图和第二次土壤普查成果图等，结合费县的地形地貌、土壤类型与分布、土壤肥力高低、作物种类等因素，使所采样品具有典型性、代表性、均匀性、可比性、科学性的原则，将耕地地力评价的2 000个样点合理分布到全县18个乡镇。

（二）采样点的布设

样品采集是土壤测试前的一个重要环节，是实施测土配方施肥和开展耕地地力评价工作的基础，只有合理布点、科学采样，才能保证样品的代表性，分析结果的合理性和客观性，达到检测数据的有效性。费县山区、平原、丘陵相间，平原按每 10 ha 采集 1 个土样，平原共采集 225 个；丘陵按每 4 ha 取 1 个样，丘陵共取样 970 个，山区按每 3 ha 取 1 个样，山区共采样 835 个，全县总计采集样品 2 030 个。根据耕地地力评价单元的概念，将土地利用现状图和土壤图结合，叠加形成耕地地力评价单元图、应用评价单元图。综合我县的作物种植类型和面积，根据评价单元的个数及面积和总采样点数，初步确定每个评价单元的采样点数，然后在每个评价单元，根据图斑大小、种植制度、产量水平等因素，统计各因素点位数，并对点位进行修正，确定实际采样点位。

二、样品采集

（一）样品采集

样品采集是耕地地力评价的一个重要环节，是实施测土配方施肥工作的基础，是使测试结果能如实反映其所代表的区域地块客观情况的先决条件。只有科学采样，才能保证样品的代表性和化验结果的准确性、可用性。采样点的确定与采样数的多少直接影响到耕地质量评价的精度。

1. 大田采样方法

采样时间。结合我县作物种植情况，大田作物取土集中安排在春秋两季，以秋季为主，其他则按果实成熟季节安排。取土一般在作物收获后或下茬作物播种前进行，切忌施肥整地后采样。

调查及取样。取样人员应通过向农民了解，确定调查地块，保证采样地块 667 m^2 以上，现场记录土壤基本性状，准确地判断出土壤类型、土壤质地、土壤排水性、地形和土层厚度等。利用 GPS 定位仪确定地块的准确坐标，询问陪同取样调查的地块所属农户或村组人员该田块的前茬作物种类、产量、施肥和灌水等相关情况。采样工具统一使用不锈钢取土钻，取样时取土钻应垂直地面入土，深度相同。根据耕层厚度深浅，样品采集深度一般控制在 0～20 cm。每个样品的采样点一般控制在 15～20 个，按照“随机、等量、多点混合”的原则，一般采用 S 形取样路线。每个样点采样量应均匀一致，最后将每个样点的土样充分混合，用四分法最终保留土样 1 kg 左右，填好标签，同时填好耕地地力评价采样地块基本情况调查表和农户施肥情况调查表。

2. 蔬菜地及果园土样采集方法

设施蔬菜采样时间在主导蔬菜收获后的晾棚期采集，露天菜地在主导蔬菜收获后，下茬蔬菜施肥前取样；果园在果品采摘完成后的第一次施肥前采集，幼树及未挂果果园，在清园扩穴施肥前采集。进行氮肥追肥推荐时，在追肥前或作物生长的关键时期采集。

按以上操作规程，费县于2006年共计采集土样 4 030 个。其中耕地地力评价样点 2 030 个，大田取样 1 790 个，蔬菜地取样 175 个，果园取样 65 个。由于计划周密，安排合理，保证了耕地地力评价取土计划的按时、保质完成，为耕地地力评价工作的顺利开展打下坚实的基础。

（二）田间调查

田间调查主要通过两种方式来完成：一种是收集和分析相关学科已有调查成果和资料，另一种是野外实际调查和测定。其中野外实际调查和测定要做到详细、具体、准确，能反映调查内容的真实性、客观性。

田间调查的内容基本可以分为三个方面：自然成土因素的调查；土壤剖面形态的观察；农业生产条件的调查。

自然成土因素的调查研究：该项调查主要是通过收集和分析相关学科已有调查成果和资料来完成的。经过咨询当地气象部门，获得本地有效积温、无霜期、降水、日照天数等相关气象资料，同时借助第二次土壤普查成果和其他相关资料，辅以实地调查和专家分析，得出当地海拔高度、坡度，掌握地貌类型、成土母质等自然成土因素。

土壤剖面形态的观察：结合第二次土壤普查的结果，通过对土壤的实际调查和测定，基本上掌握了费县各地区不同土壤的土层厚度、土壤质地、土壤干湿度、土壤孔隙度、土壤排水状况、土壤侵蚀度、土壤酸碱度等相关耕地信息。

农业生产条件的调查：根据《全国测土配方施肥项目技术规程》野外调查的要求，对大田、蔬菜地、果园地进行常规及污染情况的调查，认真做好耕地地力评价采样地块基本情况调查表和农户施肥情况调查表两种表格。调查的主要内容有：采样地点、取样深度、户主姓名、地块面积、当前种植作物、前茬作物、作物品种及名称、主要土壤类型、立地条件、剖面性状、土地排灌状况、污染情况、种植制度、种植方式、设施类型、生产投入（包括肥料、种子、农药、机械、灌溉、农膜、人工及其他）费用情况和产销收入情况。为了确保调查内容的准确性、一致性、真实性，保证调查结果的客观性，根据调查内容及要求，编制了调查表格的填写说明，对调查人员进行专业系统培训。选用的调查人员都具有一定的土化知识，部分人员曾参加过第二次土壤普查的取土工作，具有丰富的调查经验，且熟悉当地的地形地貌，为调查工作奠定了技术基础和人力基础。三年共计完成各种调查表格1万多份，完成率与合格率都达到100%。

第二节 土壤样品的制备

一、样品制备

1. 土壤样品制备

混合土样以1 kg左右为宜，可用四分法将多余的土壤弃去。从野外采回的土壤样品要有专人及时接收登记，并做好晾晒工作。样品晾晒就是将样品放在样品盘上，摊成薄薄一层，置于干净整洁的室内通风处自然风干，严禁暴晒，同时注意防止酸、碱等气体及灰尘的污染。风干过程中要经常翻动土样并将大土块捏碎以加速干燥，同时剔除侵入体。风干后的土样按照不同的分析要求研磨过筛，充分混匀后，装入样品瓶中备用。瓶内外各放标签一张，写明编号、采样地点、土壤名称、采样深度、样品粒径、采样日期、采样人及制样时间、制样人等项目。制备好的样品要妥善贮存，避免日晒、高温、潮湿和酸碱等气体的污染。全部分析工作结束，分析数据核实无误后，试样一般还要保存12个月，以备查询。“3414”试验等有价值、需要长期保存的样品，都保存于广口瓶中，用蜡将瓶口封好，单独存放。

2. 植株样品制备

粮食籽实样品应及时晒干脱粒，充分混匀后用四分法缩分至所需量。需要洗涤时，注意时间不宜过长并及时风干。为了防止样品变质，虫咬，需要定期进行风干处理。完整的植株样品先洗干净，根据作物生物学特性差异，采用能反映特征的植株部位，用不污染待测元素的工具剪碎样品，充分混匀用四分法缩分至所需的量，制成鲜样或于 60℃烘箱中烘干后粉碎备用。

二、样品处理

1. 一般化学分析样

将风干后的样品平铺在制样板上，用木棍或塑料棒碾压，并将植物残体、石块等侵入体和新生体剔除干净。细小已断的植物须根，可采用静电吸附的方法清除。压碎的土样用 2 mm 孔径筛过筛，未通过的土粒重新碾压，直至全部样品通过 2 mm 孔径筛为止。通过 2 mm 孔径筛的土样可供 pH 值、盐分、交换性能及有效养分等项目的测定。将通过 2 mm孔径筛的土样用四分法取出一部分继续碾磨，使之全部通过 0.25 mm孔径筛，供有机质、全氮、碳酸钙等项目的测定。而植株样品处理为：使用不污染样品的工具将籽实粉碎，用 0.5 mm 筛子过筛制成待测样品。带壳类粮食如稻谷应去壳制成糙米，再进行粉碎过筛。测定重金属元素含量时，不要使用能造成污染的器械。

2. 微量元素分析试样

用于微量元素分析的土样，其处理方法同一般化学分析样品，但在采样、风干、研磨、过筛、运输、贮存等环节中，不要接触容易造成样品污染的铁、铜等金属器具。采样、制样过程应该使用不锈钢、木、竹或塑料工具，过筛使用尼龙网筛等。通过 2 mm 孔径尼龙筛的样品可用于测定土壤有效态微量元素。

3. 颗粒分析试样

将风干土样反复碾碎，用 2 mm 孔径筛过筛，留在筛上的碎石称量后保存，同时将过筛的土壤称重，计算石砾质量百分数。将通过 2 mm 孔径筛的土样混匀后盛于广口瓶内，用于颗粒分析及其他物理性状测定。若风干土样中有铁锰结核、石灰结核或半风化体，不能用木棍碾碎，应首先将其细心拣出称量保存，然后再进行碾碎。

三、样品分析化验

土样分析化验是耕地地力评价工作建立数据库的基础。分析数据的准确与否，直接影响到配方的制定、田间试验及地力评价的结果，对推广测土配方施肥技术具有决定性的作用。

1. 测试项目

根据测土配方施肥项目实施方案要求，对土壤样品中有机质、有效磷、速效钾进行全部测定，pH 值、缓效钾、碱解氮、全氮减量分析，对有效硼、锌、铁、锰、铜、钼等微量元素和钙、镁、硫等中量元素进行少量分析。其中耕地地力评价共计全量分析 10 110 项次，减量分析 9 445项次，少量分析 1 409 项次。为保证测试结果的合理性和准确性，对每批测试样品都做了平行质量控制，每 5 个样品加入 1 个重复样，每 30～50 个样品加入 1 个参比样。

2. 测试方法

耕地地力评价的样品测试是根据农业部测土配方施肥项目提供的测试要求进行检测。各项测定方法具体如下：

土壤有机质测定方法为：　油浴加热重铬酸钾氧化法

土壤有效磷测定方法为：　碳酸氢钠提取——钼锑抗比色法

土壤有效钾测定方法为：　乙酸铵浸提——火焰光度法

土壤 pH 值测定方法为：　电位法

土壤缓效钾测定方法为：　硝酸提取——火焰光度法

土壤碱解氮测定方法为：　碱解扩散法

土壤全氮测定方法为：　凯氏蒸馏法

土壤有效硼测定方法为：　甲亚胺——H 比色法

土壤锌、铁、锰、铜测

定方法为：　　　　　　DTPA 浸提——原子吸收分光光度法

土壤有效钼测定方法为：　草酸——草酸铵浸提——示波极普法

土壤钙、镁测定方法为：　乙酸铵交换——原子吸收分光光度法

土壤有效硫测定方法为：　磷酸盐——乙酸浸提——硫酸钡比浊法

费县农业局土肥站化验室承担了费县耕地地力评价的所有化验项目，质量控制严格按照农业部《测土配方施肥技术规范》执行，对测试项目化验人员实行分工负责，互相协作，确保测试结果准确无误。

第三节　植株样品的采集与制备

一、植株样品的采样

植物样品的采集在植物的化学分析中是一件重要的工作，如果样品缺乏代表性，分析做得再好也是徒劳，甚至还可能导致错误的判断。采样包括采样时期和采样部位的选择，对分析结果的准确性有重要影响。取样时期可根据分析项目而定。例如需要分析某种蔬菜所需营养元素的比例和用量，就应按各类蔬菜生长发育特点，分期取样。对于果菜类，可在幼苗期、开花期、果实着色期和果实成熟期取样；而对于叶菜类，可在幼苗期、生长中期、产品器官形成期取样。取样部位亦因分析项目不同而有所差异。例如，品质分析就与营养元素含量分析有所不同。一般采取可食部位，如果菜类的果实作为样品。取样时，应注意有虫害、病害或机械损伤的植株不能作为样品。至于取样的量，应在有代表性的前提下，以方便处理和满足分析工作的需要来确定。

（一）粮食作物采样

由于粮食作物生长的不均一，一般采用多点取样，避开田边 2 米，按“S”形采样法采样。在采样区内采取 10 个样点的样品组成一个混合样。采样量根据检测项目而定，籽实样品一般 1 kg 左右，装入纸袋或布袋。要采集完整植株样品可以稍多，2 kg 左右，用塑料纸包扎，做好防虫防霉。

（二）蔬菜样品的采集

蔬菜品种繁多，可大致分成叶菜、根菜、瓜果三类，按需要确定采样对象。菜地采样可按对角线或“S”形法布点，采样点不应少于10个，采样量根据样本个体大小确定，一般每个点的采样量不少于1 kg。从多个点采集的蔬菜样，按四分法进行缩分，其中个体大的样本，如大白菜等可采用纵向对称切成4份或8份，取其2份的方法进行缩分，最后分取3份，每份约1 kg，分别装入塑料袋，黏贴标签，扎紧袋口。如需用鲜样进行测定，采样时最好连根带土一起挖出，用湿布或塑料袋装，防止萎蔫。采集根部样品时，在抖落泥土或洗净泥土过程中应尽量保持根系的完整。

二、样品的制备和保存

采集的植株样品需在102℃～105℃下烘15～45分钟杀青，以使细胞组织失活（松软组织烘15分钟左右，致密坚实的组织烘30分钟左右），然后降温至60℃～70℃烘干。干燥的样品可用研钵或带刀片的（用于茎叶样品）或齿状的（用于种子样品）磨样机粉碎，并全部过筛。分析样品的细度需视称样量的大小而定，通常可用孔径为1 mm的筛。如称样仅1～2 g者，宜用0.5 mm筛，称样量小于1 g者，须用0.25或0.1 mm筛。磨样和过筛都必须考虑不要污染样品，特别是要做微量元素含量分析时。如测定Fe、Mn的样品，不能接触铁器；测定Cu、Zn用的样品不能接触黄铜和镀锌的器械。一般以玛瑙球或玛瑙研钵粉碎为好，特别是不锈钢磨或瓷研钵也可选用。样品过筛后需充分混匀，保存于磨口的广口瓶中，贴上标签。

第四节　样品分析与质量控制

样品测试质量控制主要包括化验室建设、测试人员、测试方法、药品配制的质量控制等。

一、化验室建设布局

为配合本次耕地地力评价的实施，费县农业局在原化验室的基础上进行改造和扩充。面积由原来 100 m^2 扩大到现在的 200 m^2。分别由样品处理储藏室、天平室、分析室、浸提室、药品储藏室、危险品储藏室组成。通过改造基本满足了化验要求，达到了化验条件。

样品储藏室：单独设于四楼，因其通风强、光照好、便于样品的风干，利于样品处理时除尘和防止样品被污染。药品储藏室安排两处，一处放置一些常用、无毒、无腐蚀的化学药品，便于化验过程随时取用，另一处设于地下室，放置一些高危的化学物品。

浸提室：为满足浸提液及浸提稀释、显色过程对室温的要求，在浸提室里安装了一台大功率空调，用于调节室温，保证化验条件。

分析室放置仪器有：原子吸收分光光度计、酸度计、示波极谱仪、紫外分光光度计等。并安有空调一台，为了加强排风和透气，同时安有抽油烟机，便于有毒气体的及时排出。

天平室：有万分之一和百分之一电子天平各一台，另外还有电光天平及其他粗天平几台。室内安有空调一台，用于调节室内温度和湿度，以保证化学药品和样品称量过程不受湿度和温度的影响，确保天平精密性。

二、化验室环境

1. 化验室的外部环境

首先，将用原有用电线路进行了整改，以保证化验室用电电压、电流的稳定，在用电高峰优先供应化验室用电。另外，为防止振动干扰和粉尘污染，农业局将紧邻化验室的锅炉拆除，最大限度消除外部因素对化验分析过程的影响。

2. 化验室内部装修

将化验室的各项工作制度、管理制度、操作规程等上墙，并对化验室的排水设备进行了更新维修，给窗子加装遮阳窗帘，防止光照对药品的影响。为保证废水排放畅通，防止废水废液对外界环境造成污染，同时对产生废气较多的原子吸收和火焰光度计统一安装了抽油烟机，配备了通风橱，及时将有毒气体排出室外，避免对化验人员的身体造成毒害。室内配有热水器和部分处理轻微毒害的药品等，以备化验过程中发生轻度毒害时，能够及时得到处理。

3. 仪器设备

为满足本次项目的化验要求，确保化验质量和化验进度，我局在化验室原有设备的基础上，又新购置了部分精密仪器。主要有：原子吸收分光光度计（波长 190～990 nm，配有终端接计算机）；恒温智能振荡器（频率 40～280 rpm）；真空干燥箱 1 台（温度 10℃～250℃）；恒温干燥箱 1 台；722 分光光度计 1 台；紫外分光光度计 1 台；电热板 1 个；磁力搅拌器 1 台；酸度计；JP400 型示波极谱仪 1 台（终端连接计算机）；二次蒸馏装置 1 台；电子天平 2 台（量程万分之一和百分之一）；全自动定氮仪；电阻炉 1 台等。

4. 化验人员

化验室人员共 9 名。按职责分为：样品管理和处理人员两名；药品试剂管理人员一名；化验分析人员 6 名。样品管理人员主要职责是：负责样品的接受登记、室内编号、样品晾晒、样品的处理工作。药品试剂管理人员主要职责是：做好药品试剂的出入库管理，及时做好药品的使用登记，特别是剧毒危险品的安全管理。所选化验分析人员都具有大专以上学历，有一定的化验基础能力，在正式分析化验前都经过严格的学习和培训，考核合格，能够熟练掌握一到两项化验分析工作。化验人员分成三个组，每个组承担两到三项化验任务。这样就做到分工明确，责任到人，保证化验工作的有序开展，确保化验任务顺利完成。

5. 空白试验

影响空白值的主要因素有纯水质量、试剂纯度、试液配制质量、玻璃器皿的洁净度、精密仪的灵敏度、分析人员的操作水平和经验等，空白试验平行测定的相对差值不应大于 5%，每个测试批次及新配制药剂都要增加空白。

6. 准确度控制

准确度一般采用标准样品作为控制手段，每批样品加测标准样品 1 个，标准样品的标准差值应控制在各项标准偏差范围内。每次标准曲线的相关系数都要求大于 0.999，相关系数小于 0.999 的样品要求重做。同时平行双样误差范围应控制在 5%以内。

(1) 消除或减弱干扰

干扰对检测质量影响极大，应注意干扰的存在并设法排除。主要方法有：采用物理或化学方法分离被测物质或除去干扰物质；利用氧化还原反应，使试液中的干扰物转化为不干扰的形态；加入络合剂掩蔽干扰离子；采用标准加入法消除干扰。

(2) 其他措施

用标准作为密码样，对化验室及化验人员进行考核；其次，随即抽取样品，制成双样同批抽检，安排同一实验室的不同人员进行复现性控制。最后，化验人员应依据有关知识，对测试结果的合理性进行判断，以提高测试人员技术水平。

第四章

土壤理化性状及评价

第一节　土壤 pH 值和有机质

一、土壤 pH 值

土壤 pH 值是土壤酸性的主要指标，它代表与土壤固相平衡的土壤溶液中的氢离子浓度的负对数，是土壤盐基状况的综合反映，对土壤一系列其他性质有深刻影响。费县土壤主要是由花岗岩和沉积岩类成土母质发育而成的棕壤和褐土，土壤 pH 值一般为弱酸性或中性，全县 pH 值平均为 6.6。在棕壤分布区，由于受淋溶作用和黏化作用的影响，它一般呈酸性至微酸性，盐基不饱和至饱和，不含游离碳酸钙；褐土呈中性至微碱性，盐基过饱和，多数含游离碳酸钙，假菌丝体发达。发育良好的棕壤剖面，不仅有黏粒的移动，而且有铁锰的淋溶淀积。褐土虽有黏粒的移动，但不如棕壤明显，且无铁锰淋溶淀积特征。

（一）土壤 pH 含量分级与面积

全县土壤 pH 值变化范围为 7.8～4.8，平均为 6.6，属 3 级水平。1 级（＞8.5）我县土壤 pH 值水平无超过 8.5 的；2 级（7.5～8.5）水平的土地面积为 13.14 ha，占耕地总面积的 0.02%；3 级（6.5～7.5）水平的土地为 32 166.63 ha，占耕地总面积的 48.94%；4 级（5.5～6.5）水平的土地 33 507.46 ha，占耕地总面积的 50.98%；5 级（4.5～5.5）水平的土地 39.44 ha，占耕地总面积的 0.06%；无 6 级（＜4.5）以下土地。我县土壤 pH 值主要位 3、4 级，占全部土地面积的 99.92%。费县耕层土壤 pH 值分级及面积见表 4－1。

表 4－1　费县耕层土壤 pH 值分级及面积表　单位：ha，%

级别	1	2	3	4	5	6
范围	＞8.5	7.5～8.5	6.5～7.5	5.5～6.5	4.5～5.5	＜4.5
耕地面积	0	13.14	32 166.63	33 507.46	39.44	0
占总耕地比例	0	0.02	48.94	50.98	0.06	0

（二）不同利用类型耕层 pH 值含量

不同利用类型的耕地，土壤 pH 值差异较为明显。大田土壤 pH 值变化范围为 7.8～4.8，平均值是 6.5，属 3 级水平；菜地土壤 pH 值变化范围为 7.5～5.2 之间，平均值为 6.2。菜地中，土壤 pH 值平均含量露天菜地高于大棚蔬菜，露天菜地为 6.3，而日光温室平均值为 6.1，露天菜地和大田平均值都高于大棚蔬菜。全县总的土壤 pH 值平均数要低于第二次土壤普查时的值，原因主要是近几年农业生产化肥的不合理投入使用。而大棚蔬菜 pH 值更低，主要因为近几年，大棚经济效益较高，农民生产投入大，且在用肥用药上不注重土壤酸碱度的变化，特别是一些生理酸性肥料和半腐熟有机肥料的大量使用，加快了土壤的酸化速度。费县不同利用类型耕层土壤 pH 值见表 4－2。

表 4-2 费县不同利用类型耕层土壤 pH 值

利用类型	全县	大田	蔬菜地		
			大棚蔬菜	露天菜地	平均值
平均值	6.5	6.5	6.1	6.3	6.3
最大值	7.8	7.8	6.9	7.5	—
最小值	4.8	4.8	5.2	5.2	—
标准差	0.50	0.45	0.62	0.58	—
变异系数	7.66	7.03	10.16	9.20	—
样本点数（个）	1 452	1 310	82	60	142

（三）土壤 pH 值垂直分布

为了研究分析全县土壤 pH 值的垂直分布状况，在全县分为大田和蔬菜地两种共计采集 36 个样点，分别对耕层和亚耕层的土壤 pH 值进行了测定。通过对检测结果分析可以看出，全县耕层土壤的 pH 值平均为 6.4，变化范围为 5.1～7.7 之间；亚耕层土壤的 pH 值平均为 6.5，变化范围为 5.2～7.6 之间，亚耕层的 pH 值比耕层平均高 0.1。经对比看出，不同利用类型的耕层及亚耕层土壤 pH 值差异明显，大田土壤耕层平均值为 6.4，变化范围为 5.3～7.7，亚耕层平均值为 6.5，变化范围为 5.1～7.6，耕层与亚耕层平均值差 0.1；露天蔬菜地耕层土壤 pH 值平均为 6.3，变化范围为 5.2～7.4，亚耕层平均值为 6.4，变化范围为 5.1～7.4，耕层与亚耕层平均值差 0.1；大棚蔬菜耕层土壤 pH 值平均为 6.2，变化范围为 5.1～7.3，亚耕层平均值为 6.3，变化范围为 5.1～7.4，耕层与亚耕层平均值差 0.1。不同利用类型的土壤 pH 值变化趋势为：大田＞露天蔬菜＞大棚蔬菜。费县耕地 pH 值垂直分布见表 4-3。

表 4-3 费县耕地 pH 值垂直分布

利用类型	全县		大田		露天蔬菜		大棚蔬菜	
	耕层	亚耕层	耕层	亚耕层	耕层	亚耕层	耕层	亚耕层
平均值	6.4	6.5	6.4	6.5	6.3	6.4	6.2	6.3
最大值	7.7	7.6	7.7	7.6	7.4	7.4	7.3	7.4
最小值	5.1	5.2	5.3	5.1	5.2	5.1	5.1	5.1
样本点数（个）	36	36	22	22	8	8	6	6

（四）土壤酸碱度的改良方法

费县耕层土壤大部分呈微酸性，不利于肥料吸收和利用，作物长势较弱，抗病性较差，品质不高，而大部分作物生长的最佳 pH 值范围一般为 6.5～7.5 之间。为了提高土壤 pH 值，应注意以下几点：首先施肥，尽量少使用酸性的肥料，如硝酸铵、硫酸铵、重过磷酸钙等。其次，经常使用石灰、粉煤灰、草木灰等，达到中和活性酸、潜性酸，改良土壤结构的目的。石灰施用量计算法：生石灰需要量（g/m^2）＝阳离子代换量×（1－盐基饱和度）×土壤重量×28×1/1000。

二、土壤有机质

土壤有机质是土壤中含有的各种动植物残体与微生物及其分解合成的有机物质的数量。一般以有机质占干土重的百分数表示。土壤有机质含量的多少，直接影响着土壤水、热状况和物理、化学过程的性质和强度。反过来，土壤的许多属性都直接或间接地影响着有机质的发育。有机质的特点是养分全，肥效持久，能够提供作物生长发育需要的氮、磷、钾和各种中微量元素等营养成分，是土壤肥力的重要标志之一。

（一）耕层土壤有机质的含量分级

本次耕地地力评价共分析化验有机质样品 2000 个，全县土壤有机质的变化范围为 3.7～32.1 g/kg，平均值为 14.5 g/kg，属 3 级水平。与第二次土壤普查有机质平均含量 7.8 g/kg 相比，平均高出了

6.7 g/kg。综合费县土壤有机质总的含量状况，将土壤有机质划分为6级水平。其中1级（>20 g/kg）水平土地为4173.64 ha，占耕地总面积的6.35%；2级（15～20 g/kg）水平土地为21959.28 ha，占耕地总面积的33.41%；3级（12～15 g/kg）水平土地为22366.7 ha，占耕地总面积的34.03%；4级（10～12 g/kg）水平土地为11804.51 ha，占耕地总面积的17.96%；5级（8～10 g/kg）水平土地为5120.11 ha，占耕地总面积的7.79%；6级（6～8 g/kg）水平土地为302.34 ha，占耕地总面积的0.46%。费县耕地耕层有机质含量分级见表4-4。

表4-4 费县耕地耕层有机质含量分级及面积

单位 g/kg，ha，%

级别	1	2	3	4	5	6
范围	>20	15—20	12—15	10—12	8—10	6—8
耕地面积	4173.64	21959.28	22366.79	11804.51	5120.11	302.34
占总土地比例	6.35	33.41	34.03	17.96	7.79	0.46

（二）不同利用类型耕层有机质的含量

耕地有机质的含量除受自然因素影响以外，人为作用也可在短期内引起有机质较大变化，如耕作方式、种植制度、施肥习惯及管理方法等。大田土壤有机质含量平均为14.3 g/kg，属于3级水平，变化范围为4.7～28.6 g/kg；果园土壤有机质含量平均为15.7 g/kg，属于3级水平，变化范围为5.2～29.2 g/kg；菜田土壤有机质平均为15.3 g/kg，属于3级水平，变化范围为3.7～32.1 g/kg。其中露天蔬菜田土壤有机质平均含量为12.3 g/kg，属于4级水平，变化范围为3.7～22.8 g/kg；大棚菜地平均含量为18.1 g/kg，属于2级水平，含量变化范围为16.7～32.1 g/kg。综合分析可以看出，在这几种利用类型的土壤中，有机质含量差别较大，其中以大棚菜地的含量最高，其次是大田，最低的为露天蔬菜，其原因是，由于大棚菜地效益高，农民对有机肥投入量大，平均投入圈肥、有机肥达4 850 kg/667 m²，而且连年投入，每茬都对土壤进行深耕改良；露天蔬菜有机质含量最低，主要是种植面积相对较小，农民只注重化肥的投入，而忽视有机肥的使用，同时蔬菜地作物秸秆残留少，蔬菜作物产量高，有机物分解快，故含量最低；相对大田，由于农民注重秸秆还田及土壤改良作用，有效提高了土壤有机质的含量。费县不同利用土壤类型土壤有机质含量见表4-5。

表4-5 费县不同利用类型耕层土壤有机质含量

单位：g/kg，个

利用类型	全县	大田	果园	蔬菜地		
				大棚蔬菜	露天菜地	平均值
平均值	14.5	14.3	15.7	18.1	12.3	15.3
最大值	32.1	28.6	29.2	32.1	22.8	—
最小值	3.7	4.7	5.2	16.7	3.7	—
标准差	2.79	2.56	3.26	3.45	2.18	—
变异系数	19.24	17.90	20.76	19.06	17.62	—
样本点数	2 000	1 798	60	82	60	142

（三）土壤有机质的垂直分布

土壤有机质在土壤肥力和植物营养元素中具有重要的作用。而土壤亚耕层（大田20～40 cm，蔬菜地25～50 cm）是作物根系活动的一个重要区域，尤其是一些深根作物和根系分布范围较广的作物，该区养分含量对作物生长发育及品质提高都有较大影响。为了调查研究我县土壤有机质垂直分布状况，本次共计取样分析52个，其中大田土样22个，果园土样16个，蔬菜地土样14个，菜地又分为露天菜地和大棚蔬菜两种。全县土壤耕层有机质平均含量为13.5 g/kg，变化范围为5.2～31.2 g/kg，亚耕层平均值为7.6 g/kg，变化范围为2.6～18.7 g/kg，耕层比亚耕层平均高5.9 g/kg；而大田土壤耕层有机质平均含量为13.4 g/kg，变化范围为4.8～19.8 g/kg，亚耕层平均值为6.6 g/kg，变化范围为2.8～13.3 g/kg，耕层比亚耕层平均高6.8 g/kg；果园土壤耕层有机质平均含量为14.7 g/kg，变化范围为5.8～28.5 g/kg，亚耕层平均值为8.1 g/kg，变化范围为2.1～11.3 g/kg，耕层比亚耕层平均高6.6 g/kg；露天蔬菜耕地土壤有机质平均含量为11.2 g/kg，变化范围为5.2～17.6 g/kg，亚耕层平均含量为6.6 g/kg，变化范围为2.1～12.4 g/kg，蔬菜地耕层土壤有机质含量平均比亚耕层高4.8 g/kg；大棚蔬菜的土壤耕层有机质的平均含量为15.1 g/kg，变化范围为6.5～31.2 g/kg，亚层的有机质平均值为9.3 g/kg，变化范围为3.8～16.4 g/kg，耕层有机质含量平均比亚耕层高5.8 g/kg。同一类型土壤的耕层和亚耕层的有机质含量相差较大。费县土壤耕地有机质含量垂直分布见表4-6。

表4-6　费县耕地有机质含量垂直分布 单位：g/kg，个

利用类型	全县		大田		果园		露天蔬菜		大棚蔬菜	
	耕层	亚耕层	耕层	亚耕层	耕层	亚耕层	耕层	亚耕层	耕层	亚耕层
平均值	13.5	7.6	13.4	6.6	14.7	8.1	11.2	6.4	15.1	9.3
最大值	31.2	18.7	19.8	13.3	28.5	11.3	17.6	12.4	31.2	16.4
最小值	5.2	2.6	4.8	2.8	5.8	2.1	5.2	2.1	6.5	3.8
样本点数	52	52	22	22	16	16	8	8	6	6

（四）增加土壤有机质的几种途径

通过分析我县土壤有机质的含量状况，为了改良土壤，培肥地力，提高肥料的利用率。在提高土壤有机质含量上，具体采取了以下措施：1. 增施有机粪肥，堆肥、沤肥、饼肥、人畜粪肥、河湖泥等。2. 提倡秸秆还田，秸秆直接还田比施用等量的沤肥效果更好。3. 粮肥轮作、间作，用地养地相结合。4. 栽培绿肥。栽培绿肥可为土壤提供丰富的有机质和氮素，改善农业生态环境及土壤的理化性状。主要品种有：苕子、苜蓿、绿豆、田菁等。通过以上途径，可有效提高土壤有机质的含量，保证作物产量，提高作物品质，保护农业生态环境。

第二节　土壤大量元素状况

氮、磷、钾是作物生长所必需的三大营养元素，各种作物都按一定的比例从土壤中吸收氮、磷、钾，土壤中的氮、磷、钾含量及它们之间的比例直接影响着作物的产量和品质。同时氮、磷、钾在土壤中含量的多少，是反映土壤肥力高低的重要指标。下面根据我县本次耕地地力评价养分测试结果分别对土壤中的氮、磷、钾进行综合分析：

一、土壤中的全氮和碱解氮

土壤中氮素的形态可分为有机态氮和无机态氮两大类。土壤中的氮绝大部分以有机态存在，其中大多数是不能直接吸收利用的氮化合物，它们必须经微生物分解，转变为无机态氮后才能为作物利用。土壤中的无机态氮很少，一般只占总氮量的1%～2%，常以NH_4^+、NO_3^-和硝酸根（NO_2^-）形态存在。无机态氮容易从土壤中淋失和挥发，亦能被土壤黏土矿物和有机质固定，所以土壤中有效氮常处于不足状态。为了获得丰产，施用化学氮肥是十分重要的。

（一）耕层土壤中的全氮含量及分级

本次耕地地力评价共化验样品 1800 个，通过对全氮化验分析结果可以看出，全县土壤全氮平均含量为 0.85 g/kg，属于 3 级水平，变化范围为 0.25～1.97 g/kg。其中 1 级（>1.5 g/kg）水平的土地面积 59.15 ha，占耕地总面积的 0.09%；2 级（1.2～1.5 g/kg）水平土地面积为 2 300.43 ha，占耕地总面积的 3.5%；3 级（1～1.2 g/kg）水平土地为 11 830.80 ha，占耕地总面积的 18.0%；4 级（0.75～1 g/kg）水平土地为 36 721.49 ha，占耕地总面积的 55.87%；5 级（0.5～0.75 g/kg）水平土地面积为 14 788.50 ha，占耕地总面积的 22.50%；6 级（0.3～0.5 g/kg）水平土地面积为 26.30 ha，占耕地总面积的 0.04%。费县耕层土壤全氮含量分级水平及面积见表 4-7。

表 4-7 费县耕地耕层全氮含量分级及面积

单位：g/kg，ha，%

级别	1	2	3	4	5	6
范围	＞1.5	1.2～1.5	1～1.2	0.75～1	0.5～0.75	0.3～0.5
耕地面积	59.15	2 300.43	11 830.80	36 721.49	14 788.50	26.30
占总耕地比例	0.09	3.50	18.00	55.87	22.50	0.04

（二）耕层中碱解氮的含量及分级

土壤水解性氮或称碱解氮，包括无机态氮（铵态氮、硝态氮）及易水解的有机态氮（氨基酸、酰铵和易水解蛋白质），通常用碱解扩散法测定其含量。碱解氮含量的高低常常作为土壤供氮能力的指标，同时也反映出当地施肥状况。统计分析全县碱解氮的含量平均为 83 mg/kg，属于 4 级水平，含量变化范围为 21～183 mg/kg；1 级（＞150 mg/kg）水平土地面积为 118.31 ha，占耕地总面积的 0.18%；2 级（120～150 mg/kg）水平土地面积为 821.58 ha，占耕地总面积的 1.25%；3 级（90～120 mg/kg）水平土地面积为 20 795.92 ha，占耕地总面积的 31.64%；4 级（75～90 mg/kg）水平土地面积为 27 375.16 ha，占耕地总面积的 41.65%；5 级（60～75 mg/kg）水平土地面积为 13 165.05 ha，占耕地总面积的 20.03%；6 级（45～60 mg/kg）水平耕地面积为 3 095.73 ha，占耕地总面积的 4.71%；其中 7、8 级水平的耕地面积最少，占 0.54%。费县碱解氮具体分级见表 4-8。

表 4-8 费县耕地耕层碱解氮含量分级及面积

单位：mg/kg，ha，%

级别	1	2	3	4	5	6	7	8
范围	＞150	120～150	90～120	75～90	60～75	45～60	30～45	＜30
耕地面积	118.31	821.58	20 795.92	27 375.16	13 165.05	3 095.73	341.78	13.14
占总耕地比例	0.18	1.25	31.64	41.65	20.03	4.71	0.52	0.02

（三）不同利用类型的耕层土壤全氮及碱解氮含量

由于受耕作方式、施肥习惯、种植制度、土壤类型的影响，土壤氮素的含量也存在较大差别，大田土壤全氮含量平均值为 0.83 g/kg，属于 2 级水平，含量变化范围为 0.39～1.85 g/kg。蔬菜地中，大棚蔬菜的全氮含量平均高于露天蔬菜地，其中露天菜地全氮含量平均为 0.74 g/kg，属于 3 级水平，变化范围为 0.34～1.72 g/kg；大棚蔬菜地平均含量为 0.96 g/kg，属于 2 级水平，变化范围为 0.41～1.97 g/kg。另外，土壤碱解氮的大田土壤含量平均值为 81 mg/kg，属于 3 级水平，含量变化范围为 25～171 mg/kg。蔬菜地中，大棚蔬菜的碱解氮含量平均高于露天蔬菜地，其中露天菜地碱解氮含量平均为 79 mg/kg，属于 4 级水平，变化范围为 21～164 mg/kg，而大棚蔬菜地平均含量为 87 mg/kg，属于 3 级水平，变化范围为 27～186 mg/kg。大棚蔬菜的氮素含量最高，其主要原因是大棚蔬菜经济效益高，农民施肥不合理，用肥量大而造成氮素积累。费县不同利用类型耕层土壤全氮和碱解氮含量比较见表 4－9。

表 4－9　费县不同利用类型耕层土壤全氮和碱解氮含量

单位：全氮（g/kg），碱解氮（mg/kg），样本点数（个）

利用类型		全县	大田	果园	蔬菜地		
					大棚蔬菜	露天菜地	平均值
全氮	平均值	0.85	0.83	—	0.96	0.74	0.9
	最大值	1.97	1.85	—	1.97	1.72	—
	最小值	0.25	0.39	—	0.41	0.34	—
	标准差	0.13	0，08	—	0.19	0.11	—
	变异系数	15.29	9.63	—	20.17	14.86	—
碱解氮	平均值	83	81	—	87	79	85
	最大值	186	171	—	186	164	—
	最小值	21	25	—	27	21	—
	样本点数	967	825	—	82	60	142

（四）土壤全氮和碱解氮的垂直分布

土壤亚耕层位于耕层以下，厚度一般为 20～30 cm，是作物根系活动的重要土层之一，作物吸收养分的1/5～1/3从这里吸取，其养分含量对深耕作物和高产作物十分重要。土壤氮的含量与有机质同样，耕层含量明显高于亚耕层，而且不同利用类型土壤的亚耕层含氮量也存在明显的差别。通过对全县36个点位的土样化验分析，耕层土壤全氮含量平均为0.78 g/kg，属于3级水平，变化范围为0.34～2.26 g/kg，亚耕层平均值为0.46，变化范围为0.16～1.12 g/kg，耕层比亚耕层平均高0.32 g/kg；全县土壤耕层碱解氮含量平均值为85 mg/kg，属于3级水平，变化范围为21～217 mg/kg，亚耕层平均含量为42 mg/kg，变化范围为14～98 mg/kg，耕层平均比亚耕层高43 mg/kg；露天菜地氮的含量较低，而大棚菜氮的相对含量较高，原因是一般蔬菜较喜欢氮肥，菜农为了追求蔬菜产量，大量使用各种氮素肥料，致使土壤中的含氮量较高。其中大棚蔬菜全氮含量平均为0.94 g/kg，变化范围为0.40～2.26 g/kg，亚耕层平均值为0.54 g/kg，变化范围为0.28～1.34 g/kg，耕层比亚耕层平均高0.40 g/kg；土壤耕层碱解氮含量平均值为88 mg/kg，变化范围为45～217 mg/kg，亚耕层平均含量为53 mg/kg，变化范围为25～110 mg/kg，耕层平均比亚耕层高35 mg/kg。费县全氮和碱解氮的垂直分布见表4－10。

表4－10　费县耕地全氮、碱解氮含量的垂直分布

单位：全氮（g/kg），碱解氮（mg/kg），样本点数（个）

利用类型		全县		大田		露天蔬菜		大棚蔬菜	
		耕层	亚耕层	耕层	亚耕层	耕层	亚耕层	耕层	亚耕层
全氮	平均值	0.78	0.46	0.81	0.48	0.68	0.41	0.94	0.54
	最大值	2.26	1.12	1.91	0.98	1.72	0.92	2.26	1.34
	最小值	0.34	0.16	0.39	0.22	0.25	0.15	0.4	0.28
碱解氮	平均值	85	42	81	41	76	38	88	53
	最大值	217	98	183	78	147	61	217	110
	最小值	21	14	27	19	21	14	45	25
	样本点数	36	36	22	22	8	8	6	6

（五）作物氮丰、缺常见症状及合理使用氮肥

氮肥是作物生长必不可少的一种肥料，作物缺氮时往往表现为生长受阻，植株矮小，叶色变黄，无光泽。由于氮在植株体内是容易转移的营养元素，故缺氮症状往往从基部叶片开始逐渐向上发展，株型变得瘦小，根量减少、细长而色白，侧芽成休眠状态，花和果实少，成熟提早，产量和品质都下降。当氮肥过剩时，作物生长旺盛、植株变得柔软多汁、易倒伏、容易发生病虫害、生长期延长、贪青晚熟，对于块根、块茎作物小而少、油料及棉花作物结荚坐铃少，作物产量低，品质差。另外氮肥过剩还容易引起农业环境污染，重者可引起江河湖泊及地下水的污染。总之，氮肥缺少或过剩，都会影响作物生长、产量和品质。因此，如果要实现作物高产、减少氮肥浪费、提高氮肥利用率，就要合理使用氮肥，做到适时适量。具体措施如下：

1. 要根据不同氮肥的特性区别对待，做到少挥发、少流失，防止对作物发生肥害。

2. 轮作或间作豆科植物，利用其固氮作用，提高土壤含氮量。

3. 合理深施，这样不仅减少氮肥的直接挥发、流失或硝化脱氮等方面的损失，还有利于根系发育，扩大营养面积。

4. 合理与其他肥料配施。比如氮肥与磷肥配施，可同时提高两种肥料的肥效，尤其在土壤肥力较低的土壤上，更能发挥两种肥料的肥效。在钾肥含量不足的土壤上，氮钾配施可有效提高氮肥的肥效。

5. 选择正确的使用方法。首先应适当深施，可以减少氮肥的挥发损失及反硝化作用。其次适时使用，可有效提高氮肥的利用率。种肥适量，追肥及时，同时做到施肥和灌溉相结合。

二、土壤有效磷

磷是作物营养三要素之一，耕层土壤中的磷一般以无机磷和有机磷两种形态存在，土壤中有机磷占全磷量的20％～50％，无机磷占全磷的50％～80％，同时土壤有机磷和土壤有机质有很好的相关性，无机磷的形态和含量与土壤风化程度有关。土壤有效磷包括土壤溶液中易溶

性的磷酸盐、土壤胶体吸附的磷酸根离子和易硫化的有机磷，有机磷又称之为速效磷，约占土壤总磷量的10%左右。土壤有效磷的含量是土壤肥力水平的重要指标，其测定值是以纯磷形式计算。

（一）耕层土壤中的有效磷的含量及分级

通过分析本次耕地地力评价土壤有效磷的化验结果看出，全县土壤磷的平均值为22.7 mg/kg，属于5级（20～30 mg/kg）水平，变化范围为2.0～179 mg/kg。1级（>120 mg/kg）水平的耕地为6.57 ha，占耕地总面积的0.01%；2级（80～120 mg/kg）水平的土地为72.30 ha，占耕地总面积的0.11%；3级（50～80 mg/kg）水平的土地为1 314.53 ha，占耕地总面积的2.00%；4级（30～50 mg/kg）水平的土地为12 146.29 ha，占耕地总面积的18.48%；5级（20～30 mg/kg）水平的土地为21 315.16 ha，占耕地总面积的32.43%；6级（15～20 mg/kg）水平的土地为13 809.17 ha，占耕地总面积的21.01%；7级（10～15 mg/kg）水平的土地为11 771.65 ha，占耕地总面积的17.91%；8级（5～10 mg/kg）水平的土地为4 568.0 ha，占耕地总面积的6.95%；9级（<5 mg/kg）水平的土地为723.0 ha，占耕地总面积的1.10%。1级水平含量最高，占耕地面积比例最少。费县耕地耕层土壤有效磷含量分级及面积表见4-11。

表4-11　费县耕地耕层土壤有效磷含量分级及面积

单位：mg/kg，ha，%

级别	1	2	3	4	5	6	7	8	9
范围	>120	80～120	50～80	30～50	20～30	15～20	10～15	5～10	<5
耕地面	6.57	72.30	1 314.53	12 146.29	21 315.16	13 809.17	11 771.65	4 568.0	723.0
占百分比	0.01	0.11	2.00	18.48	32.43	21.01	17.91	6.95	1.10

（二）不同利用类型耕层土壤有效磷的含量

由于受人为因素的影响，人们施肥习惯的不同，种植制度的差异，不同利用类型耕层土壤有效磷的含量相差较大。全县土壤有效磷平均值为22.7 mg/kg，属于5级水平，变化范围为2.0～179.0 mg/kg。大田土壤有效磷平均值为 21.5 mg/kg，属于 5 级水平，变化范围为 2.2～163.7 mg/kg；果园土壤有效磷平均值为 27.6 mg/kg，属于 5 级水平，变化范围为 6.9～74.2 mg/kg；大棚蔬菜土壤有效磷平均值为 36.1 mg/kg，属于 5 级水平，变化范围为 16.7～179.0 mg/kg；露天蔬菜土壤有效磷平均值为 15.6 mg/kg，属于 6 级水平，变化范围为 2.0～58.7 mg/kg。费县不同利用类型耕地土壤速效磷含量见表 4－12。

表 4－12　费县不同利用类型耕层土壤有效磷含量

单位：mg/kg，个

利用类型	全县	大田	果园	蔬菜地		
				大棚蔬菜	露天菜地	平均值
平均值	22.7	21.5	27.6	36.1	15.6	28
最大值	179.0	163.7	74.2	179.0	58.7	—
最小值	2.0	2.2	6.9	16.7	2.0	—
标准差	5.43	4.87	6.97	11.23	5.21	—
变异系数	23.92	22.65	25.25	31.10	33.39	—
样本点数	2 000	1 798	60	82	60	142

（三）土壤有效磷垂直分布

由于磷的移动性差，因而在同一地域内磷素含量也有局部差异。由于长期受耕作施肥的影响，耕层土壤有效磷的含量显著高于亚耕层。对全县 52 个点位土壤样品进行有效磷分析，耕层有效磷含量平均 23.4 mg/kg，属于 5 级水平，变化范围为 3.6～174.0 mg/kg；亚耕层土壤有效磷平均含量为 12.6 mg/kg，属于 7 级水平，变化范围为 1.1～78.0 mg/kg，耕层含量比亚耕层平均高 10.8 mg/kg。同时对果树、大棚蔬菜和露天蔬菜地块进行耕层与亚耕层土壤有机磷的分析与对比，其中耕层有效磷含量平均比亚耕层高 10 mg/kg 以上。费县耕地有效磷垂直分布见表 4－13。

表 4-13 费县耕地有效磷含量垂直分布

单位：mg/kg，个

利用类型	全县		大田		果园		露天蔬菜		大棚蔬菜	
	耕层	亚耕层	耕层	亚耕层	耕层	亚耕层	耕层	亚耕层	耕层	亚耕层
平均值	23.4	12.6	22.1	8.5	25.7	13.8	34.5	17.2	19.8	6.9
最大值	174.0	78.0	143.2	13.6	162.2	60.1	174.0	73.4	87.6	51.3
最小值	3.6	1.1	5.1	2.88	16.7	13.2	21.3	1.4	3.6	1.1
样本点数	52	52	22	22	16	16	8	8	6	6

（四）作物磷丰、缺常表现的症状及磷的合理使用

当作物缺磷时，主要表现在植株生长缓慢，作物延迟成熟，叶片变小，叶色暗绿或灰绿，缺乏光泽。特别是禾本科植物表现为分蘖延迟或不分蘖，延迟抽穗、开花和成熟，穗粒少，籽粒不饱满等现象，其原因是各种代谢过程受到限制，器官发育受到抑制。相反，当磷过量时，营养生长受到限制，而生殖生长旺盛，作物往往成熟过早，植株早衰，作物的抗虫抗病性差，花而不实，产量较低，品质较差。磷的过量和缺少都不利于作物的正常生长，因此在使用磷素时应结合土壤磷含量的高低，适时适量使用，减少磷在土壤中的固定，提高土壤磷的有效性。对磷含量高的地块，可以暂时少施或不施。具体措施如下：

1. 土壤有机质与磷的肥效非常密切，土壤磷的含量与有机质含量成正相关性，因此，要想提高土壤磷的含量，就应注重土杂肥及有机肥的使用，提倡秸秆还田或秸秆过腹还田，增加土壤有机质，提高土壤有效磷的含量。

2. 土壤酸碱度对磷肥的肥效影响也很大，调节土壤 pH 值至 6.0～7.5 之间，最有利于发挥磷肥的作用，便于提高土壤磷的含量。

3. 注意磷肥与其他肥料的配施，特别是与氮、钾肥按比例使用更能发挥氮、磷、钾的肥效。在酸性土壤和缺乏微量元素的地块，还需要适量增施石灰粉和微肥，才能更好地发挥磷肥对于提高作物产量和改进

品质的效果。

三、土壤缓效钾及速效钾

土壤中的钾绝大部分是以难溶性的矿物形态存在的，可作为利用的矿物形态很少。钾含量就全量而言，要比氮和磷高得多，一般为0.5%～2.5%，而被作物利用的只占全量的1%～2%，因此，土壤中钾的存在形态，对合理使用钾肥具有十分重要的意义。土壤中的钾主要以以下三种形态存在：一是矿物态的钾，约占土壤全钾量的90%～98%。由于该种钾释放速率较慢，是一种植物难以利用的钾。第二种，缓效钾。这类钾不能被作物直接利用，但它是土壤速效钾的直接后备。土壤缓效钾是作物钾素的主要来源，当土壤需要依靠缓效钾供给作物时，表明该土壤供钾能力不足，需要尽快补施钾肥。一般缓效钾占全钾量的2%以下。第三种，速效钾。它包括交换性钾和水溶性钾两部分，它们只占土壤全钾量的1%～2%，是作物根系吸收钾的直接来源。土壤中速效钾的含量与钾肥肥效有一定的相关性，因此常用它作为使用钾肥的参考指标。

（一）土壤缓效钾和速效钾的含量及分级

通过对耕地地力评价土样化验结果进行统计分析，耕层土壤缓效钾含量情况如下：全县缓效钾平均含量为821 mg/kg，属于3级（750～900 mg/kg）水平，全县缓效钾变化范围为119～4772 mg/kg。结合我县实际情况，将全县缓效钾含量分为6级水平。1级（＞1200 mg/kg）水平，耕地面积有7 446.83 ha，占耕地总面积的11.33%；2级（900～1200 mg/kg）水平，耕地面积有13 559.41 ha，占耕地总面积的20.63%；3级（750～900 mg/kg）水平，耕地面积有15 616.65 ha，占耕地总面积的23.76%；4级（500～750 mg/kg）水平，耕地面积有21 617.50 ha，占耕地总面积的32.89%；5级（300～500 mg/kg）水平，耕地面积有6 204.59 ha，占耕地总面积的9.44%；6级（＜300 mg/kg）水平，耕地面积有1 281.67 ha，占耕地总面积的1.95%。全县土壤缓效钾总体含量不高，因此，在作物种植中应注意钾肥的使用，确保土壤钾的供应量。费县耕地耕层土壤缓效钾含量分级及面积见表4－14。

表 4-14　费县耕地耕层土壤缓效钾含量分级及面积

单位：mg/kg，ha，%

级别	1	2	3	4	5	6
范围	>1 200	900～1 200	750～900	500～750	300～500	<300
耕地面积	7 446.83	13 559.41	15 616.65	21 617.50	6 204.59	1 281.67
占总耕地比例	11.33	20.63	23.76	32.89	9.44	1.95

由于土壤中的速效钾是可以被作物直接吸收利用的，耕层土壤速效钾含量的高低，对于制定肥料配方和推荐施肥至关重要。全县耕层土壤速效钾平均含量为 96 mg/kg，属于 6 级（75～100 mg/kg）水平，速效钾含量范围为 16～642 mg/kg。全县速效钾共分为 8 级。1 级（>300 mg/kg）水平，耕地面积有 46.01 ha，占全县耕地总面积的 0.07%；2 级（200～300 mg/kg）水平，耕地面积有 1 005.62 ha，占全县耕地总面积的 1.53%；3 级（150～200 mg/kg）水平，耕地面积有 6 355.77 ha，占全县耕地总面积的 9.67%；4 级（120～150 mg/kg）水平，耕地面积有 9 221.45 ha，占全县耕地总面积的 14.03%；5 级（100～120 mg/kg）水平，耕地面积有 7 624.29 ha，占全县耕地总面积的 11.60%；6 级（75～100 mg/kg）水平，耕地面积有 14 768.78 ha，占全县耕地总面积的 22.47%。全县土壤速效钾含量较低，有 74.7%的耕地属于 5、6、7、8 级水平，增施钾肥刻不容缓。费县耕地耕层土壤速效钾含量分级及面积见表 4-15。

表 4-15　费县耕地耕层土壤速效钾含量分级及面积

单位：mg/kg，ha，%

级别	1	2	3	4	5	6	7	8
范围	>300	200～300	150～200	120～150	100～120	75～100	50～75	<50
耕地面积	46.01	1 005.62	6 355.77	9 221.45	7 624.29	14 768.78	19 310.49	7 394.25
占总耕地比例	0.07	1.53	9.67	14.03	11.60	22.47	29.38	11.25

（二）不同利用类型耕层土壤速效钾的含量

土壤速效钾含量的丰缺程度及其分布状况除与土壤本身含钾矿物类型及数量有关外，还与土壤所处的地理位置、成土母质、土壤发育程度、土壤质地及利用方式、培肥程度等因素有密切关系。土壤中速效钾的来源主要有三个方面：一是作物残茬、厩肥、秸秆等有机肥料；二是化学肥料；三是土壤中缓效钾转化。在这三个方面中，化学肥料的使用对土壤速效钾的含量影响最大也最直接。大田土壤速效钾含量变化范围为16～642 mg/kg，平均含量为96 mg/kg，属于4级水平；大田耕层土壤速效钾平均含量为94 mg/kg，属于4级水平，变化范围为20～467 mg/kg；果园耕层速效钾含量平均值为98 mg/kg，属于4级水平，变化范围17～550 mg/kg；大棚蔬菜土壤速效钾含量平均值为102 mg/kg，属于4级水平，变化范围为21～642 mg/kg；露天蔬菜地土壤速效钾含量平均值为82 mg/kg，属于5级水平，变化范围为16～383 mg/kg。分析发现，露天蔬菜地土壤速效钾含量最低，其次是大田作物，最高的为大棚蔬菜地，其原因是农民施肥投入量大，造成土壤速效钾含量高。费县不同利用类型耕层土壤速效钾含量见表4-16。

表4-16　费县不同利用类型耕层土壤速效钾含量

单位：mg/kg，个

利用类型	全县	大田	果园	蔬菜地		
				大棚蔬菜	露天菜地	平均值
平均值	96	94	98	102	82	86
最大值	642	467	550	642	383	—
最小值	16	20	17	21	16	—
标准差	22.72	15.12	28.83	36.76	24.11	—
变异系数	23.67	16.08	29.41	36.03	29.40	—
样本点数	1 970	1 768	60	82	60	142

（三）土壤速效钾的垂直分布

由于受种植制度、施肥习惯及耕作制度的影响，土壤速效钾的垂直分布也存在明显差异。通过对全县 52 个样点的速效钾测试结果进行分析，耕层土壤速效钾平均含量为 106 mg/kg，属于 4 级水平，变化范围为 20～550 mg/kg，亚耕层土壤速效钾含量平均值为 61 mg/kg，变化范围为 14～298 mg/kg，耕层速效钾的含量比亚耕层高 45 mg/kg。不同利用类型土壤的耕层及亚耕层速效钾含量也存在较大差异，大田耕层平均含量为 101 mg/kg，变化范围为 24～500 mg/kg，大田亚耕层平均含量 58 mg/kg，变化范围为 16～283 mg/kg，耕层平均比亚耕层高 43 mg/kg；果园耕层平均含量为 109 mg/kg，变化范围为 21～517 mg/kg，露天蔬菜地亚耕层平均含量 64 mg/kg，变化范围为 28～292 mg/kg，耕层平均比亚耕层高45 mg/kg；大棚蔬菜耕层平均含量为 114 mg/kg，变化范围为 33～550 mg/kg，露天蔬菜地耕层平均含量 67 mg/kg，变化范围为 26～298 mg/kg，耕层平均比亚耕层高 47 mg/kg；露天菜地耕层平均含量为 96 mg/kg，变化范围为 20～467 mg/kg，露天菜地亚耕层平均含量 53 mg/kg，变化范围为 14～267 mg/kg，耕层平均比亚耕层高 43 mg/kg。由于受施肥习惯的影响，露天菜地速效钾含量最低，而大棚菜地和果园因经济效益较高，农民施肥投入大，故土壤速效钾含量较高。耕地速效钾含量垂直分布见表 4－17。

表 4－17　耕地速效钾含量垂直分布 单位：mg/kg　个

利用类型	全县		大田		果园		大棚蔬菜		露天蔬菜	
	耕层	亚耕层	耕层	亚耕层	耕层	亚耕层	耕层	亚耕层	耕层	亚耕层
平均值	106	61	101	58	109	64	114	67	96	53
最大值	550	298	500	283	517	292	550	298	467	267
最小值	20	14	24	16	21	28	33	26	20	14
样本点数	52	52	22	22	16	16	8	8	6	6

（四）作物缺钾症状及合理使用钾肥

作物缺钾时，通常老叶叶尖和边缘发黄，进而变褐，渐次枯黄。在叶片上往往出现褐色斑点，甚至成斑状，但叶中部靠近叶脉附近仍保持绿色。严重缺钾时，幼叶上也会发生同样的症状，整个植株和枝条柔软下垂，易发生倒伏现象。其中禾谷类作物缺钾时，新叶抽出困难，抽穗不齐，玉米容易出现秃顶；果树则表现为果实小，着色差，品质低。作物缺钾时要及时补施，以保证作物生长期间对钾的需求。在施肥及田间管理上应注意钾被固定和淋失，并千方百计地促进缓效钾的释放。土壤有效钾的损失，常因作物、土壤、气候不同而异。豆科和薯类作物消耗的钾比禾谷类作物多，在砂质壤土上每年淋失的钾较多，而在丘陵地区，暴雨侵蚀土壤而损失的钾量大于平原土壤。总之，土壤中是否需要补充钾肥或补充的多少？一方面取决于作物从土壤中吸收的钾是否部分归还土壤，另一方面取决于缓性钾的释放速度和释放量。只有合理使用钾肥，才能保证土壤钾素的供求平衡。具体措施有：

1. 土壤速效钾水平是决定钾肥肥效大小的一个重要因素，要根据土壤速效钾含量高低，结合种植作物类别，确定钾肥的使用量，做到既保证作物生长需求，又不浪费。

2. 对化学钾肥的使用，宜分次、适量，避免一次使用过量，以减少钾素的固定和淋失，特别是蔬菜作物和需肥高的作物。

3. 使用方法宜条施或穴施，使钾肥适当集中，减少与土壤的接触面以提高土壤胶体上交换性钾的饱和度，增加钾的有效性。同时，要做到叶面喷施与地下追施相结合，以提高钾肥的利用率。

4. 注重有机肥和草木灰的使用，加强秸秆还田，提高土壤有机质含量，改良土壤，增加钾的活性和有效性。

第三节　土壤中量元素状况

钙、镁、硫是植物体内含量相对较高的三种营养元素，被称为作物生长的“中量元素”，这三种元素对作物进行光合作用、制造叶绿素和对植物各种酶进行催化具有十分重要的作用。通过本次耕地地力评价土样化验看出，土壤中的中量元素含量较高，基本能够满足作物生长需求，但随着大量元素和微量元素的使用，特别是在酸性环境下，钙、镁、硫等中量元素也呈现出缺素现象，适量使用具有较为明显的增产效果，而且作物品质也有较大改善。现就本次地力评价对钙、镁、硫三种元素的化验分析汇总如下：

一、土壤交换性钙

钙是作物生长所必需的营养元素，它对作物的生长发育及新陈代谢，都有重要的作用。土壤中所含的钙，不仅对作物蛋白质的合成有影响，它还是某些酶促反应的辅助因素，能中和作物代谢过程中所形成的有机酸，还有调节作物体内 pH 值的功效。土壤中的钙以多种形态存在，主要以碳酸盐的形式为主，其含量高低与土壤成土母质、酸碱度、盐基饱和度、土壤胶体交换性能、各种养分的有效性有密切的关系，是划分土壤类型的重要指标之一，在实际生产中有重要的作用。通常用交换性的钙作为土壤钙的有效性的划分标准。

（一）全县土壤交换性钙的含量分级与分布

全县土壤耕层交换性钙含量平均值为 2 530 mg/kg，属于 3 级水平，变化范围为 10～11 840 mg/kg。1 级（＞6 000 mg/kg）水平，耕地面积为 164.32 ha，占全县耕地总面积的 0.25%；2 级（4 000～6 000 mg/kg）水平，耕地面积为 7 952.93 ha，占全县耕地总面积的 12.1%；3 级（3 000～4 000 mg/kg）水平，耕地面积为 13 552.84 ha，占全县耕地总面积的 20.62%；4 级（2 500～3 000 mg/kg）水平，耕地面积为 8 044.94 ha，占全县耕地总面积的 12.24%；5 级（2 000～2 500 mg/kg）水平，耕地面积为 11 101.23 ha，占全县耕地总面积的 16.89%；6 级（1 500～2 000 mg/kg）水平，耕地面积为 16 285.25 ha，占全县耕地总面积的 19.30%；7 级（＜1 500 mg/kg）水平，耕地面积为 12 225.16 ha，占全县耕地总面积的 18.60%。通过结果分析，全县交换性钙总体含量满足。费县耕地耕层交换性钙含量分级及面积见表 4-18。

表 4-18 费县耕地耕层土壤交换性钙含量分级及面积

单位：g/kg，ha，%

级别	1	2	3	4	5	6	7
范围	>6 000	4 000～6 000	3 000～4 000	2 500～3 000	2 000～2 500	1 500～2 000	<1 500
耕地面积	164.32	7 952.93	13 552.84	8 044.94	11 101.23	16 285.25	12 225.16
占总耕地比例	0.25	12.10	20.62	12.24	16.89	19.30	18.60

（二）不同利用类型土壤交换性钙的含量

费县多丘陵山区，石灰岩分布较广，土壤交换性钙的含量一般充足。大田土壤含量平均为 2 380 mg/kg，属于 4 级水平，变化范围为 140～11 840 mg/kg；果园土壤含量平均为 2 670 mg/kg，属于 4 级水平，变化范围为 600～10 730 mg/kg；大棚蔬菜土壤含量平均为 2 410 mg/kg，属于 5 级水平，变化范围为 180～7 610 mg/kg；露天菜地土壤含量平均为 2 550 mg/kg，属于 4 级水平，变化范围为 100～8 840 mg/kg。蔬菜地交换性钙平均含量不高，特别是大棚蔬菜地钙的平均含量更低，主要是因为农民只注重氮、磷、钾肥料的使用，而忽视了钙肥的补充，故影响了锯的含量。费县不同利用类型耕层土壤交换性钙的含量见表 4-19。

表 4-19 费县不同利用类型耕层土壤交换性钙的含量

单位：mg/kg，个

利用类型	全县	大田	果园	蔬菜地		
				大棚蔬菜	露天菜地	平均值
平均值	2 530	2 380	2 670	2 410	2 550	2 510
最大值	11 840	11 840	10 730	7 610	8 840	—
最小值	10	140	600	180	100	—
样本点数	487	374	38	46	29	75

（三）作物缺钙症状及补充方法

当作物缺钙时，作物的生长就会停止，表现为植株矮小、未老先衰、幼叶卷曲而脆弱等病症。严重时，叶缘发黄逐渐坏死、根短小、根尖分生组织细胞逐渐腐烂而死亡，生殖器官常出现不结实或结实不良。因此，作物增施钙肥，对促进作物生长，改善果实品质，是十分重要的。具体补钙措施有：

1. 一般在作物播种或定植时将适量的石灰与有机肥混合，施入播种穴或沟内，使作物在幼苗期有良好的土壤环境。

2. 利用一些含钙肥料和含钙工业废渣等，当做基肥撒施于田中，可以为作物生长提供所需的充足钙肥。

二、土壤交换性镁

镁是植物叶绿素的构成元素，也是很多酶的活化剂，它能加强酶促反应，促进作物体内的新陈代谢。镁还能促进脂肪的合成，参与氮的代谢作用。当植物缺镁时，叶绿素含量减少，叶片褪绿，光合作用就会受到影响，作物就不能正常生长。可见，镁在作物生长发育过程中有着重要作用。掌握土壤镁的含量，对合理施用镁肥至关重要。

（一）全县土壤交换性镁的含量分级与分布

全县土壤交换性镁的平均含量为390 mg/kg，属于3级（300～400 mg/kg）水平，最大值为193 mg/kg，最小值为3 mg/kg。全县土壤交换性镁的含量共分为5级：1级（>600 mg/kg）水平，耕地有7 295.66 ha，占全县耕地总面积的11.1%；2级（400～600 mg/kg）水平，耕地有17 457.00 ha，占全县耕地总面积的26.56%；3级（300～400 mg/kg）水平，耕地有13 947.20 ha，占全县耕地总面积的21.22%；4级（250～300 mg/kg）水平，耕地有8 202.69 ha，占全县耕地总面积的12.48%；5级（200～250 mg/kg）水平，耕地有7 926.64 ha，占全县耕地总面积的12.06%；7级（<150 mg/kg）水平，耕地有4 167.07 ha，占全县耕地总面积的6.34%。全县71%耕地镁含量在200～600 mg/kg之间。费县耕地耕层土壤交换性镁含量分级及面积见表4－20。

表 4-20　费县耕地耕层土壤交换性镁含量分级及面积

单位：mg/kg，ha，%

级别	1	2	3	4	5	6	7
范围	＞600	400～600	300～400	250～300	200～250	150～200	＜150
耕地面积	7 295.66	17 457.00	13 947.20	8 202.69	7 926.64	6 730.41	4 167.07
占总耕地比例	11.10	26.56	21.22	12.48	12.06	10.24	6.34

（二）不同利用类型土壤交换性镁的含量

对全县 483 个样点分大田、果园、大棚蔬菜和露天蔬菜进行分别分析。全县土壤镁平均值为 390 mg/kg，属于 3 级水平，变幅为 30～1 930 mg/kg。大田镁平均值为 410 mg/kg，属于 3 级水平，变幅为 70～1 930 mg/kg；果园镁平均值为 380 mg/kg，属于 3 级水平，变幅为 50～1 670 mg/kg；大棚蔬菜镁平均值为 310 mg/kg，属于 3 级水平，变幅为 80～1 210 mg/kg；露天蔬菜镁平均值为 340 mg/kg，属于 3 级水平，变幅为 30～1 580 mg/kg。经过分析比较，大田土壤镁平均含量最高，大棚蔬菜地的含量最低，主要因为农民对大棚菜地进行了掠夺式的使用，而不注重镁肥的补施而造成的。费县不同利用类型耕层土壤交换性镁的含量见表 4-21。

表 4-21　费县不同利用类型耕层土壤交换性镁的含量

单位：mg/kg，个

利用类型	全县	大田	果园	蔬菜地		
				大棚蔬菜	露天菜地	平均值
平均值	390	410	380	310	340	330
最大值	1 930	1 930	1 670	1 210	1 580	—
最小值	30	70	50	80	30	—
标准差	62.3	54.1	80.2	96.3	57.4	—
变异系数	15.97	13.19	21.10	31.06	16.88	—
样本点数	483	370	38	46	29	75

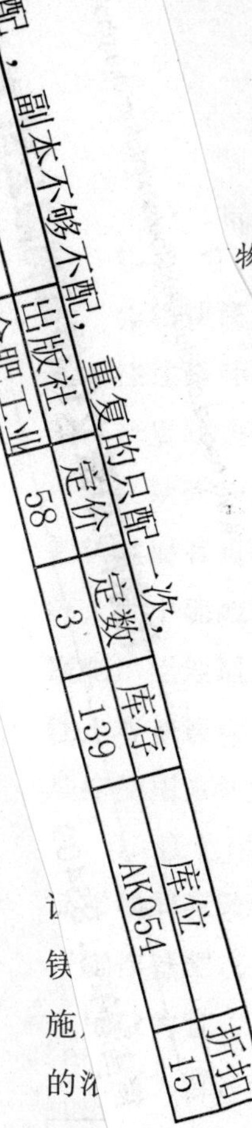

物缺镁症状及补充方法

最明显的病症是叶片贫绿，其特点是首先从下部叶片开……变黄而叶脉仍保持绿色，这也是与缺氮病症的主要区……可引起叶片的早衰与脱落，直至植株死亡。

……上增施镁肥，是一项重要的技术措施。目前，含镁的……氯化镁、碳酸镁、硝酸镁，还有钾镁肥和钙镁磷肥……镁肥属于水溶性肥料，钙镁磷肥则为枸溶性肥料。……种作物和各类土壤，特别是在沼泽土、沙质土和酸……土壤上施用这种肥料，增产增收的效果十分明显。

……追肥均可，但应注意浅施，这样做的目的是保证……时，镁肥最好是与钾肥、磷肥混合施用。此外，镁……还要掌握好用量。以镁计算，每亩 1～1.5 kg 的施……酸镁的水溶液进行根外追肥，则以 1%～2% 的溶……

……意：镁肥的施用效果与土壤有关，在中性和碱性土……以施用硫酸镁肥为宜；在一般的酸性土壤上，则以施用碳酸镁为宜。

三、土壤有效硫

硫元素同氮、磷、钾元素一样，是植物的必需营养成分之一，其需求量与磷相近。硫是植物体内蛋白质和酶的组成元素。如果硫元素不足，就会影响蛋白质的合成，导致非蛋白质积累，结果就会影响作物的正常生长发育。同时，硫也是许多酶的成分，这些酶类不仅与植物的呼吸作用、脂肪代谢和氮代谢作用有关，而且对淀粉的合成也有一定的影响。另外，硫还是作物固氮系统的一个组成部分，为豆科作物固氮作用所必需。由此可知，硫对作物的整个生长发育过程，都有非常重要的作用。硫肥适用于各种作物和各类土壤，特别是在碱性土壤上施用，还具有改良土壤的功能。随着农业生产的快速发展，农田复种指数不断提高，高浓度化肥的使用越来越多。我国大多数地区的土壤已经出现缺硫现象，而且有日趋严重的趋势。因此，对土壤有效硫的测定和评价，为配方施肥和耕地地力评价提供科学依据。

（一）全县土壤有效硫的含量分级与分布

全县土壤有效硫的平均含量为14.3 mg/kg，属于7级（15～20 mg/kg）水平，最大值为86.1 mg/kg，最小值为0.2 mg/kg。全县有效硫共分为7级：1级（＞100 mg/kg）水平；2级（75～100 mg/kg）水平，耕地有6.57 ha，占全县耕地总面积的0.01％；3级（60～75 mg/kg）水平，耕地有19.72 ha，占全县耕地总面积的0.03％；4级（45～60 mg/kg）水平，耕地有98.59 ha，占全县耕地总面积的0.15％；5级（30～45 mg/kg）水平，耕地有926.75 ha，占全县耕地总面积的1.41％。全县98％以上耕地有效硫含量小于30 mg/kg，超过50 mg/kg的地块很少。费县耕地耕层土壤有效硫含量分级及面积见表4-22。

表4-22　费县耕地耕层土壤有效硫含量分级及面积

单位：mg/kg，ha，％

级别	1	2	3	4	5	6	7
范围	＞100	75～100	60～75	45～60	30～45	15～30	＜15
耕地面积	0	6.57	19.72	98.59	926.75	25193.03	39482.01
占总耕地比例	0	0.01	0.03	0.15	1.41	38.33	60.07

（二）不同利用类型土壤有效硫的含量

对全县483个样点分大田、果园、大棚蔬菜和露天蔬菜进行分别分析，全县土壤有效硫平均值为14.3 mg/kg，属于7级水平，变幅为0.2～86.1 mg/kg。大田有效硫平均值为14.4 mg/kg，属于7级水平，变幅为0.5～57.2 mg/kg；果园有效硫平均值为16.8 mg/kg，属于6级水平，变幅为1.3～86.1 mg/kg；大棚蔬菜有效硫平均值为13.5 mg/kg，属于7级水平，变幅为0.6～54.4 mg/kg；露天蔬菜有效硫平均值为

12.6 mg/kg，属于7级水平，变幅为0.2～42.5 mg/kg。经过分析比较，大田土壤有效硫平均含量最高，大棚蔬菜地的含量最低，主要因为农民对大棚菜地进行了掠夺式的使用，而不注重有效硫的补施而造成的。费县不同利用类型耕层土壤有效硫的含量见表4-23。

表4-23 费县不同利用类型耕层土壤有效硫的含量

单位：mg/kg，个

利用类型	全县	大田	果园	蔬菜地		
				大棚蔬菜	露天菜地	平均值
平均值	14.3	14.4	16.8	13.5	12.6	13.1
最大值	86.1	57.2	86.1	54.4	42.5	—
最小值	0.2	0.5	1.3	0.6	0.2	—
标准差	0.43	0.34	0.72	0.56	0.28	—
变异系数	2.96	2.36	4.28	4.14	2.23	—
样本点数	483	370	38	46	29	75

（三）作物缺硫主要症状及调控措施

硫不易移动，缺乏时一般在幼叶表现缺绿症状，且新叶均衡失绿，呈黄白色并易脱落。主要调控措施有：

1. 硫肥（主要指石膏和硫磺）的施用方法与用量，因土壤和作物的不同而各异。石膏可作基肥、追肥或种肥。作基肥时，应将石膏粉碎，均匀撒施于耕地表面，结合耕地施入。作追肥时，可穴施或条施，施后要覆土，亩用量15～30 kg。作种肥时，亩用量在4～5 kg为宜。

2. 硫肥可用于水稻的沾秧根，亩用量2.5～3 kg。其中硫黄一般多用于水稻的沾秧根。需要注意的是，即使是将硫肥用于改良碱土，其每亩施用量也不宜过多，通常以控制在1～4 kg为宜。

3. 在使用硫肥中应注意：因为硫肥的主要成分是硫，因而必须配合氮肥、磷肥、钾肥以及其他肥料施用，只有这样，才能充分发挥各种肥料的增产作用。

第四节 土壤微量元素状况

微量元素在作物体内含量虽少，但具有很强的专一性，是作物生长发育所不可缺少和不可相互替代的。因此，当作物缺乏任何一种微量元素时，生长发育都会受到抑制，导致减产和品质下降，严重的甚至绝收。反之，如果这些元素过多，又会出现中毒现象，影响作物产量和质量，还会引起人、畜的某些地方病的发生。土壤中的微量元素有效态含量是评价土壤微量元素的丰缺指标，它受土壤酸碱度、氧化还原电位、有机质含量等条件的制约。通过对土壤中铁、锰、铜、锌、钼、硼的分析，基本上掌握了全县土壤微量元素的含量状况，为合理制定配方和科学指导农民施肥奠定了基础，确保微肥使用适量、安全。

一、土壤有效铁

土壤中有效铁的含量受到多种因素的影响：首先是土壤 pH 值。pH 值高的土壤含有较多的氢氧根离子，与土壤中铁生成难溶的氢氧化铁，降低了土壤有效性，pH 值逐渐升高，而有效铁含量却逐渐降低。我们可以看出铁的有效性与 pH 值呈负相关。其次是氧化还原条件。长期处于还原条件的酸性土壤，铁被还原成溶解度大的亚铁，有效铁增加。相反，在干旱少雨地区土壤中氧化环境占优势，使三价铁增多，从而降低了铁的溶解度。第三是土壤有机质。据分析，有机质含量高的土壤，有效铁的含量也较高。第四是碳酸钙含量。碱性土壤中，铁能与碳酸根生成难溶的碳酸盐，降低铁的有效性。第五是成土母质。成土母质决定全铁含量，对有效铁的影响也极为深刻。从不同类型的土壤中有效铁含量分布可以看出，相似母质来源的不同类型土壤，有效铁含量水平也极为相似。

（一）土壤有效铁的含量分级与分布

通过对全县 1535 个土样分析可以看出，我县土壤有效铁总体含量较高，平均值为37.10 mg/kg，属于1级水平，含量变化范围为4.08～130.04 mg/kg。全县土壤有效铁含量共分为3级：1级（>20 mg/kg）水平耕地有56 524.94 ha，占耕地总面积的86%；2级（10～20 mg/kg）水平耕地有9 122.86 ha，占耕地总面积的13.88%；3级（4.5～10 mg/kg）水平耕地有78.87 ha，占耕地总面积的0.12%。费县耕地耕层有效铁含量分级及面积见表4-24。

表4-24　费县耕地耕层土壤有效铁含量分级及面积

单位：mg/kg，ha，%

级别	1	2	3
范围	>20	10～20	4.5～10
耕地面积	56524.94	9122.86	78.87
占总耕地比例	86	13.88	0.12

（二）不同利用类型土壤有效铁的含量

对全县土壤有效铁按大田、果园、大棚蔬菜和露天菜地进行统计分析：大田土壤有效铁平均含量为36.8 mg/kg，属于1级水平，含量变化范围为5.68～96.08 mg/kg；果园土壤有效铁平均含量为39.6 mg/kg，属于1级水平，含量变化范围为8.28～130.04 mg/kg；大棚蔬菜土壤有效铁平均含量为36.4 mg/kg，属于1级水平，含量变化范围为6.22～101.4 mg/kg；露天菜地土壤有效铁平均含量为35.7 mg/kg，属于1级水平，含量变化范围为4.08～92.16 mg/kg。通过对比可以看出，果园有效铁平均含量最高，其原因是，为了提高果品的品质，增加果树的抗病性，果农比较注重微肥的使用，从而提高了土壤有效铁的含量。另外，菜地有效铁总体含量不高，主要是菜农只注重氮、磷、钾肥的使用，而忽视了微肥补充造成的。费县不同利用类型耕层土壤有效铁的含量见表4-25。

表 4-25 费县不同利用类型耕层土壤有效铁的含量

单位：mg/kg，个

利用类型	全县	大田	果园	蔬菜地		
				大棚蔬菜	露天菜地	平均值
平均值	37.1	36.8	39.6	36.1	35.7	36.1
最大值	130.4	96.08	130.04	101.4	92.16	—
最小值	4.08	5.68	8.28	6.22	4.08	—
标准差	6.54	5.77	9.67	7.46	6.17	—
变异系数	17.62	15.67	24.41	20.49	17.28	—
样本点数	1 535	1 333	60	82	60	142

（三）作物缺铁症状及调控

铁是叶绿素形成不可缺少的，又是不易重复利用的元素，在植株体内很难转移，所以叶片“缺绿症”是植物缺铁的表现，并且这种失绿首先出现在幼嫩叶片上。另外，铁对植物的光合作用、呼吸作用都有影响。土壤中含铁较多，一般情况下植物不缺铁，但在碱性土或石灰质土壤中，铁易形成不溶性的化合物而使植物缺铁。当植物缺铁时，常采用的方法有：

1. 叶面喷施法。主要用硫酸亚铁，果树上用 0.2%～1%浓度，每隔 7～10 天喷施 1 次，直到叶片复绿为止。为防止铁在配制过程中沉淀，配制时可加少量食醋，比例是 100 升水加 100～200 毫升食醋。

2. 土壤施用法。由于铁肥直接施用于土壤，很容易引起铁的氧化，所以常将铁肥与有机肥混合施用，混合比例为，铁肥：有机肥为（1：10～20）。

3. 树干埋藏法。就是在林木或果树干上打孔，将铁肥放入其中。为了便于放入肥料，孔可以斜打。这种方法的优点是铁肥肥效较长，但易造成树体遭受病虫危害。

4. 灌根法。用 0.3%的硫酸亚铁溶液直接灌根。

二、土壤有效锰

土壤有效锰的含量受成土母质影响，基性岩高于酸性岩，海相沉积高于陆相沉积，风积物有效锰含量最低，与土壤 pH 值、土壤碳酸钙含量呈负相关，与土壤有机质含量呈正相关。另外土壤湿度对有效锰含量的影响相当明显。水稻田有效锰含量居各土类之首，在旱地土壤中有效锰含量与土壤湿度呈正相关。对锰敏感的作物很多，几乎包括主要的粮、棉、油、糖作物以及果树、蔬菜等。容易缺锰的作物有：小粒谷物、玉米、高粱、棉花、豆类、甜菜、莴苣、菠菜、苹果、葡萄等。石灰性土壤作物常常缺锰，施锰增产效果明显。对土壤有效锰的分析和评价，对于提高作物产量，改善作物品质，合理指导施肥至关重要。

（一）土壤有效锰的含量分级与分布

根据本次地力评价土壤测试结果看出，全县土壤有效锰含量不低，平均 30.57 mg/kg，属于 1 级（30～50 mg/kg）水平，变幅为 1.02～99.6 mg/kg。根据我县土壤锰的含量状况，将土壤锰含量分为 4 级：1 级（＞30 mg/kg）水平的耕地有 25 876.59 ha，占耕地总面积的 39.37%；2 级（15～30 mg/kg）水平的耕地有 31 601.98 ha，占耕地总面积的 48.08%；3 级（5～15 mg/kg）水平的耕地有 8 235.56 ha，占耕地总面积的 12.53%；4 级（1～50 mg/kg）水平的耕地有 13.14 ha，占耕地总面积的 0.02%。费县耕地耕层有效锰含量分级及面积见表 4－26。

表 4－26　费县耕地耕层土壤有效锰含量分级及面积

单位：mg/kg，ha，%

级别	1	2	3	4
范围	＞30	15～30	5～15	1～5
耕地面积	25 876.59	31 601.98	8 235.56	13.14
占总耕地比例	39.37	48.08	12.53	0.02

（二）不同利用类型土壤有效锰的含量

对全县土壤有效锰按大田、果园、大棚蔬菜和露天菜地进行统计分析：大田土壤有效锰平均含量为 30.11 mg/kg，属于 1 级水平，含量变幅为 1.78～83.64 mg/kg；果园土壤有效锰平均含量为 31.23 mg/kg，属于 1 级水平，含量变变幅为 2.54～99.6 mg/kg；大棚蔬菜土壤有效锰平均含量为 29.84 mg/kg，属于 2 级水平，含量变幅为 1.26～88.2 mg/kg；露天菜地土壤有效锰平均含量为 29.36 mg/kg，属于 2 级水平，含量变幅为 1.02～79.84 mg/kg。通过对比可以看出，果园有效锰平均含量最高，其原因是，为了提高果品的产量和品质，增加果树的抗病性，果农比较注重微肥的使用，从而提高了土壤有效锰的含量。另外，菜地有效锰总体含量不高，主要是菜农只注重氮、磷、钾肥的使用，而忽视了微肥补充造成的。费县不同利用类型耕层土壤有效锰的含量见表 4-27。

表 4-27　费县不同利用类型耕层土壤有效锰的含量

单位：mg/kg，个

利用类型	全县	大田	果园	蔬菜地		
				大棚蔬菜	露天菜地	平均值
平均值	30.75	30.11	31.23	29.84	29.36	29.57
最大值	99.6	83.64	99.6	88.2	79.84	—
最小值	1.02	1.78	2.54	1.26	1.02	—
标准差	6.23	5.41	15.76	4.68	10.78	—
变异系数	20.42	17.96	50.46	15.87	36.71	—
样本点数	1 535	1 333	60	82	60	142

（三）作物缺锰症状及调控措施

锰是作物光合放氧复合体的主要成员，是形成叶绿素和维持叶绿素正常结构的必需元素。锰也是许多酶的活化剂。缺锰时硝酸就不能还原成氨，植物也就不能合成氨基酸和蛋白质，光合放氧受到抑制，植物不能形成叶绿素，叶脉间失绿褪色，但叶脉仍保持绿色，此为缺锰与缺铁的主要区别。补充锰肥的常用方法：

1. 一般每亩用硫酸锰 1～2.5 kg，与生理酸性化肥或农家肥混合条施或穴施。砂性的石灰质土壤用量宜多。如果用含锰工业废渣用量每亩可达 5～10 kg，撒施于地面，耕时翻入土中。

2. 锰肥拌种量是各种微肥中最大的一种，一般可以按每千克种子 4

～8 克锰肥使用。

3. 硫酸锰浸种浓度为 0.05%～0.1%（即 50 kg 水加 50～100 克锰肥），种子与溶液比例为 1∶1，浸泡时间 12～24 小时。

4. 硫酸锰叶面喷洒浓度可在 0.05%～0.2%之间，视苗大小而定。每亩喷洒 30～50 kg 即可。

三、土壤有效铜

土壤中的有效铜，在通气良好的状况下，多以 Cu^{2+} 的形式被吸收，而在潮湿缺氧的土壤中，则多以 Cu^{+} 的形式被吸收。Cu^{2+} 以与土壤中的几种化合物形成螯合物的形式接近根系表面。

（一）土壤有效铜含量分级及面积

全县耕层土壤有效铜平均含量为 1.67 mg/kg，属于 2 级水平，变幅为 0.25～17.8 mg/kg。全县土壤有效铜含量共分为 6 级：1 级（>1.8 mg/kg）水平的耕地有 17 825.07 ha，占耕地总面积的 27.12%；2 级（1.0～1.8 mg/kg）耕地共有 43 018.11 ha，占耕地总面积的 65.45%；3 级（0.2～1.0 mg/kg）水平耕地有 4 883.49 ha，占耕地总面积的 7.43%。费县耕地耕层土壤有效铜含量分级及面积见表 4－28。

表 4－28　费县耕地耕层土壤有效铜含量分级及面积

单位：mg/kg，ha，%

级别	1	2	3	4	5
范围	>1.8	1.0～1.8	0.2～1.0	0.1～0.2	<0.1
耕地面积	17 825.07	43 018.11	4 883.49	0	0
占总耕地比例	27.12	65.45	7.43	0	0

（二）不同利用类型土壤有效铜的含量

按大田、果园、大棚蔬菜和露天菜地对全县土壤有效铜进行统计分析：大田土壤有效铜平均含量为 1.62 mg/kg，属于 2 级水平，含量变幅为 0.38～6.84 mg/kg；果园土壤有效铜平均含量为 1.73 mg/kg，属于 2 级水平，含量变变幅为 0.52～17.8 mg/kg；大棚蔬菜土壤有效铜平均含量为

1.68 mg/kg，属于2级水平，含量变幅为0.26～6.18 mg/kg；露天菜地土壤有效铜平均含量为1.65 mg/kg，属于2级水平，含量变幅为0.25～6.56 mg/kg。通过对比可以看出，果园有效铜平均含量最高，其原因是，为了提高果品的品质和产量，增加果树的抗病性，果农比较注重微肥的使用，从而提高了土壤有效铜的含量。另外，菜地有效铜总体含量不高，主要是菜农只注重氮、磷、钾肥的使用，而忽视了微肥补充造成的。费县不同利用类型耕层土壤有效铜的含量见表4-29。

表4-29 费县不同利用类型耕层土壤有效铜的含量

单位：mg/kg，个

利用类型	全县	大田	果园	蔬菜地		
				大棚蔬菜	露天菜地	平均值
平均值	1.67	1.62	1.73	1.68	1.65	1.66
最大值	17.8	6.84	17.8	6.18	6.56	—
最小值	0.25	0.38	0.52	0.26	0.25	—
标准差	0.36	0.23	0.72	0.31	0.44	—
变异系数	21.55	14.19	41.62	18.45	26.67	—
样本点数	1535	1333	60	82	60	142

（三）作物缺铜常见症状及调控措施

铜是作物质蓝素的成分，它参与光合电子传递，故对光合有重要作用。当植物缺铜时，叶片生长缓慢，呈现蓝绿色，幼叶缺绿，随之出现枯斑，最后死亡脱落。另外，缺铜会导致叶片栅栏组织退化，气孔下面形成空腔，使植株即使在水分供应充足时也会因蒸腾过度而发生萎蔫。铜肥品种有：硫酸铜、碱式硫酸铜、碳酸铜等，多数为蓝色透明结晶或颗粒、粉末状，易溶于水。最常用的铜肥是硫酸铜，含铜25%。主要调控措施有：

1. 拌种。每0.5 kg种子拌0.5克硫酸铜或用浓度为0.01%～0.05%的硫酸铜溶液浸种，浸12个小时后，捞出阴干再播种。

2. 喷洒。可用0.02%～0.1%浓度的硫酸铜溶液，每亩视苗大小，喷洒50～100 kg即可。最好在溶液中加入少量熟石灰，以免产生药害。

3. 用硫酸铜作基肥。每亩用1～1.5 kg为宜，最好与其他酸性肥料配合使用，每隔3～5年施用一次。

同时要注意：铜肥使用要十分慎重，多次使用后会在土壤中累积，引起残留，污染水果、作物。

四、土壤有效锌

锌是植物正常生长发育的必需微量元素之一，锌是酶的活化剂，可影响植物的氮素代谢，参与生长素和碳水化合物的合成和转化。成土母质决定土壤锌的本底含量。土壤有效锌的含量与土壤全锌含量呈正相关，与土壤有效磷同向消长，与土壤碳酸钙含量呈负相关，与pH呈负相关。

（一）土壤有效锌的含量分级及面积

全县耕层土壤有效锌平均含量为1.28 mg/kg，属于2级水平，变幅为0.17～8.8 mg/kg。全县土壤有效锌含量共分为4级：1级（>3.0 mg/kg）水平的耕地有617.83 ha，占耕地总面积的0.94%；2级（1.0～3.0 mg/kg）耕地共有49 104.40 ha，占耕地总面积的74.71%；3级（0.5～1.0 mg/kg）水平耕地有15 991.30 ha，占耕地总面积的24.33%；4级（0.3～0.5 mg/kg）水平耕地有13.14 ha，占耕地总面积的0.02%。费县耕地耕层土壤有效锌含量分级及面积见表4-30。

表4-30　费县耕地耕层土壤有效锌含量分级及面积

单位：mg/kg，ha，%

级别	1	2	3	4
范围	>3.0	1.0～3.0	0.5～1.0	0.3～0.5
耕地面积	617.83	49 104.40	15 991.30	13.14
占总耕地比例	0.94	74.71	24.33	0.02

（二）不同利用类型土壤有效锌的含量

按大田、果园、大棚蔬菜和露天菜地对全县土壤有效锌进行分类统计分析：大田土壤有效锌平均含量为1.24 mg/kg，属于2级水平，含量变幅为0.28～8.16 mg/kg；果园土壤有效锌平均含量为1.33 mg/kg，属于2级水平，含量变幅为0.32～8.80 mg/kg；大棚蔬菜土壤有效锌平均含量为1.21 mg/kg，属于2级水平，含量变幅为0.18～6.88 mg/kg；露天菜地土壤有效锌平均含量为1.17 mg/kg，属于2级水平，含量变幅为0.17～6.36 mg/kg。通过对比可以看出，果园有效锌平均含量最高，其原因是，为了提高果品的品质和产量，增加果树的抗病性，果农比较注重微肥的使用，从而提高了土壤有效锌的含量。费县不同利用类型耕层土壤有效锌的含量见表4－31。

表4－31　费县不同利用类型耕层土壤有效锌的含量

单位：mg/kg，个

利用类型	全县	大田	果园	蔬菜地		
				大棚蔬菜	露天菜地	平均值
平均值	1.28	1.24	1.33	1.21	1.17	1.19
最大值	8.80	8.16	8.80	6.88	6.36	—
最小值	0.17	0.28	0.32	0.18	0.17	—
标准差	0.18	0.11	0.46	0.26	0.09	—
变异系数	14.06	8.87	34.58	21.48	7.69	—
样本点数	1 535	1 333	60	82	60	142

（三）作物缺锌常见症状及调控措施

作物缺锌时，往往表现为植株矮小，节间短簇，叶片扩展和伸长受到抑制，出现小叶，叶片失绿黄化，并可能发展成红褐色。一般症状最先表现在新生组织上，如新叶失绿呈灰绿或黄白色，生长发育推迟，果实小，根系生长差。一般同一树上的向阳部位较荫蔽部位发病要重。水稻“倒缩稻”、玉米“白化苗”、柑橘“绿肋黄化病”是典型缺锌症状。主要防止措施为：

1. 由于一般作物在生育前期就会出现缺锌症状，锌肥的施用以作基肥为主。用硫酸锌作基肥时，通常用量为每亩1～2 kg。

2. 叶面喷施时用0.15%～0.3%的硫酸锌溶液进行喷施，效果较好。

3. 种肥。以硫酸锌作种肥，每亩用量 1 kg。为了施肥方便，可与生理酸性肥料混匀后施用，但不能与磷肥混施。锌肥应施在种子下面或旁边，表施效果很差。土壤施锌可保持数年有效，不必连年施用。

五、土壤有效钼

钼是植物体中不可缺少的微量元素之一。特别是钼在植物生理中参与固氮、氮的转化和磷的代谢，因此，土壤中钼含量的多少对作物有明显的影响。土壤有效钼含量与全钼含量呈正相关，也与土壤有机质含量、土壤有效铁含量、土壤碳酸钙含量及土壤 pH 值呈正相关。通过测定土壤钼的含量，可有效指导农民合理使用钼肥，提高肥料利用率，增加作物产量，改善作物品质。

（一）耕层土壤有效钼的含量分级及面积

本次共测土壤有效钼 526 个，全县土壤有效钼含量平均值为 0.17 mg/kg，属于 3 级水平，变化范围为 0.01～1.53 mg/kg。参考有关资料并结合我县土壤有效钼的含量，将全县土壤有效钼共分为 5 级：1 级（＞0.3 mg/kg）耕地有4 489.13 ha，占耕地总面积的 6.83%；2 级（0.2～0.3 mg/kg）耕地有 12 297.36 ha，占耕地总面积的 18.71%；3 级（0.15～0.2 mg/kg）耕地有 13 211.07 ha，占耕地总面积的 20.10%；4 级（0.1～0.15 mg/kg）耕地有 21 919.84 ha，占耕地总面积的 33.35%；5 级（＜0.1 mg/kg）耕地有 13 809.17 ha，占耕地总面积的 21.01%。通过分析，全县土壤钼含量整体较低，缺钼的地块达 50%以上，因此我县大部分耕地急需补充钼肥。费县耕地耕层土壤有效钼含量分级及面积见表 4 - 32。

表 4 - 32　费县耕地耕层土壤有效钼含量分级及面积

单位：mg/kg，ha，%

级别	1	2	3	4	5
范围	＞0.30	0.2～0.3	0.15～0.2	0.1～0.15	＜0.1
耕地面积	4 489.13	12 297.36	13 211.07	21 919.84	13 809.17
占总耕地比例	6.83	18.71	20.10	33.35	21.01

（二）不同利用类型耕地土壤有效钼的含量

对不同利用类型耕层土壤有效钼含量分析看出，果园地的有效钼的平均含量最高，平均值为0.20 mg/kg，属于2级水平，变幅为0.03～1.53 mg/kg；其次为大田，有效钼平均含量为0.17 mg/kg，属于3级水平，变幅为0.04～1.03 mg/kg；大棚蔬菜和露天菜地有效钼含量都不高，平均值分别为0.18 mg/kg、0.15 mg/kg，变幅为0.01～1.00 mg/kg。费县不同利用类型耕地土壤有效钼含量见表4-33。

表4-33 费县不同利用类型耕层土壤有效钼的含量

单位：mg/kg，个

利用类型	全县	大田	果园	蔬菜地		
				大棚蔬菜	露天菜地	平均值
平均值	0.17	0.17	0.20	0.18	0.15	0.16
最大值	1.53	1.03	1.53	1.00	0.73	—
最小值	0.01	0.04	0.03	0.02	0.01	—
标准差	0.023	0.019	0.031	0.042	0.027	—
变异系数	13.52	11.17	15.50	23.33	18.00	—
样本点数	526	324	60	82	60	142

（三）作物缺钼常见症状及调控措施

土壤缺钼造成作物缺钼表现有两种：一种是叶片脉间失绿，甚至变黄，易出现斑点，新叶出现症状较迟。另一种是叶片瘦长畸形、叶片变厚，甚至焦枯，一般表现出叶片呈黄色或橙色大小不一的斑点，叶缘向上卷曲，呈杯状，叶内脱落残缺或发育不全。另外像十字花科植物缺钼时叶片卷曲畸形，老叶变厚且枯焦，而禾谷类作物缺钼则籽粒皱缩或不能形成籽粒。目前常用的钼肥有：钼酸铵［$(NH_4)_6Mo_7O_{24}\cdot 4H_2O$］，含钼54.3%；钼酸钠（$Na_2MoO_4\cdot 2H_2O$），含钼35.5%，两者均易溶于水。此外，三氧化钼（MoO_3）、含钼的工业废渣，也可作钼肥使用，但应用较广泛的是钼酸铵。常用方法有：

（1）用于种子处理。拌种时每千克种子用钼酸钠 1～3 克；浸种时可用 0.05%～0.1%的钼酸铵溶液浸种 12 小时。

（2）可用于作物的根外追肥。一般常用 0.01%～0.1%的钼酸铵溶液，对作物进行喷施。从苗期到开始现蕾的这段时间内，可喷施钼肥 1～2 次。

钼肥还可加到常量元素肥料中混用，但注意不能与酸性化肥混合使用，否则会导致溶解度下降。经钼肥处理过的种子，人畜不能食用，否则会引起钼中毒。

六、土壤有效硼

植物吸收的硼主要来自土壤中，土壤含硼量高低与成土母质、土壤类型及气候条件等有密切关系。土壤中的硼可简单地分为全量硼和有效硼两种。土壤全量硼是指土壤中所存在硼的综合，包括植物可吸收利用的硼和不可利用的硼两部分；土壤有效硼是指植物可直接从土壤中吸收利用的硼，因此土壤硼的含量状况直接取决于有效硼的多少。测定土壤有效硼，对指导合理使用硼肥至关重要。

（一）土壤有效硼含量分级及面积分布

综合分析我县土壤有效硼的化验结果看出，全县土壤有效硼平均含量不高，其中有近 72%的耕地比较缺硼，有 28%的耕地严重缺硼。参考有关资料，将我县土壤有效硼含量大体分为 5 级：1 级（>2.00 mg/kg）水平耕地没有；2 级（1.00～2.00 mg/kg）水平耕地有 164.32 ha，占全县耕地总面积的 0.25%；3 级（0.50～1.00 mg/kg）水平耕地有 15 485.2 ha，占耕地总面积的 23.56%；4 级（0.2～0.50 mg/kg）水平耕地有46 245.28 ha，占耕地总面积的 70.36%；5 级（<0.2 mg/kg）水平耕地有 3 831.87 ha，占耕地总面积的 5.83%。费县耕地耕层土壤有效硼的具体分级及面积分布见表 4－34。

表 4－34　费县耕地耕层土壤有效硼含量分级及面积分布

单位：mg/kg，ha，%

级别	1	2	3	4	5
范围	＞2.00	1.00～2.00	0.50～1.00	0.2～0.50	＜0.2
耕地面积	0	164.32	15 485.2	46 245.28	3 831.87
占总耕地比例	0	0.25	23.56	70.36	5.83

（二）不同利用类型耕地耕层土壤有效硼的含量

不同利用类型土壤有效硼的含量差别较大，但总体上是果园有效硼含量最高，其次是大田，含量较低的为蔬菜地，尤其露天菜地有效硼含量更低。原因是，果农为提高果树的坐果率比较注意硼肥的使用；在大田中，由于我县花生面积较大，且农民种花生有使用硼肥的习惯，故土壤有效硼含量也较高；而蔬菜上，农民很少使用微肥，因此其有效硼含量不高。其中大田有效硼平均值为 0.39 mg/kg，属于 4 级水平，变幅为 0.03～1.64 mg/kg；果园土壤有效硼平均值为 0.46 mg/kg，属于 4 级水平，变幅为 0.08～1.93 mg/kg；大棚蔬菜土壤有效硼平均值为 0.38 mg/kg，属于 4 级水平，变幅为 0.02～1.65 mg/kg；露天菜地土壤有效硼平均值为 0.33 mg/kg，属于 4 级水平，变幅为 0.01～1.48 mg/kg。费县不同利用类型耕层土壤有效硼的含量见表 4－35。

表 4－35　费县不同利用类型耕层土壤有效硼的含量

单位：mg/kg，个

利用类型	全县	大田	果园	蔬菜地		
				大棚蔬菜	露天菜地	平均值
平均值	0.41	0.39	0.46	0.38	0.33	0.36
最大值	1.93	1.64	1.93	1.65	1.48	—
最小值	0.01	0.03	0.08	0.02	0.01	—
标准差	0.17	0.13	0.21	0.18	0.19	—
变异系数	41.46	33.33	45.65	44.73	57.57	—
样本点数	1 337	1 135	60	82	60	142

（三）作物缺硼常见症状及调控措施

作物缺硼时，首先表现出顶端生长不正常或停止生长，幼苗畸形、皱缩，叶脉间不规则地退绿，下部老叶加厚变成深蓝绿色，叶和茎变脆。随着缺硼的进一步发展，顶端生长点死亡，整个植株矮小，同时开花和果实形成受到阻碍或抑制。常用调控措施有：

1. 推行秸秆还田是解决土壤有效硼缺乏的一条途径。秸秆中含有可利用的硼，还田后这些资源被再利用。同时秸秆还田还能提高土壤中的有机质，保证土壤中养分的供求平衡，促进植株对硼的吸收利用。

2. 作底肥。每亩用硼砂 0.5～1 kg，与细干土、磷肥或氮肥混匀，在作物播种或移栽时施入穴内。作底肥时，一定要施用均匀，避免局部地方硼的浓度过高引起作物中毒。

3. 浸种或拌种。用浓度为 0.02%～0.05%的硼砂或硼酸溶液，按每0.5 kg种子用量为 0.2～0.5 克，最多不能超过 1 克使用。种子拌完时，溶液全部被吸净为好，阴干后播种即可。

4. 叶面喷洒。每亩用硼砂 50～100 g 或硼酸 50～70 g，兑水溶化后再加清水 50 kg（喷洒浓度在 0.1%～0.2%之间），在晴天下午 4 时后，进行叶面喷施，效果较好。

第五节　土壤主要物理性状

土壤是农业生产基地，也是最基本的农业生产资料。土壤物理性状是重要的肥力因素，它调节、制约土壤中水、肥、气、热状况，能反映农业生产的综合性能。主要包括：土壤质地、土体构型、土壤容重和孔隙度等。本次耕地地力评价共计测定有代表性的土样 123 个，分别检测了土壤质地、土壤容重、土壤孔隙度、土体构型等项目，基本掌握了全县耕地物理性状的最新状况，为今后合理改良土壤提供了科学依据。

一、土壤质地

土壤质地是反映土壤物理性状的综合指标，是影响土壤肥力高低、耕性好坏、生产性能优劣的基本因素之一。由于费县平原、丘陵、山地相间，地形较为复杂，同时受成土母质的影响，土壤耕层质地粗细、沙黏不一。全县土壤质地大体可分为三种：

1. 砂土。主要包括石皮土、石碴子土和粗砂土三种。此种质地土壤砂粒较多，黏粒较少，养分含量一般较低，保肥蓄水能力差，不利于作物生长。

2. 壤质土。它包括砂壤土、轻壤土。此种土沙黏适中，土壤养分含量一般较高，保肥蓄水能力强，旱能浇，涝能排，水、气、热较协调，适合于各种作物生长和丰产。

3. 黏质土。它包括中壤土、重壤土和轻黏土。此种土质地黏重，通透性差，适耕期短，速效钾含量较高，速效磷含量较低，虽然保肥保水能力强，但养分矿化速度慢，供肥能力差，不利于作物丰产。

二、土壤容重

土壤容重是土壤在自然条件下，单位体积的干土重量，其单位为 g/cm^3。反映土壤紧实度，是衡量土壤肥力水平的重要指标。土壤容重受质地结构、松紧度和土壤有机质含量等影响而发生变化。土壤容重和土壤孔隙度成反比。本次耕地地力评价共计分析土壤容重123个，耕层土壤容重一般在1.23～1.51 g/cm^3。通过表4-36可以看出，费县土壤容重多数偏高，说明费县土壤质地较粗、黏紧、熟化程度差。为了改善土壤容重、利于作物生长，提倡秸秆还田和注重有机肥的使用。不同土属耕层及犁底层容重见表4-36。

三、土壤孔隙度

土壤孔隙度是土壤的主要物理性质之一，是土壤水分和空气运动的场所，对土壤肥力有多方面的影响。孔隙度良好的土壤，能够同时满足作物对水分和空气的要求，有利于养分状况调节和植物根系伸展。适于作物生长的土壤耕层总孔隙度为50％～60％，通水孔隙在10％以上。费县土壤孔隙度一般在43％～50％之间，土壤孔隙度较低，通透性较差，致使土壤水、气、热不协调，作物生长发育不良，因此，应注重有机肥及土杂肥的使用，提高土壤有机质的含量，改善土壤孔隙度。不同土属土壤孔隙度见表4－36。

表4－36　不同土属容重和孔隙度

土属	耕层容重 (g/cm^3)	亚耕层容重 (g/cm^3)	耕层总孔隙度 (%)	犁地层总孔隙度 (%)
Fa1	1.51	1.65	44	38
Fa4	1.42	1.58	46	40
Ac1	1.23	1.42	53	46
Af3	1.47	1.58	44	40
Ae3	1.42	1.74	46	34
Ae4	1.47	1.58	44	40
Ba3	1.24	1.32	53	50
Bc1	1.27	1.44	52	46
Bd3	1.30	1.56	51	42
Bf3	1.29	1.38	51	48
Cb4	1.37	1.43	48	45
Ga1	1.40	1.48	47	43

四、土体构型

土体构型是指土壤上下排列组合情况，它直接对土壤中的水、肥、气、热等因素进行影响和制约，因此良好的土体构型是土壤肥力的基础。由于受成土母质、成土因素、耕作习惯及种植制度等因素影响，土体构型也呈现出多样性。费县地形复杂，土壤剖面形态也多种多样，主要有以下几种主要类型：

（1）全剖面为砂黏适中的壤均质类型。主要分布在沿河两岸的河潮土和地势低洼的潮棕壤、潮褐土等类土壤上。

（2）全剖面为上松下紧型。主要分布在刘庄、方城、探沂、新庄等镇的淋溶褐土、冲积湿潮土、潮土和潮棕壤上。

（3）全剖面为砂质或黏均质型。这种土体构型上下均为质地较粗的砂土，宜耕作，土层深厚，但保肥蓄水性差，是一种低产土壤，主要分布于我县的城北乡、新桥、上冶、方城、胡阳等镇。

（4）全剖面土体内存在有各种障碍层次的土体构型。这些构型存在漏肥、漏水或通透性不良的现象，对作物生长发育影响较大。该构型土壤全县各地都有分布。

（5）粗骨土和石质土类。该种类型的土壤，土层较薄，主要分布于我县的南北部的丘陵山丘的中上部，土壤通透性差、坡度大、水土流失严重，土壤养分含量较低，常年种植作物为花生、地瓜、烟草等。

第五章

耕地地力评价

耕地指种植农作物的土地，包括熟地，新开发、复垦、整理地，休闲地（含轮歇地、轮作地）；以种植农作物（含蔬菜）为主，间有零星果树、桑树或其他树木的土地；平均每年能保证收获一季的已垦滩地和海涂等。耕地是土地的精华，是农业生产中不可替代的生产资料，是保持社会和国民经济可持续发展的重要资源。耕地又分出灌溉水田、水浇地、旱地 3 个二级地类。耕地保护是关系中国经济和社会可持续发展的全局性战略问题。“十分珍惜和合理利用土地，切实保护耕地”是必须长期坚持的一项基本国策。1998 年，耕地保护写进了《刑法》，增设了“破坏耕地罪”、“非法批地罪”和“非法转让土地罪”。因此，及时掌握耕地资源的数量、质量及变化，对于合理规划和利用耕地，切实保护耕地有十分重要的意义。本次耕地地力评价，是根据农业部和山东省农业厅的方案要求，结合我县实际，进行全面野外取样调查和室内精心分析化验的基础上，汇总大量耕地地力相关信息，对我县耕地进行综合评价。评价结果对于摸清我县耕地地力性状与问题，为耕地资源的高效和可持续利用提供了重要的科学依据。

第一节 评价的原则依据及流程

一、评价的原则依据

（一）评价的原则

耕地地力就是耕地的生产能力，是在一定区域内一定的土壤类型上，耕地的土壤理化性状、所处自然环境条件、农田基础设施及耕作施肥管理水平等因素的总和。根据评价的目的要求，在费县耕地地力评价中，我们遵循的基本原则是：

1. 综合因素研究与主导因素分析相结合的原则

土地是一个自然经济综合体，是人们利用的对象，对土地质量的鉴定涉及自然和社会经济多个方面，耕地地力也是各类要素的综合体现。所谓综合因素研究是指对地形地貌、土壤理化性状、相关社会经济因素之总体进行全面的研究、分析与评价，以全面了解耕地地力状况。主导因素是指对耕地地力起决定作用的、相对稳定的因子，在评价中要着重对其进行研究分析。因此，把综合因素与主导因素结合起来进行评价则可以对耕地地力做出科学准确的评定。

2. 共性评价与专题研究相结合的原则

费县耕地利用存在菜地、农田等多种类型，土壤理化性状、环境条件、管理水平等不一，因此耕地地力水平有较大的差异。考虑费县耕地地力的系统性、可比性，针对不同的耕地利用等状况，应选用统一的共同的评价指标和标准，即耕地地力的评价不针对某一特定的利用类型。另一方面，为了了解不同利用类型的耕地地力状况及其内部的差异情况，则对有代表性的主要类型如蔬菜地等进行专题的深入研究。这样，共性的评价与专题研究相结合，使整个的评价和研究具有更大的应用价值。

3. 定量和定性相结合的原则

土地系统是一个复杂的灰色系统，定量和定性要素共存，相互作用，相互影响。因此，为了保证评价结果的客观合理，宜采用定量和定性评价相结合的方法。在总体上，为了保证评价结果的客观合理，尽量采用定量评价方法，对可定量化的评价因子如有机质等养分含量、土层厚度等按其数值参与计算，对非数量化的定性因子如土壤表层质地、土体构型等则进行量化处理，确定其相应的指数，并建立评价数据库，以计算机进行运算和处理，尽量避免人为随意性因素的影响。在评价因素筛选、权重确定、评价标准、等级确定等评价过程中，尽量采用定量化的数学模型，在此基础上则充分运用人工智能和专家知识，对评价的中间过程和评价结果进行必要的定性调整。定量与定性相结合，从而保证了评价结果的准确合理。

4. 采用卫星遥感和GIS支持的自动化评价方法的原则

自动化、定量化的土地评价技术方法是当前土地评价的重要方向之一。近年来，随着计算机技术，特别是GIS技术在土地评价中的不断应用和发展，基于GIS技术进行自动定量化评价的方法已不断成熟，使土地评价的精度和效率大大提高。本次的耕地地力评价工作将采用最新SPOT5卫星遥感数据提取和更新耕地资源现状信息，通过数据库建立、评价模型及其与GIS空间叠加等分析模型的结合，实现了全数字化、自动化的评价流程，在一定程度上代表了当前土地评价的最新技术方法。

（二）评价的依据

耕地地力是耕地本身的生产能力，因此耕地地力的评价则依据与此相关的各类自然和社会经济要素，具体包括三个方面：

1. 耕地地力的自然环境要素

包括耕地所处的地形地貌条件、水文地质条件、成土母质条件以及土地利用状况等。

2. 耕地地力的土壤理化要素

包括土壤剖面与土体构型、耕层厚度、质地、容重等物理性状，有机质、N、P、K等主要养分，微量元素、pH值、交换量等化学性状等。

3. 耕地地力的农田基础设施条件

包括耕地的灌排条件、水土保持工程建设、培肥管理条件等。

二、评价流程

整个评价可分为三个方面的主要内容，按先后的次序分别为：

1. 资料工具准备及数据库建立。即根据评价的目的、任务、范围、方法，收集准备与评价有关的各类自然及社会经济资料，进行资料的分析处理。选择适宜的计算机硬件和 GIS 等分析软件，建立耕地地力评价基础数据库。

2. 耕地地力评价。划分评价单元，提取影响地力的关键因素并确定权重，选择相应评价方法，制订评价标准，确定耕地地力等级。

3. 评价结果分析。依据评价结果，量算各等级耕地面积，编制耕地地力分布图。分析耕地地力问题，提出耕地资源可持续利用的措施建议。评价的工作流程如图 5－1 所示。

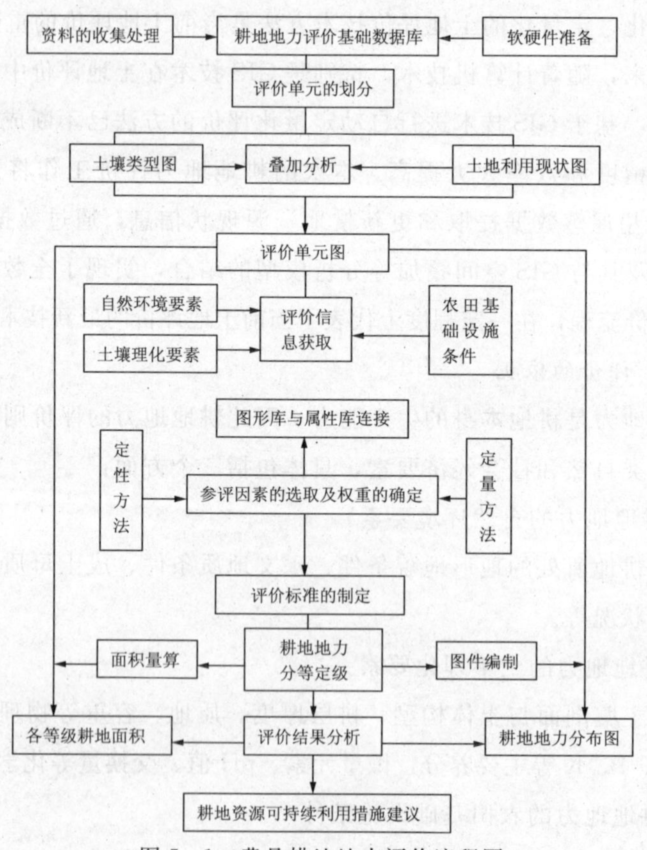

图 5－1 费县耕地地力评价流程图

第二节 软硬件准备、资料收集处理及基础数据库的建立

一、软硬件准备

(一) 硬件准备

主要包括高档微机、A0 幅面数字化仪、A0 幅面扫描仪、喷墨绘图仪等。微机主要用于数据和图件的处理分析，数字化仪、扫描仪用于图件的输入，喷墨绘图仪用于成果图的输出。

(二) 软件准备

一是 WINDOWS 操作系统软件，其次是 FOXPRO 数据库管理、SPSS 数据统计分析、ACCESS 数据管理系统等应用软件，再次是 MAPGIS、ARCVIEW、ARCMAP 等 GIS 软件。

二、资料收集处理

(一) 资料的收集

耕地地力评价是以耕地的各性状要素为基础，因此必须广泛地收集与评价有关的各类自然和社会经济因素资料，为评价工作做好数据的准备。本次耕地地力评价我们收集获取的资料主要包括以下几个方面：

1. 野外调查资料

按野外调查点获取，主要包括地形地貌、土壤母质、水文、土层厚度、表层质地、耕地利用现状、灌排条件、作物长势产量、管理措施水平等。

2. 室内化验分析资料

包括有机质、全氮、速效氮、全磷、速效磷、速效钾等大量养分含量，交换性钙、镁等中量养分含量，有效锌、硼、钼等微量养分含量，以及 pH 值、土壤污染元素含量等。

3. 社会经济统计资料

以行政区划为基本单位的人口、土地面积、作物及蔬菜瓜果种植面积，以及各类投入产出等社会经济指标数据。

4. 基础及专题图件资料

1∶5万比例尺地形图、行政区划图、土地利用现状图、地貌图、土壤图等。

（二）资料的处理

获取的评价资料可以分为定量和定性资料两大部分，为了采用定量化的评价方法和自动化的评价手段，减少人为因素的影响，需要对其中的定性因素进行定量化处理，根据因素的级别状况赋予其相应的分值或数值。除此，对于各类养分等按调查点获取的数据，则需要进行插值处理，生成各类养分图。

1. 定性因素的量化处理

土壤表层质地：考虑不同质地类型的土壤肥力特征，以及与植物生长发育的关系，赋予不同质地类别以相应的分值。见表5-1。

表5-1 土壤表层质地的量化处理

质地类别	中壤	轻壤	重壤	砂壤	砂土
分值	100	95	80	70	55

土体构型：首先以土层质地类别和其在土体中的部位对各类土体构型进行归纳，根据不同的土体构型对植物生长发育的影响，赋予不同土体构型以相应的分值。见表5-2。

表5-2 土体构型的量化处理

土体构型	中壤均质	中壤黏腰	轻壤黏腰	轻壤均质	中壤黏心	中壤砂姜腰	中壤砂腰	重壤均质	轻壤砂心	砂壤砂心	中层	薄层
分值	100	95	95	90	85	85	80	60	60	50	30	10

地貌类型：根据不同的地貌类型对耕地地力及作物生长的影响，赋予其相应的分值，见表5－3。

表5－3 地貌类型的量化处理

地貌类型	缓平坡地	山前倾斜平地	山前缓平地	缓岗	浅平洼地	槽状洼地	河谷高地	河漫滩	河谷梯田	近山阶地	坡麓梯田
分值	100	97	95	93	90	87	84	80	60	40	20

障碍状况：考虑影响费县耕地地力的主要障碍状况，将其障碍状况归纳为不同的类型，并根据其对耕地地力的影响程度进行量化处理，见表5－4。

表5－4 障碍状况的量化处理

障碍状况	无障碍	浅黏	夹砂或砂姜	砾质	石渣土
分值	100	90	80	60	40

2．各类养分专题图层的生成

对于土壤有机质、氮、磷、钾、锌、硼、钼等养分数据，我们首先按照野外实际调查点进行整理，建立了以各养分为字段，以调查点为记录的数据库。之后，进行了土壤采样样点图与分析数据库的连接，在此基础上对各养分数据进行自动的插值处理。

我们对比了分别在 MapGIS 和 ArcView 环境中的插值结果，发现 ArcView 环境中的插值结果线条更为自然圆滑，符合实际。因此，本研究中所有养分采样点数据均在 ArcView 环境下操作，利用其空间分析模块功能对各养分数据进行自动的插值处理，经编辑处理，自动生成各土壤养分专题栅格图层。后续的耕地地力评价也以栅格形式进行，与矢量形式相比，能够将各评价要素信息精确到栅格（像元）水平，保证了评价结果的准确。图为在 ArcView 下插值生成的费县土壤有机质、全氮含量分布栅格图，如图5－2、图5－3所示。

图 5 - 2　费县土壤有机质含量栅格图

图 5 - 3　费县土壤全氮含量栅格图

3. 费县数字高程模型和坡度图的生成

利用费县 1∶5 万地形图，扫描输入后进行矢量化，获得等高线及高程信息，自动插值生成费县数字高程模型（DEM），在此基础上生成费县地形坡度，经编辑处理后形成坡度图和三维地势图，见图 5－4。

图 5－4　费县三维地势图

三、基础数据库的建立

（一）基础属性数据库建立

结合耕地资源管理信息系统的建立，采用可视化数据管理系统 ACCESS。为了调查分析数据整理、存储和后续应用的方便，我们研制建立了耕地地力调查与质量评价数据录入管理系统。该系统由 4 个数据录入模块组成，分别是：采样点基本情况调查信息录入、采样点农业生产情况调查信息录入、土壤理化性状化验分析数据录入、土壤污染元素化验分析数据信息录入模块。各模块以调查点为基本数据库记录进行原始数据录入，在此基础上进行汇总整理工作，作为后续耕地地力评价工作的基础。

（二）基础专题图图形库建立

将扫描矢量化及插值等处理生成的各类专题图件，在 ARCVIEW 和 MAPGIS 软件的支持下，分别以栅格形式和点、线、区文件的形式进行存储和管理，同时将所有图件统一转换到相同的地理坐标系统下，以进行图件的叠加等空间操作，各专题图图斑属性信息通过键盘交互式输入或通过与属性库挂接读取，构成基本专题图图形数据库。图形库与基础属性库之间通过调查点相互连接。

第三节　评价单元的划分及评价信息的提取

一、评价单元的划分

评价单元是由对土地质量具有关键影响的各土地要素组成的空间实体，是土地评价的最基本单位、对象和基础图斑。同一评价单元内的土地自然基本条件、土地的个体属性和经济属性基本一致，不同土地评价单元之间，既有差异性，又有可比性。耕地地力评价就是要通过对每个评价单元的评价，确定其地力级别，把评价结果落实到实地和编绘的土地资源图上。因此，土地评价单元划分的合理与否，直接关系到土地评价的结果以及工作量的大小。

目前，对土地评价单元的划分尚无统一的方法，有以土壤类型、以土地利用类型、以行政区划单位、以方里网等多种方法。本次费县耕地地力评价土地评价单元的划分采用土壤图、土地利用现状图的叠置划分法，相同土壤单元及土地利用现状类型的地块组成一个评价单元，即“土地利用现状类型－土壤类型”的格式。其中，土壤类型划分到土种，土地利用现状类型划分到二级利用类型，制图区界以基于遥感影像的费县最新土地利用现状图为准。为了保证土地利用现状的现势性，基于野外的实地调查对耕地利用现状进行了修正，其中菜地进行了进一步的细分，到三级类型。同一评价单元内的土壤类型相同，利用方式相同，交通、水利、经营管理方式等基本一致，用这种方法划分评价单元既可以反映单元之间的空间差异性，即使土地利用类型有了土壤基本性质的均一性，又使土壤类型有了确定的地域边界线，使评价结果更具综合性、客观性，可以较容易地将评价结果落实到实地。

通过图件的叠置和检索，将费县耕地地力划分为 8927 个评价单元。

二、评价信息的提取

影响耕地地力的因子非常多，并且它们在计算机中的存贮方式也不相同，因此如何准确地获取各评价单元评价信息是评价中的重要一环，鉴于此，我们舍弃直接从键盘输入参评因子值的传统方式，采取将评价单元与各专题图件叠加采集各参评因素的信息。具体的做法是：a. 按唯一标识原则为评价单元编号；b. 在 ARCVIEW 环境下生成评价信息空间库和属性数据库；c. 在 ARCMAP 环境下从图形库中调出各化学性状评价因子的专题图，与评价单元图进行叠加计算出各因子的均值；d. 保持评价单元几何形状不变，在耕地资源管理信息系统中直接对叠加后形成的图形的属性库进行“属性提取”操作，以评价单元为基本统计单位，按面积加权平均汇总评价单元立地条件评价因子的分值。

由此，得到图形与属性相连的，以评价单元为基本单位的评价信息，为后续耕地地力的评价奠定了基础。

第四节　参评因素的选取及其权重确定

正确地进行参评因素的选取并确定其权重，是科学地评价耕地地力的前提，直接关系到评价结果的正确性、科学性和社会可接受性。

一、参评因素的选取

参评因素是指参与评定耕地地力等级的耕地的诸属性。影响耕地地力的因素很多，在本次费县耕地地力评价中根据费县的区域特点遵循主导因素原则、差异性原则、稳定性原则、敏感性原则，采用定量和定性方法结合，进行了参评因素的选取。

（一）系统聚类方法

系统聚类方法用于筛选影响耕地地力的理化性质等定量指标，通过聚类将类似的指标进行归并，辅助选取相对独立的主导因子。我们利用SPSS统计软件进行了土壤养分等化学性状的系统聚类，结果如下：

从图5－5中可以看出氯离子、全盐、硝态氮、全氮、交换性钙、有效硅、交换性镁、有效硼、有效钼、有效铁、有效锰、有效锌、有效铜、有效硫聚为一组，有效磷、速效钾、碱解氮、缓效钾聚为一组，有机质为一组，pH值为一组。

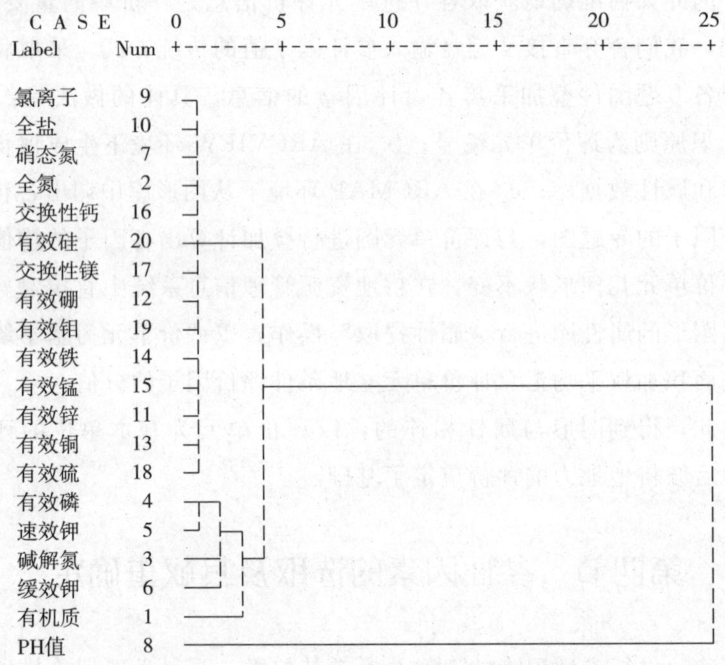

图5－5 土壤养分等化学性状的聚类分析

（二）DELPHI法

用DELPHI法进行了影响耕地地力的立地条件、物理性状等定性指标的筛选。我们确定了由土壤农业化学学者、专家及费县土肥站业务人员组成的专家组，首先对指标进行分类，在此基础上进行指标的选取，并讨论确定最终的选择方案。

综合以上两种方法，在定量因素中根据各因素对耕地地力影响的稳定性，以及营养元素的全面性，在聚类分析第一组中选取有效锌、有效硼为参评因素，第二组中选取有效磷、速效钾为参评因素，第三组选取有机质为参评因素。结合专家组选择结果，最后确定灌溉保证率、坡度、地形地貌、耕层质地、剖面构型、障碍层状况、土层厚度、有机质、大量元素（速效钾、有效磷）、微量元素（有效锌、有效硼）等12项因素作为耕地地力评价的参评指标。

二、权重的确定

在耕地地力评价中，需要根据各参评因素对耕地地力的贡献确定权重。确定权重的方法很多，本评价中采用层次分析法（AHP）来确定各参评因素的权重。

层次分析法（AHP）是在定性方法基础上发展起来的定量确定参评因素权重的一种系统分析方法，这种方法可将人们的经验思维数量化，用以检验决策者判断的一致性，有利于实现定量化评价。AHP法确定参评因素的步骤如下：

（一）建立层次结构

耕地地力为目标层（*G*层），影响耕地地力的立地条件、物理性状、化学性状为准则层（*C*层），再把影响准则层中各元素的项目作为指标层（*A*层），其结构关系，如图5-6所示。

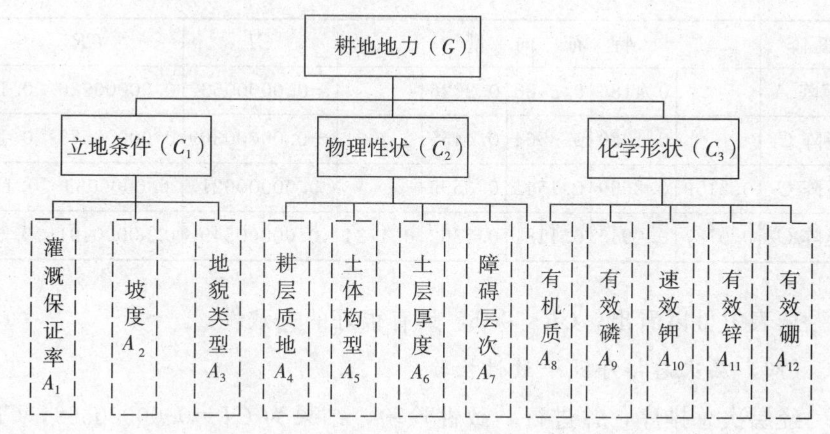

图5-6 耕地地力影响因素层次结构

（二）构造判断矩阵

根据专家经验，确定 C 层对 G 层以及 A 层对 C 层的相对重要程度，共构成 A、C_1、C_2、C_3 共 4 个判断矩阵。例如，耕层质地、土体构型、有效土层厚度、障碍层次状况对耕地物理性状的判断矩阵表示为：

$$C_2=\begin{bmatrix} a_{11} & a_{12} & a_{13} & a_{14} \\ a_{21} & a_{22} & a_{23} & a_{24} \\ a_{31} & a_{32} & a_{33} & a_{34} \\ a_{41} & a_{42} & a_{43} & a_{44} \end{bmatrix}=\begin{bmatrix} 1 & 1.25 & 0.7143 & 1.6667 \\ 0.8 & 1 & 0.5714 & 1.3333 \\ 1.4 & 1.75 & 1 & 2.3333 \\ 0.6 & 0.75 & 0.4286 & 1 \end{bmatrix}$$

其中，a_{ij}（i 为矩阵的行号，j 为矩阵的列号）表示对 C_2 而言，a_i 对 a_j 的相对重要性的数值。

（三）层次单排序及一致性检验

即求取 A 层对 C 层的权数值，可归结为计算判断矩阵的最大特征根对应的特征向量。利用 SPSS 等统计软件，得到的各权数值及一致性检验的结果，见表 5－5。

表 5－5　权数值及一致性检验结果

矩阵	特征向量					CI	CR
矩阵 A		0.4186	0.3488	0.2326		－0.00000537	0.00000926<0.1
矩阵 C_1		0.1980	0.3564	0.4455		－0.00000369	0.00000575<0.1
矩阵 C_2	0.2159	0.2699	0.1542	0.3599		0.00000621	0.0000069<0.1
矩阵 C_3	0.0787	0.0945	0.1181	0.2362	0.4724	0.00000549	0.00000491<0.1

从表中可以看出，$CR<0.1$，具有很好的一致性。

（四）层次总排序及一致性检验

经层次总排序，并进行一致性检验，结果为 $CI=0.00000369$，$CR=0.00000402$，具有满意的一致性，最后计算 A 层对 G 层的组合权数值，得到各因子的权重，最终结果，见表 5－6。

表 5-6　各因子的权重

灌溉保证率	0.2248	质地	0.0790	障碍层	0.0474	速效钾	0.0556
坡度	0.1252	土体构型	0.0632	有机质	0.0834	有效锌	0.0278
地形地貌	0.0996	土层厚度	0.1106	有效磷	0.0694	有效硼	0.0139

第五节　耕地地力等级的确定

土地是一个灰色系统，系统内部各要素之间与耕地的生产能力之间关系十分复杂，此外，评价中也存在着许多不严格、模糊性的概念，因此我们在评价中引入了模糊数学方法，采用模糊评价方法来进行耕地地力等级的确定。

一、参评因素隶属函数的建立

用 DELPHI 法根据一组分布均匀的实测值评估出对应的一组隶属度，然后在计算机中绘制这两组数值的散点图，再根据散点图进行曲线模拟，寻求参评因素实际值与隶属度关系方程从而建立起隶属函数。各参评因素的分级及其相应的专家赋值和隶属度，如下表 5-7 所示。

表 5-7　参评因素的分级及其分值

坡度	0	0.2	0.5	1	3	5	7	10	15	25		
分值	98	100	98	95	90	80	60	30	10	1		
隶属度	0.98	1.00	0.98	0.95	0.90	0.80	0.60	0.30	0.10	0.01		
地形地貌	缓平坡地	山前倾斜平地	山前缓平地	缓岗	浅平洼地	槽状洼地	河谷高地	河漫滩	河谷梯田	近山阶地	坡麓梯田	
分值	100	97	95	93	90	87	84	80	60	40	20	
隶属度	1.00	0.97	0.95	0.93	0.90	0.87	0.84	0.80	0.60	0.40	0.20	
灌溉保证率	80	70	60	50	30	10	0					
分值	100	90	80	65	40	10	0					
隶属度	1.00	0.90	0.80	0.65	0.40	0.10	0					

（续表）

有机质	2.0	1.8	1.6	1.4	1.2	1.0	0.8	0.6				
分值	100	98	95	90	84	78	65	50				
隶属度	1.00	0.98	0.95	0.90	0.84	0.78	0.65	0.50				
有效磷	400	300	200	110	80	60	40	30	20	15	10	5
分值	70	80	90	100	98	96	92	90	85	80	60	40
隶属度	0.70	0.80	0.90	1.00	0.98	0.96	0.92	0.90	0.85	0.80	0.60	0.40
速效钾	400	320	240	160	120	100	80	60				
分值	100	98	93	85	82	78	70	50				
隶属度	1.00	0.98	0.93	0.85	0.82	0.78	0.70	0.50				
有效锌	2.0	1.5	1.2	1.0	0.8	0.5	0.3					
分值	100	92	87	85	80	70	55					
隶属度	1.00	0.92	0.87	0.85	0.80	0.70	0.55					
有效硼	1.8	1.5	1.2	1.0	0.8	0.5	0.2					
分值	100	95	87	85	80	70	55					
隶属度	1.00	0.95	0.87	0.85	0.80	0.70	0.55					
耕层质地	中壤	轻壤	重壤	砂壤	砂土							
分值	100	95	80	70	55							
隶属度	1.00	0.95	0.80	0.70	0.55							
障碍层状况	其他	浅黏	夹砂砂姜	砾质	石渣土							
分值	100	90	80	60	40							
隶属度	1.00	0.90	0.80	0.60	0.40							
剖面构型	中壤均质	中壤黏腰	轻壤黏腰	轻壤均质	中壤黏心	中壤砂姜腰	中壤砂腰	重壤均质	轻壤砂心	砂壤砂心	中层	薄层
分值	100	95	95	90	85	85	80	60	60	50	30	10
隶属度	1.00	0.95	0.95	0.90	0.85	0.85	0.80	0.60	0.60	0.50	0.30	0.10
有效土层	150	130	110	90	70	50	30					
分值	100	95	88	70	55	35	10					
隶属度	1.00	0.95	0.88	0.70	0.55	0.35	0.10					

通过模拟共得到直线型、戒上型、戒下型四种类型的隶属函数，其中有效磷属于以上两种或两种以上的复合型隶属函数，地貌类型、质地等描述性的因素属于直线型隶属函数，然后根据隶属函数计算各参评因素的单因素评价评语。以有机质为例绘制的散点图和模拟曲线如图 5－7、5－8 所示：

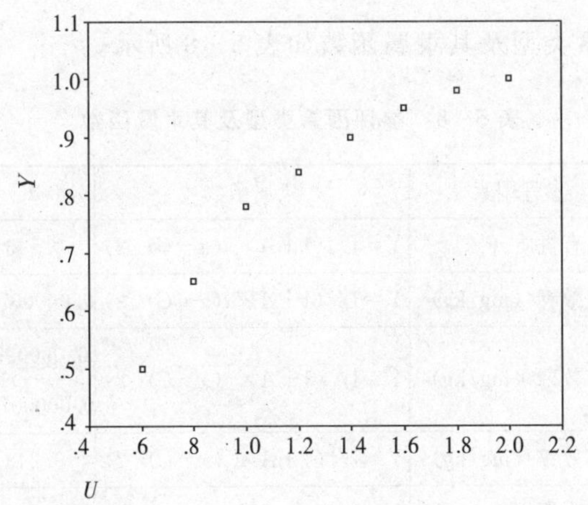

图 5－7　有机质与隶属度关系散点图

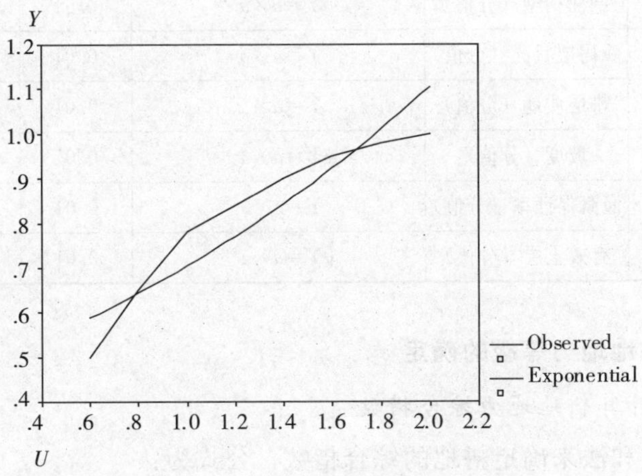

图 5－8　有机质与隶属度关系曲线

其隶属函数为戒上型，形式为：

$$y=\begin{cases}0, & x\leqslant xt\\ 1/\ (1+A*\ (x-C)\ **2) & xt<x<c\\ 1, & c\leqslant x\end{cases}$$

各参评因素类型及其隶属函数如表 5－8 所示。

表 5－8　参评因素类型及其隶属函数

函数类型	参评因素	隶属函数	a	c	Ut
戒上型	有机质（%）	$Y=1/(1+A\times(x-C)^2)$	0.543	1.822	0.35
戒上型	速效钾（mg/kg）	$Y=1/(1+A\times(x-C)^2)$	0.0000760	327.836	15
戒上型　<110	有效磷（mg/kg）	$Y=1/(1+A\times(x-C)^2)$	0.0000992	80.159	3
戒下型　>110			0.00000742	111.967	450
戒上型	有效锌（mg/kg）	$Y=1/(1+A\times(x-C)^2)$	0.245	1.924	0.1
戒上型	有效硼（mg/kg）	$Y=1/(1+A\times(x-C)^2)$	0.251	1.879	0.1
正直线型	地貌类型（分值）	$Y=a\times x$	0.01	100	0
正直线型	剖面构型（分值）	$Y=a\times x$	0.01	100	0
正直线型	障碍层状况（分值）	$Y=a\times x$	0.01	100	0
正直线型	耕层质地（分值）	$Y=a\times x$	0.01	100	0
正直线型	坡度（分值）	$Y=a\times x$	0.01	100	0
正直线型	灌溉保证率（分值）	$Y=a\times x$	0.01	100	0
正直线型	有效土层（分值）	$Y=a\times x$	0.01	100	0

二、耕地地力等级的确定

（一）计算耕地地力综合指数

用指数和法来确定耕地的综合指数，公式为：

$$\text{IFI}=\sum F_i\times C_i$$

式中：IFI（Integrated Fertility Index）代表耕地地力综合指数；F_i，第 i 个因素评语；C_i，第 i 个因素的组合权重。

具体操作过程：在县域耕地资源管理信息系统中，在“专题评价”模块中编辑立地条件、物理性状和化学性状的层次分析模型以及各评价因子的隶属函数模型，然后选择“耕地生产潜力评价”功能进行耕地地力综合指数的计算。

（二）确定最佳的耕地地力等级数目

计算耕地地力综合指数之后，在耕地资源管理系统中我们选择累积曲线分级法进行评价，根据曲线斜率的突变点（拐点）来确定等级的数目和划分综合指数的临界点，将费县耕地地力共划分为六级，各等级耕地地力综合指数见表 5-9，综合指数分布见图 5-9。

表 5-9　费县耕地地力等级综合指数

IFI	>0.84	0.73～0.84	0.65～0.73	0.55～0.65	0.45～0.55	<0.45
耕地地力等级	一等	二等	三等	四等	五等	六等

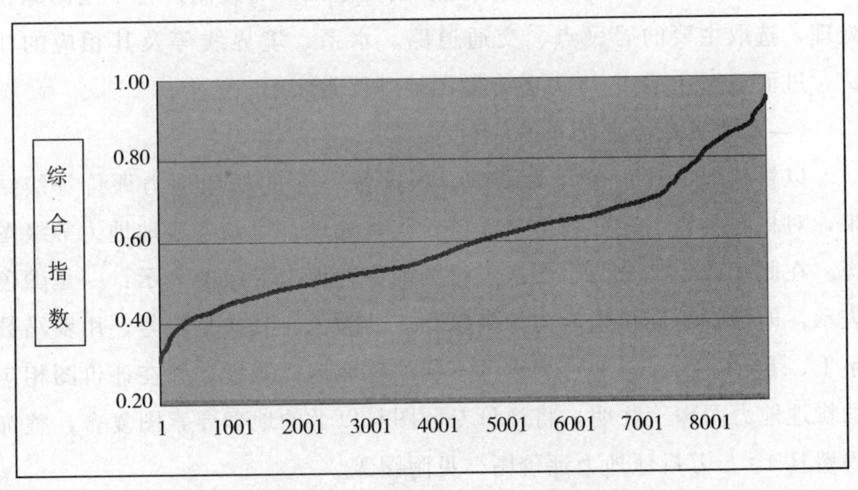

图 5-9　费县综合指数分布图

第六节 成果图编制及面积量算

一、图件的编制

为了提高制图的效率和准确性，在地理信息系统软件 MAPGIS 的支持下，进行费县耕地地力评价图及相关图件的自动编绘处理。其步骤大致分以下几步：扫描矢量化各基础图件→编辑点、线→点、线校正处理→统一坐标系→区编辑并对其赋属性→根据属性赋颜色→根据属性加注记→图幅整饰输出。另外还充分发挥 MAPGIS 强大的空间分析功能用评价图与其他图件进行叠加，从而生成其他专题图件。如评价图与行政区划图叠加，进而计算各行政区划单位内的耕地地力等级面积等。

（一）专题图地理要素底图的编制

专题地图的地理要素内容是专题图的重要组成部分，用于反映专题内容的地理分布，并作为图幅叠加处理等的分析依据。地理要素的选择应与专题内容相协调，考虑图面的负载量和清晰度，应选择基本的、主要的地理要素。

我们以费县最新的土地利用现状图为基础，对此图进行了制图综合处理，选取主要的居民点、交通道路、水系、境界线等及其相应的注记，进而编辑生成 1∶5 万各专题图地理要素底图。

（二）耕地地力评价图的编制

以耕地地力评价单元为基础，根据各单元的耕地地力评价等级结果，对相同等级的相邻评价单元进行归并处理，得到各耕地地力等级图斑。在此基础上，分两个层次进行图面耕地地力等级的表示：一是颜色表示，即赋予不同耕地地力等级以相应的颜色。其次是代号，用罗马数字Ⅰ、Ⅱ、Ⅲ、Ⅳ、Ⅴ、Ⅵ表示不同的耕地地力等级，并在评价图相应的耕地地力图斑上注明。将评价专题图与以上的地理要素图复合，整饰得费县 1∶5 万耕地地力评价图，见附图 1。

（三）其他专题图的编制

对于有机质、速效钾、有效磷、有效锌等其他专题要素地图，则按照各要素的分级分别赋予相应的颜色，标注相应的代号，生成专题图层。之后与地理要素图复合，编辑处埋生成专题图件，并进行图幅的整饰处理，最终专题图见附图 2～附图 17。

二、面积量算

面积的量算可通过与专题图相对应的属性库的操作直接完成。对耕地地力等级面积的量算，则可在 FOXPRO 数据库的支持下，对图件属性库进行操作，检索相同等级的面积，然后汇总得各类耕地地力等级的面积，根据费县图幅理论面积进行平差，得到准确的面积数值。对于不同行政区划单位内部、不同的耕地利用类型等的耕地地力等级面积的统计，则通过耕地地力评价图与相应的专题图进行叠加分析，由其相应属性库统计获得。

第六章 耕地地力分析

本次耕地地力分析，按照农业部耕地质量调查和评价的规程及相关标准，结合当地实际情况，选取了对耕地地力影响较大，区域内变异明显，在时间序列上具有相对稳定性，与农业生产有密切关系的 12 个因素，建立评价指标体系。以土壤图与土地利用现状图叠加形成评价单元，应用模糊综合评判方法，通过综合分析，将全区耕地共划分为 6 个等级，根据评价结果进行耕地地力的系统分析。

第一节 耕地地力等级及空间分布

一、耕地地力等级面积

利用 MAPGIS 软件，对评价图属性库进行操作，检索统计耕地各等级的面积和图幅总面积。以 2008 年费县耕地总面积 65 726.67 ha 为基准，按面积比例平差，计算出各耕地地力等级面积。

费县耕地总面积为 65 726.67 ha，其中一级地和二级地占总耕地面积的 23.50%；三级地和四级地占耕地总面积的一半以上，为 50.17%；五级地和六级地占耕地总面积的 26.33%。见表 6-1。

表 6-1 费县耕地地力评价结果面积统计

单位：ha,%，kg/ha

等级	一级地	二级地	三级地	四级地	五级地	六级地	总计
面积	6 084.41	9 369.30	14 792.26	18 180.00	12 347.20	4 953.48	65 726.67
百分比	9.25	14.25	22.51	27.66	18.79	7.54	100
产量水平	14 400	13 500	11 400	7 500	6 000	3 750	—

二、耕地地力空间分布分析

（一）耕地地力等级分布

一级地和二级地主要分布于费县东部乡镇和胡阳镇、南张庄乡南部、薛庄镇南部以及上冶镇和梁邱镇部分地区，区域内农业基础设施大部分基本配套成型，灌溉条件基本满足。测土配方施肥工程也首先在这一区域展开。三级地和四级地面积较大，主要集中在费县中部地区、南部地区，以及东北部地区，属于只要加大资金投入，完善基础设施，改善生产条件，尤其是灌溉条件，产量就能大幅提高的中产田类型，有一定的开发潜力。五、六级地主要分布在芍药山乡、梁邱镇、朱田镇，费县北部和南部乡镇也有片点分布，该等级耕地主要是山区耕地类型，有效耕层薄，肥力低，基本无灌溉条件，还有部分未利用土地，属于低产田类型。

从等级的分布地域特征可以看出，等级的高低与地貌类型、土壤类型及海拔高度之间存在着密切的关系，呈现明显的地域分布规律：随着耕地地力等级的提高，地貌类型沿着山前缓平地—沿河阶地—山前倾斜平地—近山阶地—岑坡梯田—石质山岭方向变化。土壤主要类型为潮土、粗骨土、褐土、棕壤、砂姜黑土和石质土等。

（二）耕地地力等级的行政区域划分

将全县耕地地力等级分布图与费县行政区划图进行叠置分析，从耕地地力等级行政区域分布数据库中，按权属字段检索出各等级的记录，统计出 1～6 级地在各乡镇的分布状况。见表 7-2。

从表中可以看出，高等级一二等耕地所占比例较高的乡镇为薛庄镇、胡阳镇、汪沟镇、新桥镇、上冶镇，梁邱镇也有少部分分布。中等地力的三、四等级耕地分布非常零散，几乎全县大部分乡镇都有分布，分布较多的乡镇为上冶镇、汪沟镇、方城镇、城北乡、费城镇、石井镇、新庄镇、马庄镇、刘庄镇等。较低等级五、六等耕地所占比例较高的乡镇主要为朱田镇和芍药山乡、大田庄乡，其余地区有零散分布。

表6-2 费县耕地地力等级行政区域分布 单位：ha，%

		一级地	二级地	三级地	四级地	五级地	六级地
大田庄乡	面积	27.11	276.51	350.82	111.95	212.04	230.2
	百分比	2.24	22.88	29.03	9.26	17.54	19.05
上冶镇	面积	199	662.76	1 245.49	592.51	5.02	0
	百分比	7.36	24.5	46.05	21.9	0.19	0
薛庄镇	面积	1391.91	765.74	599.41	356.58	367.8	464.61
	百分比	35.27	19.41	15.19	9.04	9.32	11.77
南张庄乡	面积	344.05	398.31	696.49	275.64	384.2	360.49
	百分比	13.99	16.2	28.32	11.21	15.62	14.66
汪沟镇	面积	15.72	1 306.69	555.07	3 252.68	706.64	227.45
	百分比	0.26	21.55	9.15	53.64	11.65	3.75
方城镇	面积	436.97	742.11	1 038.96	840.91	341.4	0.84
	百分比	12.85	21.82	30.55	24.72	10.04	0.02
城北乡	面积	102.13	131.85	1 638.2	450	228.67	4.67
	百分比	4	5.16	64.1	17.61	8.95	0.18
胡阳镇	面积	1 882.83	265.23	383.3	65.67	30.45	0
	百分比	71.66	10.09	14.59	2.5	1.16	0
费城镇	面积	278.36	630.67	2 488.23	2 530.28	1 215.55	320.99
	百分比	3.72	8.45	33.34	33.9	16.29	4.3
朱田镇	面积	0	1.35	828.24	1 278.42	2 267.36	1 143.73
	百分比	0	0.02	15.01	23.16	41.08	20.73

（续表）

		一级地	二级地	三级地	四级地	五级地	六级地
新桥镇	面积	831.86	812.02	591.18	17.69	0	0
	百分比	36.92	36.05	26.24	0.79	0	0
探沂镇	面积	382.9	1 093.14	522.81	811.25	470.13	82.61
	百分比	11.39	32.51	15.55	24.12	13.98	2.45
梁邱镇	面积	173.18	941.85	892.53	1 885.03	2 334.29	560.55
	百分比	2.55	13.88	13.15	27.77	34.39	8.26
芍药山乡	面积	0	0	277.68	172.6	530.71	965.83
	百分比	0	0	14.26	8.87	27.26	49.61
新庄镇	面积	0	8.49	1 131.92	1 983.64	1 283.4	150.95
	百分比	0	0.19	24.83	43.52	28.15	3.31
刘庄镇	面积	0.9	1 090.19	498.64	617.02	307.14	41.65
	百分比	0.04	42.66	19.51	24.14	12.02	1.63
马庄镇	面积	0	119.45	681.51	925.06	912.17	203.23
	百分比	0	4.2	23.98	32.56	32.1	7.16
石井镇	面积	17.5	122.94	371.76	2 013.07	750.24	195.7
	百分比	0.5	3.54	10.71	57.99	21.61	5.65

第二节　耕地地力等级分述

一、一级地

（一）面积、分布与产量水平

一级地，综合评价指数>0.792，耕地面积 6 084.42 ha，占总耕地面积的 9.26%。其中灌溉水田 732.94 ha，占一级地面积 12.05%；水浇地 3 960.40 ha，占一级地面积 65.09%；旱地 805.06 ha，占一级地面积的 13.23%；菜地 586.02 ha，占一级地面积的 9.63%。一级地的熟制为一年两作，主要种植作物为小麦、玉米、水稻，常年产量水平为14 400 kg/ha。见表6－3。

一级地主要分布于胡阳镇、新桥镇中部和西部地区、薛庄镇和南张庄乡北部，此外，探沂镇、方城镇、上冶镇和梁邱镇等乡镇也有零星分布。

表6－3 各利用类型一级地面积

利用类型	评价单元（个）	面积（ha）	占总耕地面积（%）	占一级地面积（%）
灌溉水田	132	732.94	1.12	12.05
水浇地	694	3 960.40	6.03	65.09
旱地	137	805.06	1.22	13.23
菜地	109	586.02	0.89	9.63
合计	1 072	6 084.42	9.26	100

（二）主要属性分析

一级地主要位于山前洪积平原和缓平地，成土母质主要是冲积物和洪积物。土种以砾质棕壤和轻壤表土为主，耕层质地多为轻壤和中壤，夹杂砂土和沙壤。地貌类型以山前缓平地、沿河阶地为主，地势平坦，土层厚，无明显障碍层，土壤理化性状良好，可耕性强，灌溉保证率75%以上。土壤养分含量除速效钾含量偏低外，其他养分含量相对比较理想，见表6－4。

表6－4 一级地主要养分含量

项目	有机质（mg/kg）	有效磷（mg/kg）	速效钾（mg/kg）	有效锌（mg/kg）	有效硼（mg/kg）
平均值	13.96	31.76	75.77	1.25	0.35
范围值	6.58～23.72	4.52～120.01	34.09～312.53	0.55～6.08	0.10～1.39
含量水平	中等	较高	中偏下	中等	中等

（三）存在问题

一级地存在的问题：一是该地区属全县经济较发达地区，人们历来较注重二、三产业，农业投入比例明显低于二、三产业投入；二是土壤肥力与高产高效农业的需求还有一定差距，有些养分含量一般；三是施肥、用药种类与比例不合理，缺乏针对性，盲目性较大；四是由于经济发达，工矿企业较多，点源污染程度有所加重。

（四）合理利用

一级地是全县综合性能最好的耕地，各项评价指标均属良好型。土层厚，排灌性好，易于耕作，养分含量高，保肥、保水，适于各种作物生长。利用方向是发展高产、优质、高效农业，如无公害蔬菜基地、日光温室、反季节瓜果栽培等。为此，应搞好以下工作：

1. 农业部门应结合科技入户、配方施肥等工程，加大宣传力度，转变观念，提高认识，加大农业投入，提升农业综合生产能力。

2. 增施有机肥，增加土壤有机质含量；实施平衡施肥，防止土壤污染，适量补施钾肥，提高耕地质量。

3. 加大检测力度，确保农业灌溉、施肥、用药安全，搞好无公害生产。

二、二级地

（一）面积、分布与产量水平

二级地，综合评价指数为0.676～0.792，耕地面积为9 369.30 ha，占全县总耕地面积的14.25％。其中旱地4 357.92 ha，占二级耕地面积的46.51％；水浇地4 628.50 ha，占二级耕地面积的49.40％；灌溉水田205.06 ha，占二级耕地面积的2.19％。另外还有少量菜地分布。二级地的熟制多为一年两作，主要种植作物为小麦、玉米，常年产量水平为13 500 kg/ha。见表6－5。

二级耕地的分布较为零散，主要分布在汪沟镇西南部和新桥镇东北部、探沂镇、刘庄、上冶镇、薛庄镇、方城镇，梁邱镇、南张庄乡等地区也有片点分布。

表 6－5　各利用类型二级地面积

利用类型	评价单元（个）	面积（ha）	占总耕地面积（%）	占二级地面积（%）
灌溉水田	25	205.06	0.31	2.19
水浇地	602	4 628.50	7.04	49.40
旱地	613	4 357.92	6.63	46.51
菜地	55	177.83	0.27	1.90
合计	1 295	9 369.30	14.25	100

（二）主要属性分析

二级地主要位于山前洪积平原、丘陵缓坡、缓平地等地方，土壤类型以中壤表土厚黏化土、沙壤表土厚黏化土、轻壤表土壤均质土为主。土体构型以中壤、轻壤和沙壤为主。微地貌类型以山前平地、微斜平地为主。地势较为平坦，土层厚，土壤理化性状较好，可耕性较强。土壤养分含量除速效钾外其余养分含量相对较好，见表 6－6。

表 6－6　二级地主要养分含量

项目	有机质 (mg/kg)	有效磷 (mg/kg)	速效钾 (mg/kg)	有效锌 (mg/kg)	有效硼 (mg/kg)
平均值	15.25	29.3	85.49	1.26	0.41
范围值	7.06～29.20	5.20～109.48	30.29～459.28	0.51～4.58	0.08～1.30
含量水平	中等	较高	中偏下	中偏上	较高

（三）存在问题

二级地主要存在问题是部分耕地环境质量欠佳，部分地区坡度较高，土壤速效钾含量略低，需要有针对性地进行培肥土壤。

（四）合理利用

合理利用的措施：增施有机肥料，实行秸秆直接还田或过腹还田，不断培肥地力；采取深耕等措施，破除犁地层，改良土壤质地和构型，有利于作物根系伸展。同时与农田基础建设相结合，兴修水利，大力推广节水灌溉技术，扩大灌溉面积；平整土地，改良作物种植条件；在坚持因地制宜的基础上，着重补施微肥。

三、三级地

（一）面积、分布与产量水平

三级地，综合评价指数为 0.588～0.676，耕地面积 14 792.26 ha，占全县总耕地面积的 22.5%。其中旱地 11 318.10 ha，占三级耕地面积的 76.51%；水浇地 2 959.43 ha，占三级耕地面积的 20.01%。此外，还有少量灌溉水田和菜地。三级地的熟制有一年两作或两年三作，主要种植作物为小麦、玉米、花生，常年产量水平为 11 400 kg/ha。见表 6－7。

三级耕地整体分布较为零散，其中城北乡、上冶镇的大部分地区为三级耕地，南张庄乡、方城镇、新桥镇、朱田镇、新庄镇、刘庄镇等乡镇有少量分布，其余地区零星分布。

表 6－7　各利用类型三级地面积

利用类型	评价单元（个）	面积（ha）	占总耕地面积（%）	占三级地面积（%）
灌溉水田	38	283.42	0.43	1.92
水浇地	468	2 959.43	4.5	20.01
旱地	1 629	11 318.1	17.22	76.51
菜地	74	231.31	0.35	1.56
合计	2 209	14 792.26	22.5	100

（二）主要属性分析

三级地主要位于山前洪积平原、缓平地、低丘坡麓。部分地区地势平坦宽阔，部分地区为近山阶地。土壤耕层质地以轻壤和中壤为主，夹杂少量砂壤类型，障碍层类型为浅黏、黏腰、夹砂，有效土层厚度较厚。

地势起伏较大，多岑坡地和岑坡梯田。土壤理化性状较好，可耕性较强，耕地灌溉保证率差。土壤养分与二级地相比，有效磷含量略偏低，而速效钾含量明显高于二等级地，其他养分含量相差不大。见表 6－8。

表 6－8　三级地主要养分含量

项目	有机质（mg/kg）	有效磷（mg/kg）	速效钾（mg/kg）	有效锌（mg/kg）	有效硼（mg/kg）
平均值	14.49	22.12	103.42	1.21	0.41
范围值	5.26～30.57	3.37～91.25	31.61～401.03	0.48～5.41	0.09～1.09
含量水平	中偏上	中等	较高	中等	较高

（三）存在问题

三级地是平原向山区过渡的等级类型，各种属性介于二者之间，耕地水浇条件受一定限制，灌溉保证率差；耕地小平大不平，地势起伏较大；耕地养分有不平衡现象。

（四）合理利用

合理利用措施为：一是大搞农田基本建设，维护和建设水利设施，大力推广节水灌溉，提高灌溉保证率；二是平田整地，深翻改土，加深耕层厚度，改善土壤物理性状；三是增施有机肥料和微肥。改良利用的重点放在农田基本建设、提高排涝功能、增施有机肥、提高土壤环境质量上。

四、四级地

（一）面积、分布与产量水平

四级地，综合评价指数为 0.508～0.588，耕地面积 18 180 ha，占全县总耕地面积的 27.66%。其中旱地 17 447.23 ha，占四级耕地面积的 95.97%；水浇地 546.23 ha，仅占四级耕地面积的 3.00%，可以说四级地主要是旱地。此外，还有少量水浇地、灌溉水田和菜地。四级地的熟制多为两年三作或一年一作，主要种植作物为小麦、玉米、花生、地瓜，常年产量水平为 7 500 kg/ha。见表 6－9。

四级地是费县面积最大的等级地，主要分布在汪沟镇的中部和北部，方城镇的东部地区，石井镇的大部分地区，其余乡镇如新庄镇、朱田镇、费城镇、探沂镇、马庄镇、刘庄镇、上冶镇都有散状分布。

表 6－9　各利用类型四级地面积

利用类型	评价单元（个）	面积（ha）	占总耕地面积（%）	占四级地面积（%）
灌溉水田	6	20.99	0.03	0.12
水浇地	111	546.23	0.83	3.00
旱地	1 973	17 447.23	26.55	95.97
菜地	59	165.55	0.25	0.91
合计	2 149	18 180	27.66	100

（二）主要属性分析

四级地位于丘陵和山地地区，土壤耕层质地以中壤、砂壤、松砂、轻壤为主，有效土层厚度偏薄，发育不完全，障碍层次主要是厚砂心，厚砂腰、酥石棚。主要地貌类型为沿河阶地、岑坡地和岑坡梯田。四级地土壤养分含量中等偏下，其中有效磷、速效钾的养分含量较低。见表 6－10。

表 6－10　四级地主要养分含量

项目	有机质（mg/kg）	有效磷（mg/kg）	速效钾（mg/kg）	有效锌（mg/kg）	有效硼（mg/kg）
平均值	14.19	20.43	106.45	1.24	0.41
范围值	6.20～28.09	3.08～84.38	30.84～410.66	0.52～4.75	0.07～1.06
含量水平	中等	中偏下	中偏上	中等	中等

（三）存在问题

该级地土壤侵蚀严重，属“三跑田”（即：跑水、跑肥、跑土），水、肥、气、热不协调，灌溉条件差，干旱是最主要的限制因子。

（四）改良利用

改良利用措施为：修筑梯田，平整土地，增施有机肥，改善土壤环境，提高雨水利用率；调整种植业结构，大力发展旱作农业，利用山区环境好、无污染的特点，引导鼓励农民发展果品生产。

五、五级地

（一）面积、分布与产量水平

五级地，综合评价指数为0.438～0.508，耕地面积12 347.20 ha，占全县总耕地面积的18.78%。其中旱地12 188.74 ha，占五级耕地面积的98.72%。此外，有少量水浇地和菜地。五级地的熟制多为一年一作，主要种植作物为小麦、花生、地瓜、大豆，常年产量水平为6 000 kg/ha。见表6－11。

五级地主要分布在朱田镇的中部、梁邱镇的中部和东部，其余乡镇新庄镇、马庄镇、刘庄镇、石井镇、费城镇、方城镇都有零散分布。

表6－11　各利用类型五级地面积

利用类型	评价单元（个）	面积（ha）	占总耕地面积（%）	占五级地面积（%）
水浇地	44	140.02	0.21	1.13
旱地	1 397	12 188.74	18.54	98.72
菜地	7	18.45	0.03	0.15
合计	1 448	12 347.20	18.78	100

（二）主要属性分析

五级地位于低丘坡麓、缓平地、山前洪积平原和丘陵缓坡，土壤的耕层质地主要是砂壤和松砂，还有少量轻壤和中壤类型分布，土层较薄。障碍层次主要是酥石棚和硬石底。地貌类型为坡麓梯田或荒坡岭地。土壤养分含量平均水平较低。见表6－12。

表 6－12　五级地主要养分含量

项目	有机质（mg/kg）	有效磷（mg/kg）	速效钾（mg/kg）	有效锌（mg/kg）	有效硼（mg/kg）
平均值	14.58	18.53	101.28	1.28	0.4
范围值	5.32～28.01	2.96～74.24	26.90～340.51	0.48～5.64	0.06～1.27
含量水平	中等	中偏下	较高	中等	中等

（三）改良利用

五级地分布在山丘地区的岑坡梯田和部分荒山岭上，目前主要种植玉米、小麦、花生、红薯等作物。在利用方向上应根据实际情况发展经济林、用材林，以及加大果园的种植范围，在增加农民收入的同时，以防止水土流失，保护自然植被。

六、六级地

（一）面积、分布与产量水平

六级地，综合评价指数为＜0.438，耕地面积 4 953.48 ha，占全县总耕地面积的 7.54%。其中旱地 4 876.10 ha，占六级耕地面积的 98.44%。此外，有少量水浇地和菜地。六级地的熟制为一年一作，主要种植作物为小麦、花生、地瓜，常年产量水平为 3 750 kg/ha。见表 6－13。

六级地主要分布在芍药山乡、朱田镇和梁邱镇交界地区，南张庄乡、薛庄镇、新庄镇也有少量分布。

表 6－13　各利用类型五级地面积

利用类型	评价单元（个）	面积（ha）	占总耕地面积（%）	占五级地面积（%）
水浇地	26	69.77	0.11	1.41
旱地	722	4 876.10	7.42	98.44
菜地	6	7.61	0.01	0.15
合计	754	4 953.48	7.54	100

（二）主要属性分析

六级地位于山岭中上部，土壤类型主要为石灰性粗骨土，地貌类型为岭坡梯田或石质山岭。耕层质地差，主要是石渣土，土层薄，土壤养分含量相对较低，灌溉条件得不到满足。见表6－14。

表6－14　六级地主要养分含量

项目	有机质（mg/kg）	有效磷（mg/kg）	速效钾（mg/kg）	有效锌（mg/kg）	有效硼（mg/kg）
平均值	14.91	20.68	96.23	1.35	0.38
范围值	6.11～26.94	4.43～68.92	27.08～355.22	0.59～5.06	0.05～1.14
含量水平	中等	中偏下	中等	中等	中等

（三）改良利用

六级地分布在山丘地区的荒山岭和岭坡梯田上，目前主要种植玉米、小麦、花生、红薯等作物。由于该区灌溉条件基本都无法满足，在利用方向上应根据实际情况发展经济林、用材林，以防止水土流失，保护自然植被。

第七章

耕地资源合理利用与改良

第一节 利用与改良的耕地资源的现状、特征

一、耕地资源现状

费县位于鲁中南山地丘陵区的南部，地势南北高、中间低，南北两端多为山地，朝中间渐次为丘陵，最终过度为平原，适宜农业生产。费县属于暖温带大陆性季风气候区，气候特点四季分明，光照充足。由于冬季受蒙古高压侵袭较多，夏季受大陆热低压影响明显，加之海洋气候调和，一般春季干旱多风，夏天炎热多雨，秋天凉爽干燥，冬天寒冷少雨雪。年平均气温为13.3℃，有效积温5004℃，无霜期197天。

全县耕地总面积为65 726.67 ha，其中水浇地12 093.70 ha，占耕地面积的18.4%；旱地为50 938.17 ha，占耕地总面积的77.5%；灌溉水田为920.17 ha，占耕地总面积的1.4%；菜地为1 774.63 ha，占耕地总面积的2.7%。见表7-1。

表 7-1 土地类型分布表

利用类型	面积（ha）	占比例%
水浇地	12 093.70	18.4
旱地	50 938.17	77.5
灌溉水田	920.17	1.4
菜地	1 774.63	2.7
合计	65 726.67	100

二、耕地土壤养分状况

通过本次耕地地力评价可以看出，由于受地形、成土母质及成土因素的差异影响，土壤质地和土壤养分状况也千差万别。分析全县土壤各种养分值如下：有机质，按油浴加热重铬酸钾氧化法测定，平均值为14.5 g/kg；全氮，按凯氏蒸馏法测定，平均值为0.85 g/kg；碱解氮，按碱解扩散皿法测定，平均值为83 mg/kg；有效磷，根据碳酸氢钠提取—钼锑抗比色法测定，平均值为22.7 mg/kg；速效钾，按硝酸提取—火焰光度法测定，平均值为96 mg/kg，全县土壤养分整体含量较以前有了明显提高。具体见表7-2。

表 7-2

项目	含量平均值	单位	项目	含量平均值	单位
有机质	14.5	g/kg	交换性钙	2.53	mg/kg
pH 值	6.52		有效硫	14.35	mg/kg
全氮	0.85	g/kg	有效铁	37.1	mg/kg
碱解氮	83	mg/kg	有效铜	1.67	mg/kg
有效磷	22.7	mg/kg	有效锌	1.28	mg/kg
速效钾	96	mg/kg	有效钼	0.17	mg/kg
缓效钾	821.8	mg/kg	有效锰	30.75	mg/kg
交换性镁	0.39	mg/kg	有效硼	0.41	mg/kg

三、耕地资源的主要特点

（一）费县平原、丘陵、山地相间分布，土壤质地较好，土壤养分含量较为丰富，农田基础设施逐年完善，宜于各种作物的种植，利于现代农业技术的推广和应用，适合于现代农业的全面发展。

（二）我县耕作发展历史悠久，土壤熟化程度较高。费县是一个传统农业县，农业生产历史悠久，农产品以粮、棉、菜及烟草、果品为主，土地资源和气候资源十分有利于农、林、牧、渔的全面发展。费县种植业，据记载从商周始，至今已有3 000多年的历史。耕地受多年种植的影响，土性柔和，适种作物广，生产水平高。

（三）农业面源污染较轻，经过近几年环境污染治理，工业三废排放得到了有效控制，全县农业环境有了较大改善。在我县具有污染风险的企业附近进行样点采集，从分析结果看出，污染源附近的土壤均未受到污染，适合生态农业和现代农业发展的需求。

（四）旱薄地较多，应进行中低产田的改造。从上世纪80年代后期开始，我县加强了中低产田的治理，相当一部分的旱薄地得到了开发和改造，便于现代农业技术的推广和应用，发挥耕地生产潜力。

第二节　耕地资源合理利用的对策

一、存在的主要问题及原因分析

（一）耕地面积相对稳定，人均耕地面积逐年下降

通过对费县多年耕地面积统计分析看出，由于受小城镇建设和农村宅基地建设等非农业用地影响，耕地面积有所减少，但受基本农田保护政策的影响，我县耕地面积相对趋于稳定，随着人口的不断增加，人均耕地呈下降趋势。另外，农业内部用地不合理，粮食种植面积逐年减少，经济作物及园林种植挤占粮食生产用地。

（二）部分耕地质量较低，作物产量不高

费县南北地区为丘陵山地，海拔较高，一般地面坡度和田面坡度较

大，土层和耕层较浅，多属于瘠薄改良型，表层质地轻重不一，砾石含量高，受侵蚀影响较重，多无水浇条件，耕地保肥、保水、保土能力较差，怕旱易涝。作物种植较单一，多为一年一熟的地瓜、花生、烟草等，产量普遍不高，一般亩产 300 kg 左右。

（三）用肥不合理，土壤养分不均衡，耕地生产率低

由于农民受传统施肥习惯的影响，用肥不合理，重氮肥，轻磷、钾肥，氮、磷、钾使用比例失调，重化肥，轻有机肥，土壤养分不均衡，肥料利用率较低。近几年，虽然国家投资进行了排、灌、路等综合治理，农田环境有了较大改善，但由于受农资价格上涨，农业成本较高，加之农产品价格低迷，农民在施肥管理上更加粗放，土壤耕地质量整体停滞不前，作物产量难以突破，耕地生产率低。

（四）耕地用养不一致

在土地使用上，农民往往重视土地的使用，轻视土地的养护。在耕作制度的改革上，片面强调提高复种指数，土地得不到休整。单一使用化肥，造成土壤板结酸化，肥力下降，耕性变差，直接形成了耕地可持续利用障碍。破坏了土壤的物理性状，改变了土体构造，土壤通透性差，保肥蓄水能力降低，直接影响农产品的产量和质量，不利于现代生态农业的可持续发展。

耕地质量下降，对农业生产造成诸多不利因素。首先不利于粮食的丰产和稳产，影响粮食生产的安全。二是产投比不协调，农业生产成本高，效益低，影响农民的种粮积极性。三是农业新科技得不到体现，许多新制剂、新品种、新技术优势发挥不出来。四是农产品质量受到影响，农业生态环境受到破坏，农业发展受到影响。

二、耕地改良的措施实践与效果

（一）耕地改良利用分区

为了合理利用耕地资源，提高耕地利用率，增加农业生产效益，费县在耕地利用上采取因地制宜的原则，宜农则农，宜林果则林果，合理科学地利用土地。根据费县的自然条件、成土因素、土壤生产性能、耕

地质量、耕地利用方向、利用潜能和改良措施的相似性和差异性，将全县划分为五个改良区：北部及芍药山乡全部山地丘陵果林区、浚河沿岸及中东部平原粮蔬区、中西部丘陵经济作物区、西南部山区丘陵中低产田粮食生产区和封山育林水土保持区。

（二）耕地分区改良利用措施

1. 北部及芍药山乡全部山地丘陵果林区

本区主要位于蒙山南侧我县北部的大田庄乡、薛庄镇马头崖一带和芍药山乡全部。该区原为瘠薄低产田，后经过农业结构调整为林果种植区，主要有费县蒙山国家森林、十万亩板栗种植园、十万亩核桃种植园。该区土壤多为棕壤、褐土，土层较浅，质地粗糙，地面坡度和田面坡度较大，水土流失较重，但土壤中一般有机质含量较高，土壤的其他养分含量偏低。适合于果树和林木生长，特别是经过上世纪80年代后期小流域综合治理，逐步形成了以大田庄乡和马头崖为中心的板栗种植园，以芍药山乡为中心的核桃种植园基地，辐射带动周围，形成两个十万亩生态基地。因两地种植已形成规模，且建立其产业，建议该区以优质板栗、核桃种植为主，结合其他果树和宜农作物种植相配套，农、林、果综合全面发展。

本区改良措施应该以农田基础设施建设为主，加强修筑梯田，培埂垒堰。地堰栽种金银花，防止水土流失，深耕改土，破除犁地层，基底为酥石棚的可深翻加厚土层，注意培肥地力。氮、磷、钾比例使用，针对林果的需肥特点，适量使用中微肥，长期使用有机肥，在保持果林丰产的同时，确保果品质量。

2. 浚河沿岸及中东部平原粮蔬区

该区主要分布在浚河沿岸，方城、探沂、胡阳、新桥、汪沟等乡镇的平原区，历来是我县的粮食、蔬菜生产区，土壤类型主要有河潮土、潮棕壤、潮褐土等，该区地势平坦，土层深厚，土壤结构良好，质地沙黏适中，水、肥、气、热协调，土壤养分含量较高，养分充沛，适于粮食和蔬菜生产，该区中有上冶镇兴国一带的日光温室，方城镇昌国、胡阳镇秦屯一带的万亩西瓜蔬菜基地。建议该区发展方向应该在优质商品粮基地、设施蔬菜基地、标准化基地建设等方面下工夫。

其利用改良措施应该以平整耕地、完善排灌系统、培肥地力、深耕活化土壤、增深耕作层和提高耕地耕作能力为主，因地施肥，因作物用肥，在耕地地力评价条件下，摸清土壤条件、养分状况，结合种植制度，科学用肥，配方施肥，实现粮食、蔬菜的优质、高产稳产，确保全县粮食生产安全。保持我县现代农业的快速发展。

3. 费县中西部丘陵经济作物区

该区主要包括费城镇西部、上冶镇西南部、城北乡和朱田镇的大部，该区土壤主要是褐土和淋溶褐土，部分为棕壤，多数由红土母质发育而成。土体内游离碳酸钙基本流失，pH 值呈中性至微碱性，地面和田面有一定的坡度，田中有大型石块分布。表层质地呈轻壤至中壤，土壤养分含量偏低，特别是有机质含量更是低于全县平均水平。耕层质地以下黏重，透气通水性差，怕旱怕涝，农田基础设施不配套，一般种植花生、烟草，多与小麦轮作，常三年两熟或一年一熟。是我县的主要经济作物种植区。

其利用改良的措施：挖石整地，将田中石块挖掉，便于田间管理和机械化作业，提高耕地的利用率；修筑梯田，防止水土流失，建立排灌渠，保证旱能浇、涝能排，利于夏季花生和烟草的生长；注意合理施肥，根据烟草、花生种植需肥特点，科学配方用肥，特别应注重有机肥的使用，培肥地力，增加作物产量，提高农民的经济效益。该区利用发展方向：应继续发挥种植经济作物的优势，坚持以烟草、花生种植为主，与其他作物轮作套种，提高产品质量，提高耕地经济效益。

4. 西南部山区丘陵中低产田粮食生产区

该区主要包括梁邱、石井全部，新庄、马庄大部，地貌平原丘陵相间，主要种植花生、地瓜、小麦、玉米等作物，是我县的粮食主产区之一。土层较厚，土质黏砂不一，地下水位较低，水浇条件差，受侵蚀影响较重，土壤养分较低，有机质含量不高，矿化速率慢，供肥力差，是一种低产土壤，但是该地具有一定的增产潜力，经改良后方能提高。

改良利用措施主要有：完善农田基础设施，做到旱能浇、涝能排，保持水土，减少土壤养分的流失；深耕改土，破除犁底层，加厚耕作层，注意培肥地力，增施有机肥，根据作物生长需要，配方施肥，科学用肥，加强田间科学管理，提高农业生产能力，增加农业效益，保粮丰收。

5. 封山育林水土保持区

该区主要分布于我县南、北部的山地丘陵地上，土类主要为薄层或极薄层的棕壤性土或褐土性土，质地较粗，含较多的石英和砾石。该区地势较高，水土流失严重，目前的植被覆盖率不高。封山造林，开展多种经营，采取上部绿化，中部果林化，下部田园化，保持水土，提高肥力，推广测土配方施肥技术，培肥地力，促进农、林、牧业生产的全面综合发展。

第八章 耕地资源管理信息系统数据库建设

第一节 概 述

一、项目来源及目的意义

费县耕地资源信息系统数据库建设工作是农业部“沃土工程，科学施用化肥”即测土配方施肥工作的重要组成部分，是国家实现农业科学种田，促进粮食稳定生产，实现农业科学施肥经常化、普及化的重要工作。是实现农业耕地地力评价成果资料统一化、标准化的重要计划，是实现综合农业信息资料共享的技术手段。费县耕地资源信息系统数据库建设工作是对最新的土地利用现状调查成果，第二次土壤普查的土壤、地貌等成果，本次耕地地力评价工作采集的土壤化学分析等成果进行汇总，建立一个集空间数据库和属性数据库的存储、管理、查询、分析、显示为一体的数据库，为科学种田及施肥、农业的可持续发展、深化农业科学管理工作服务。

二、建库单位组成

为加快费县耕地资源信息系统数据库建设工作，依据农业部县域耕地资源信息系统数据库建设工作要求，由多年来一直从事农业测土施肥研究、耕地地力评价、数据库建设工作有一定经验的单位组成联合工作组：

山东省土壤肥料总站：负责评价及建库工作组织、协调、标准制定、土壤图成果资料的归属核查处理等；

山东农业大学资源与环境学院：负责耕地地力评价图、土壤化学微量元素系列图及研究报告编制等。

山东天地亚太国土遥感有限公司：负责土地、土壤、矿化度、地貌、灌溉分区等图件扫描矢量化及几何校正处理等编图工作，耕地地力评价所有建库资料统一化、标准化处理，空间数据库和属性数据库建设，耕地地力评价成果图件修改编辑及图件输出、数据库建设报告编制等工作。

三、建库工作的软硬件环境

1. 主要硬件

P43.0 计算机 10 台；

HP5000 和 HP3500 绘图仪各一台。

2. 软件

MAPGIS 6.7 软件 10 套；

ARCGIS 9.2 软件 2 套；

县域耕地资源信息系统软件 2 套；

ENVI 4.6 遥感图像处理与分析软件 1 套。

第二节　建库内容及建库工作中主要问题的处理

一、建库内容

依据农业部耕地地力评价工作数据库建设的要求，费县耕地资源信息系统数据库建设工作包括空间数据库和属性数据库两部分内容。属性数据库严格按照县域耕地资源信息系统数据字典及建库县提供的有关数据编制。空间数据库包括土地利用现状图、土壤图、坡度图、灌溉分区图、地貌图、耕地地力调查点点位图、耕地地力评价等级图、土壤化学微量元素系列图等。

二、建库工作中的主要问题

费县耕地资源信息系统数据库建设工作由于涉及的内容多，加之部分资料为第二次土壤普查的资料，与县域耕地资源信息系统数据字典的要求相比存在以下问题：

1. 第二次土壤普查的成果均为纸介质图，因图纸折叠和自然伸缩的影响，图件变形大，形成较大的误差。

2. 土地利用现状图为 2006 年以前的现状，近年来交通用地和蔬菜地等出现变化等。

3. 费县土壤图中的土种名称和编码与山东省土种归属要求、全国土种标准名称与编码等不一致。

4. 费县的地貌图为微地貌图，与县域耕地资源信息系统数据字典中地貌划分的名称不能一一对应。

5. 同一个县已有资料坐标系不统一问题，如第二次土壤普查图件为 1954 年北京坐标系，土地利用现状图或行政区划图为 1980 年西安坐标系等。

三、建库工作中有关问题的处理

1. 依据 1∶5 万标准分幅地形图，对所有建库的纸介质成果图全部进行几何校正处理，以消除纸介质成果图的误差。

2. 依据较新的航天卫星资料对近年来变化的公路、铁路等进行了修改补充。

3. 为使费县土种的名称及代码与省标和国标相对应，在耕地资源信息系统数据库建设前，首先对土壤图中所有图斑内容进行了检查统计、对错漏问题，交项目县修改及编制土种归属表，最后由省土肥站进行土种归属复查处理。在此基础上编制了国标、省标、县土壤名称及代码对比表。为方便县域土壤图的利用和对比，建库后的图中仍保留了原县域土壤图的土种代码，属性挂接为国标代码。

4. 由于县域耕地资源信息系统数据字典中的划分的地貌名称少，其地貌名称不能一一对应，在建库时尽量选择与数据字典中相近的地貌名称进行编码，为方便地貌图的利用和对比，在地貌图中保留了原地貌图的名称和代码，图例中增加了建库数据字典中规定的地貌名称、代码与县原地貌名称、代码的对比表，属性挂接为数据字典中规定的地貌名称和代码。

5. 对同一个县已有资料坐标系不统一问题，依据数据库建设要求，所有成果全部统一到高斯－克吕格投影，6 度分带，1954 年北京坐标系中。

第三节　数据库标准化

一、标准引用

县域耕地资源信息系统数据字典中规定的国标及行业有关技术标准：

1. GB2260－2002　《中华人民共和国行政区划代码》

2. NY/T309－1996　《全国耕地类型区、耕地地力等级划分标准》

3. NY/T310－1996　《全国中低产田类型划分与改良技术规范》

4. GB/T 17296－2000　《中国土壤分类与代码》

5. 全国农业区划委员会　《土地利用现状调查技术规程》

6. 国土资源部　《土地利用现状变更调查技术规程》

7. GB/T 13989－1992　《国家基本比例尺地形图分幅与编号》

8. GB/T 13923－1992　《国土基础信息数据分类与代码》

9. GB/T 17798－1999　《地球空间数据交换格式》

10. GB 3100－1993　《国际单位制及其应用》

11. GB/T 16831－1997《地理点位置的纬度、经度和高程表示方法》

12. GB/T 10113－2003 《分类编码通用术语》

13. GB/T 10114－2003 《县以下行政区划代码编制规则》

14. GB/T 9648－1988 《国际单位制代码》

15. 农业部 《全国耕地地力调查与评价技术规程》

16. 农业部 《测土配方施肥技术规范（试行）》

17. 农业部 《测土配方施肥专家咨询系统编制规范（试行）》

18. 山东省县域土种归属标准。

19. 山东省县域耕地地力评价标准等。

二、空间坐标系及建库平台

1. 空间数据坐标系

投影：高斯—克吕格，6 度分带。1954 年北京坐标系，1956 年黄海高程系。比例尺：1∶50 000。

2. 数据库采集模板和数据库文件格式

为使所有建库资料达到统一化和标准化，以及满足所有成果图件的输出和耕地资源地力评价工作的需要，对建库资料的扫描矢量化和几何校正处理工作均采用 MAPGIS 平台，数据库的文件格式为 MAPGIS 的点、线、面文件。待数据库成果评审验收和修改后，将 MAPGIS 的点、线、面格式转换为 shape 格式，由 ARCGIS 平台进行数据库规范化处理，最后将数据库资料导入县域耕地资源信息管理系统。

第四节 数据库结构

一、空间数据库图层划分

空间数据库图层划分是严格按照县域耕地资源信息系统数据字典要求分层的，每层只反映属性相同的内容。费县耕地资源信息系统数据库建设包括土地利用现状图、第二次土壤普查成果和耕地地力评价等三部分内容。全省空间数据库图层划分情况详见表 8－1 所示。

表 8-1 耕地资源信息系统空间数据库分层表

序号	图层代码	图层名称	序号	图层代码	图层名称
1	AD101	行政区划图	18	SP103	耕层土壤有效磷等值线图
2	AD102	县乡村位置图	19	SP104	耕层土壤速效钾等值线图
3	AD103	行政界线图	20	SP105	耕层土壤缓效钾等值线图
4	AD201	辖区边界图	21	SP106	耕层土壤有效锌等值线图
5	AD202	装饰边界图	22	SP108	耕层土壤有效钼等值线图
6	GE103	面状水系图	23	SP109	耕层土壤有效铜等值线图
7	GE104	线状水系图	24	SP110	耕层土壤有效硅等值线图
8	GE105	道路图	25	SP111	耕层土壤有效锰等值线图
9	GE201	坡度图	26	SP112	耕层土壤有效铁等值线图
10	GE203	地貌类型分区图	27	SP201	耕层土壤 pH 等值线图
11	LM102	灌溉分区图	28	SP113	耕层土壤交换性钙等值线图
12	LU101	土地利用现状图	29	SP114	耕层土壤交换性镁等值线图
13	SB101	土壤图	30		耕层土壤有效硫等值线图
14	SB203	地下水矿化度等值线图	31		耕层土壤水解性氮等值线图
15	SB302	耕地地力调查点点位图	32		耕地地力评价等级图
16	SP101	耕层土壤有机质等值线图	33		耕层土壤有效硼等值线图
17	SP102	耕层土壤全氮等值线图			

注：表 8-1 为山东省统一的分层情况，费县为部分图件

二、属性数据库结构

属性数据结构内容严格按县域耕地资源管理信息系统数据字典及建库县提供的资料编制。属性数据库结构详见表 8-2 所示。

表8-2　耕地资源信息系统属性数据库结构表

图名	属性数据结构	字段类型
行政区划图	内部标识码:系统内部ID号	长整型,9
	实体类型:point,polyline,polygon	文本型,8
	实体面积:系统内部自带	双精度,19,2
	实体长度:系统内部自带	长整型,10
	县内行政码:根据国家统计局"统计上使用的县以下行政区划代码编制规则"编制	长整型,6
县乡村位置图	内部标识码:系统内部ID号	长整型,9
	实体类型:point,polyline,polygon	文本型,8
	X坐标:无,Y坐标:无	双精度,19,2
	县内行政码:根据国家统计局"统计上使用的县以下行政区划代码编制规则"编制	长整型,6
	标注类型:村标注,乡标注,县标注	字符串,6
行政界线图	内部标识码:系统内部ID号	长整型,9
	实体类型:point,polyline,polygon	文本型,8
	实体长度:系统内部自带	长整型,10
	界线类型:根据国家基础信息标准(GB13923-92)填写	文本型,40
辖区边界图	内部标识码:系统内部ID号	长整型,9
	实体类型:point,polyline,polygon	文本型,8
	实体面积:系统内部自带	双精度,19,2
	实体长度:系统内部自带	长整型,10
	要素代码:依据《国家基础地理信息数据分类与代码》编制要素代码	长整型,5
	要素名称:依据《国家基础地理信息数据分类与代码》编制要素名称	文本型,40
	行政单位名称:单位的实际名称填写	文本型,20
装饰边界图	内部标识码:系统内部ID号	长整型,9

（续表）

图名	属性数据结构	字段类型
面状水系图	内部标识码:系统内部 ID 号	长整型,9
	实体类型:point,polyline,polygon	文本型,8
	实体面积:系统内部自带	双精度,19,2
	实体长度:系统内部自带	长整型,10
	要素代码:依据《国家基础地理信息数据分类与代码》编制要素代码	长整型,5
	要素名称:依据《国家基础地理信息数据分类与代码》编制要素名称	文本型,40
	面状水系码:自定义编码	字符串,5
	面状水系名称:依据 2006 年 10 月版山东省地图册编制	字符串,20
	湖泊贮水量:依据 1∶5 万地形图	字符串,8
线状水系图	内部标识码:系统内部 ID 号	长整型,9
	实体类型:point,polyline,polygon	文本型,8
	实体长度:系统内部自带	长整型,10
	要素代码:依据《国家基础地理信息数据分类与代码》编制要素代码	长整型,5
	要素名称:依据《国家基础地理信息数据分类与代码》编制要素名称	文本型,40
	线状水系码:自定义编码	长整型,4
	线状水系名称:依据 2006 年 10 月版山东省地图册编制	文本型,20
	河流流量:无	长整型,6
道路图	内部标识码:系统内部 ID 号	长整型,9
	实体类型:point,polyline,polygon	文本型,8
	实体长度:系统内部自带	长整型,10
	要素代码:依据《国家基础地理信息数据分类与代码》编制要素代码	长整型,5
	要素名称:依据《国家基础地理信息数据分类与代码》编制要素名称	文本型,40
	公路代码:根据国家标准 GB917.1－89《公路路线命名编号和编码规则命名和编号规则》编制	文本型,11
	公路名称:根据国家标准 GB917.1－89《公路路线命名编号和编码规则命名和编号规则》编制	文本型 20

（续表）

图名	属性数据结构	字段类型
地貌类型分区图	内部标识码:系统内部 ID 号 实体类型:point,polyline,polygon 实体面积:系统内部自带 实体长度:系统内部自带 地貌类型:数据引用自"中国科学院生物多样性委员会　地貌类型代码库"(四类码)	长整型,9 文本型,8 双精度,19,2 长整型,10 文本型,18
灌溉分区图	内部标识码:系统内部 ID 号 实体类型:point,polyline,polygon 实体面积:系统内部自带 实体长度:系统内部自带 灌溉水源:县局提供数据 灌溉水质:无 灌溉方法:县局提供数据 年灌溉次数:县局提供数据 灌溉条件:无 灌溉保证率:无 灌溉模数:无 抗旱能力:无	长整型,9 文本型,8 双精度,19,2 长整型,10 文本型,10 文本型,4 文本型,18 文本型,2 文本型,4 长整型,3 双精度,5,2 长整型,3
土地利用现状图	内部标识码:系统内部 ID 号 实体类型:point,polyline,polygon 实体面积:系统内部自带 实体长度:系统内部自带 地类号:国土资源部发布的《全国土地分类》三级类编码 平差面积:无	长整型,9 文本型,8 双精度,19,2 长整型,10 长整型,3 双精度,7,2
土壤图	内部标识码:系统内部 ID 号 实体类型:point,polyline,polygon 实体面积:系统内部自带 实体长度:系统内部自带 土壤国标码:土壤类型国标分类系统编码	长整型,9 文本型,8 双精度,19,2 长整型,10 长整型,8
地下水矿化度等值线图	内部标识码:系统内部 ID 号 实体类型:point,polyline,polygon 实体长度:系统内部自带 地下水矿化度:依据县级矿化度图实际数据填写	长整型,9 文本型,8 长整型,10 双精度,5,1

（续表）

图名	属性数据结构	字段类型
耕地地力调查点点位图	内部标识码:系统内部 ID 号 实体类型:point,polyline,polygon X 坐标:北京 1954 坐标系 Y 坐标:北京 1954 坐标系 点县内编号 AP310102:自定义编号	长整型,9 文本型,8 双精度,19,2 双精度,19,2 长整型,8
行政区基本情况数据表	县内行政码 SH110102:根据国家统计局"统计上使用的县以下行政区划代码编制规则"编制 省名称:山东省 县名称:××市,××区,××县 乡名称:××乡,××镇,××街道 村名称:××村,××委员会 行政单位名称:××市,××区,××县,××乡,××镇,××街道,××村,××委员会 总人口:无 农业人口:无 非农业人口:无 国民生产总值 GNP:无	长整型,6 字符串,6 字符串,8 字符串,18 字符串,18 字符串 20 字符串 7 字符串 7 字符串 7 双精度,11,2 字符串,20
县级行政区划代码表	行政单位名称:××市,××区,××县,××乡××镇××街道××村××委员会 县内行政码 SH110102:根据国家统计局"统计上使用的县以下行政区划代码编制规则"编制	长整型,6 长整型 9
土地利用现状地块数据表	内部标识码:系统内部 ID 号 地类号:国土资源部发布的《全国土地分类》三级类编码 地类名称:国土资源部发布的《全国土地分类》三级类名称 计算面积:无 地类面积:无 平差面积:无 报告日期:无	长整型 9 字符串,3 字符串,20 双精度,7,2 双精度,7,2 双精度,7,2 日期型,10
土壤类型代码表	土壤国标码:土壤类型国标分类系统编码 土壤国标名:土壤类型国标分类系统名称	字符串,8 字符串,20

（续表）

图名	属性数据结构	字段类型
耕地地力调查点基本情况及化验结果数据表	灌溉水源:县提供数据	字符串,10
	灌溉方法:县提供数据	字符串,18
	调查点国内统一编号:自定义编号	字符串,14
	调查点县内编号:自定义编号	字符串,8
	调查点自定义编号 AP310103:自定义编号	字符串,40
	调查点类型:耕地地力调查点	字符串,20
	户主联系电话:区号－本地电话号码	字符串,13
	调查人联系电话:区号－本地电话号码	字符串,13
耕地地力调查点基本情况及化验结果数据表	调查人姓名:××××	字符串,8
	调查日期:采集当天日期	日期型,10
	≥0℃积温:无	字符串,5
	≥10℃积温:无	字符串,5
	年降水量:县提供数据	字符串,4
	全年日照时数:无	字符串,4
	光能辐射总量:无	字符串,4
	无霜期:县提供数据	字符串,3
	干燥度 CW210107:无	双精度,4,2
	东经:县提供数据	双精度,9,5
	北纬:县提供数据	双精度,8,5
	坡度:地形坡度海拔:海拔高度	双精度,6,1
	坡向:缺少数据	双精度,4,1
	地形部位:数据引用自 NY/T309－1996《全国耕地类型区、耕地地力等级划分》和 NY/T310－1996《全国中低产田类型划分与改良技术规范》	字符串,4
	田面坡度:依据田面实际坡度	字符串,50
	灌溉保证率:无	双精度,4,1
	排涝能力:无	字符串,3
	梯田类型:无	字符串,2
	梯田熟化年限:无	字符串,10
	保护块面积:无	字符串,3
	土壤侵蚀类型:无	双精度,7,2
	土壤侵蚀程度:无明显侵蚀,轻度侵蚀	字符串,8
	污染源企业名称:无	字符串,20

（续表）

图名	属性数据结构	字段类型
耕地地力调查点基本情况及化验结果数据表	污染源企业地址:无	字符串,50
	液体污染物排放量:无	字符串,50
	粉尘污染物排放量:无	双精度,6,1
	污染面积 LE220105:无	双精度,6,1
	污染物类型:无	双精度,9,2
	污染范围:无	字符串,20
	污染造成的损害:无	字符串,40
	距污染源距离:无	字符串,30
	污染物形态:无	字符串,5
	污染造成的经济损失:无	字符串,4
	省名称:山东省	字符串,9
	县名称:××市,××区,××县	字符串,8
	乡名称:××乡,××镇,××街道	字符串,18
	村名称:××村,××委员会	字符串,18
	户主姓名	字符串,8
	土壤类型代码(国标):根据县提供数据填写	字符串,8
	土类名称(县级):县提供数据	字符串,20
耕地地力调查点基本情况及化验结果数据表	亚类名称(县级):县提供数据	字符串,20
	土属名称(县级):县提供数据	字符串,20
	土种名称(县级):县提供数据	字符串,20
	剖面构型:土层符号代码表、土层后缀符号代码表、剖面构型数据	字符串,10
	编码表是根据《中国土种志》整理	字符串,8
	质地构型:无	字符串,2
	耕层厚度:县提供数据	字符串,10
	障碍层类型:无	字符串,3
	障碍层出现位置:无	字符串,3
	障碍层厚度:无	字符串,30
	成土母质:数据引用于《土壤调查与制图》(第二版),农业出版社	字符串,6
	质地:中壤土,重壤土,砂壤土	双精度,4,2
	容重:县提供数据	字符串,2
	田间持水量:县提供数据	双精度,4,1
	pH:依据土壤化学分析 pH 值耕地地力等级评价成果填写	双精度,4,1
	CEC:依据土壤化学分析 CEC 值耕地地力等级评价成果填写	双精度,5,1
	有机质:依据土壤化学分析有机质值耕地地力等级评价成果填写	双精度,6,3

（续表）

图名	属性数据结构	字段类型
耕地地力调查点基本情况及化验结果数据表	全氮:依据土壤化学分析全氮值耕地地力等级评价成果填写	字符串,5
	全磷:依据土壤化学分析全磷值耕地地力等级评价成果填写	双精度,5,1
	有效磷:依据土壤化学分析有效磷值耕地地力等级评价成果填写	字符串,4
	缓效钾:依据土壤化学分析缓效钾值耕地地力等级评价成果填写	字符串,3
	速效钾:依据土壤化学分析速效钾值耕地地力等级评价成果填写	双精度,5,2
	有效锌:依据土壤化学分析有效锌值耕地地力等级评价成果填写	双精度,4,2
	水溶态硼:依据土壤化学分析水溶态硼值耕地地力等级评价成果填写	双精度,6,2
	有效硅:依据土壤化学分析有效硅值耕地地力等级评价成果填写	双精度,4,2
	有效钼:依据土壤化学分析有效钼值耕地地力等级评价成果填写	双精度,5,2
	有效铜:依据土壤化学分析有效铜值耕地地力等级评价成果填写	双精度,5,1
	有效锰:依据土壤化学分析有效锰值耕地地力等级评价成果填写	双精度,6,1
	有效铁:依据土壤化学分析有效铁值耕地地力等级评价成果填写	双精度,6,1
	交换性钙:依据土壤化学分析交换性钙值耕地地力等级评价成果填写	双精度,5,1
	交换性镁:依据土壤化学分析交换性镁值耕地地力等级评价成果填写	双精度,5,1
	有效硫:依据土壤化学分析有效硫值耕地地力等级评价成果填写	双精度,5,1
	盐化类型:无	字符串,20
	1m 土层含盐量:无	双精度,5,1
	耕层土壤含盐量:无	双精度,5,1
	水解性氮:依据土壤化学分析水解性氮值耕地地力等级评价成果填写	双精度,5,3
	旱季地下水位:无	字符串,3
	采样深度:县提供数据	字符串,7
耕层土壤有机质等值线图	内部标识码:系统内部 ID 号	长整型,9
	实体类型:point,polyline,polygon	文本型,10
	实体长度:系统内部自带	长整型,10
	有机质:依据土壤化学分析有机质值耕地地力等级评价成果填写	双精度,5,1
耕层土壤全氮等值线图	内部标识码:系统内部 ID 号	长整型,9
	实体类型:point,polyline,polygon	文本型,10
	实体长度:系统内部自带	长整型,10
	全氮:依据土壤化学分析全氮值耕地地力等级评价成果填写	双精度,4,2

（续表）

图名	属性数据结构	字段类型
耕层土壤有效磷等值线图	内部标识码:系统内部ID号	长整型,9
	实体类型:point,polyline,polygon	文本型,10
	实体长度:系统内部自带	长整型,10
	有效磷:依据土壤化学分析有效磷值耕地地力等级评价成果填写	双精度,5,1
耕层土壤速效钾等值线图	内部标识码:系统内部ID号	长整型,9
	实体类型:point,polyline,polygon	文本型,10
	实体长度:系统内部自带	长整型,10
	速效钾:依据土壤化学分析速效钾值耕地地力等级评价成果填写	长整型,3
耕层土壤缓效钾等值线图	内部标识码:系统内部ID号	长整型,9
	实体类型:point,polyline,polygon	文本型,10
	实体长度:系统内部自带	长整型,10
	缓效钾:依据土壤化学分析缓效钾值耕地地力等级评价成果填写	长整型,4
耕层土壤有效锌等值线图	内部标识码:系统内部ID号	长整型,9
	实体类型:point,polyline,polygon	文本型,10
	实体长度:系统内部自带	长整型,10
	有效锌:依据土壤化学分析有效锌值耕地地力等级评价成果填写	双精度,5,2
耕层土壤有效钼等值线图	内部标识码:系统内部ID号	长整型,9
	实体类型:point,polyline,polygon	文本型,10
	实体长度:系统内部自带	长整型,10
	有效钼:依据土壤化学分析有效钼值耕地地力等级评价成果填写	双精度,4,2
耕层土壤有效铜等值线图	内部标识码:系统内部ID号	长整型,9
	实体类型:point,polyline,polygon	文本型,10
	实体长度:系统内部自带	长整型,10
	有效铜:依据土壤化学分析有效铜值耕地地力等级评价成果填写	双精度,5,2
耕层土壤有效硅等值线图	内部标识码:系统内部ID号	长整型,9
	实体类型:point,polyline,polygon	文本型,10
	实体长度:系统内部自带	长整型,10
	有效硅:依据土壤化学分析有效硅值耕地地力等级评价成果填写	双精度,6,2
耕层土壤有效锰等值线图	内部标识码:系统内部ID号	长整型,9
	实体类型:point,polyline,polygon	文本型,10
	实体长度:系统内部自带	长整型,10
	有效锰:依据土壤化学分析有效锰值耕地地力等级评价成果填写	双精度,5,1

（续表）

图名	属性数据结构	字段类型
耕层土壤有效铁等值线图	内部标识码:系统内部 ID 号 实体类型:point,polyline,polygon 实体长度:系统内部自带 有效铁:依据土壤化学分析有效铁值耕地地力等级评价成果填写	长整型,9 文本型,10 长整型,10 双精度,5,1
耕层土壤pH 等值线图	内部标识码:系统内部 ID 号 实体类型:point,polyline,polygon 实体长度:系统内部自带 pH:依据土壤化学分析 pH 值耕地地力等级评价成果填写	长整型,9 文本型,10 长整型,10 双精度,4,1
耕层土壤交换性钙等值线图	内部标识码:系统内部 ID 号 实体类型:point,polyline,polygon 实体长度:系统内部自带 交换性钙:依据土壤化学分析交换性钙值耕地地力等级评价成果填写	长整型,9 文本型,10 长整型,10 双精度,6,1
耕层土壤交换性镁等值线图	内部标识码:系统内部 ID 号 实体类型:point,polyline,polygon 实体长度:系统内部自带 交换性镁:依据土壤化学分析交换性镁值耕地地力等级评价成果填写	长整型,9 文本型,10 长整型,10 双精度,5,1
耕层土壤有效硫等值线图	内部标识码:系统内部 ID 号 实体类型:point,polyline,polygon 实体长度:系统内部自带 有效硫:依据土壤化学分析有效硫值耕地地力等级评价成果填写	长整型,9 文本型,10 长整型,10 双精度,5,1
耕层土壤水解性氮等值线图	内部标识码:系统内部 ID 号 实体类型:point,polyline,polygon 实体长度:系统内部自带 水解性氮:依据土壤化学分析水解性氮值耕地地力等级评价成果填写	长整型,9 文本型,10 长整型,10 双精度,5,3
耕地地力评价等级图	内部标识码:系统内部 ID 号 实体类型:point,polyline,polygon 实体面积:系统内部自带 等级(县内):‘120’	长整型,9 文本型,10 双精度,19,2 文本型,2

(续表)

图名	属性数据结构	字段类型
耕层土壤有效硼等值线图	内部标识码:系统内部 ID 号 实体类型:point,polyline,polygon 实体长度:系统内部自带 有效硼:依据土壤化学分析有效硼值耕地地力等级评价成果填写	长整型,9 文本型,10 长整型,10 双精度,4,2
土壤全盐含量分布图	内部标识码:系统内部 ID 号 实体类型:point,polyline,polygon 实体长度:系统内部自带 全盐:依据土壤化学分析全盐值耕地地力等级评价成果填写	长整型,9 文本型,10 长整型,10 双精度,4,1
耕层土壤有效镁等值线图	内部标识码:系统内部 ID 号 实体类型:point,polyline,polygon 实体长度:系统内部自带 有效镁:依据土壤化学分析有效镁值耕地地力等级评价成果填写	长整型,9 文本型,10 长整型,10 长整型,2
耕层土壤有效钙等值线图	内部标识码:系统内部 ID 号 实体类型:point,polyline,polygon 实体长度:系统内部自带 有效钙:依据土壤化学分析有效钙值耕地地力等级评价成果填写	长整型,9 文本型,10 长整型,10 长整型,2

第五节　建库工作方法

一、数据库质量控制

数据库质量涉及三个方面的工作：一要满足耕地地力评价工作的需要。二要满足耕地资源信息系统数据库建设的需要。三要满足建库所有成果图件输出的需要。为满足以上三个方面的要求，在数据库建设工作开展前，首先在有关国标、部标和行业标准的基础上，制定了统一的工作平台、工作方法和流程，成果图件图名、图例和色彩编制要求，成果质量检查工作方法。对耕地地力评价基础性图件首先在建库单位初步检查后，交项目县进行全面检查和修改补充错漏内容，返回建库单位对所有成果图件安排专人进行全面检查和修改，从而保证了数据库的成果质量。

二、建库工作有关规定

为保证建库工作按时、保质完成，成立了建库项目组：

1. 建库项目组。设立技术负责1人，全面负责建库工作的有关规程学习，日常建库工作安排、工作进度、质量检查、建库数据库资料汇总、MAPGIS格式建库成果经ARCGIS规范化处理，导入县域耕地资源信息系统等工作。

2. 质量检查组。安排具有工作经验的人员成立检查组，负责所有建库资料的质量检查及修改工作。

3. 制定了建库工作标准。在建库工作前，首先对建库图形子图的大小、线的粗细及线型、面的色彩搭配、图件分层、工作方法和流程下发到每一个建库工作人员手中，统一了建库图形扫描矢量化的技术要求。

4. 最终成果检查。所有成果图待评审验收后，依据专家意见，由建库组和耕地地力评价组依据专家和甲方意见进行成果图和数据库修改补充，最后输出成果图件和导入县域耕地资源信息系统。

三、建库资料精度及建库工作流程

1. 建库资料精度

为保证建库资料的数学精度，首先形成大于费县范围的1∶5万标准图幅理论图框，拼接形成县域的1∶5万理论图框，以1∶5万标准分幅地形图为基础，在地形图和县域土地利用现状图上选择同名地物点（主要为农村道路交叉点等）为几何校正点，为保证县域图件的精度，费县不少于30个几何校正点，每一个几何校正点选择地形图附近的四个千米网交叉点，将其校正到县域的理论图框上，形成满足1∶5万精度要求的县域地理底图。以该图为基础，将所有建库成果图件校正到县域地理底图上。

2. 建库工作流程

第一步，首先按照建库工作的基本要求对土地利用现状、土壤、矿化度、灌溉分区、地貌、采样点位等图件进行扫描矢量化和几何校正处理、建库组错漏自查和交甲方进行错漏检查、返回建库组修改及编辑，拓扑检查，属性挂接处理等。第二步，将以上成果交耕地地力评价组进行耕地地力评价工作。第三步，耕地地力评价组将其评价成果资料再返回到建库组，由建库组按照县域耕地资源信息系统数据库建设要求，对所有建库成果资料进行全面的质量检查及编辑处理、拓扑处理、属性挂接，最后由 MAPGIS—ARCGIS——县域耕地资源信息系统输出成果图件。

3. 主要空间数据库说明

①行政区划图（地理底图）。以土地利用现状图为背景，分别提取乡镇、村庄、主要工矿企业建设用地，主要道路、河流、境界、行政区划等内容。参考地图或 1∶5 万地形图，对主要道路、双线河流等地物进行连接并加注地物注记。依据卫星影像等资料，对近年来增加的主要道路进行更新。

②土壤图。依据土壤调查研究报告、土壤志、山东省土壤分类归属标准，编制土种归属对比表和国标、省标、县三级对比表图例。在土壤图上保留土壤图原始代码，属性挂接为国标代码，可满足部、省、县各级政府工作的需要。

③地貌图。由于地貌图为微地貌图，为满足部、省、县各级政府使用及建库工作的需要，在地貌图中保留了原地貌代码，其属性尽量对应到数据字典中的名称及代码，在图例中增加了对比表，满足了各项工作的需要。

4. 属性库编制方法

严格按照建库数据字典中的要求及建库单位提供的资料编制各种成果图属性代码。

第六节 建库成果

费县耕地资源信息系统数据库建设成果包括农业部规定格式的数据库和 MAPGIS 格式的成果共计 23 幅图，详见表 8-3。

表 8-3 费县耕地资源信息系统数据库建设成果表

序号	成果图名称	备注
1	费县土地利用现状图	
2	费县地貌图	
3	费县土壤图	
4	费县坡度图	
5	费县耕地地力调查点点位图	
6	费县灌溉分区图	
7	费县土壤 pH 值分布图	
8	费县耕地地力评价等级图	
9	费县土壤缓效钾含量分布图	
10	费县土壤碱解氮含量分布图	
11	费县土壤交换性钙含量分布图	
12	费县土壤交换性镁含量分布图	
13	费县土壤全氮含量分布图	
14	费县土壤速效钾含量分布图	
15	费县土壤有机质含量分布图	
16	费县土壤有效磷含量分布图	
17	费县土壤有效硫含量分布图	
18	费县土壤有效锰含量分布图	
19	费县土壤有效钼含量分布图	
20	费县土壤有效硼含量分布图	
21	费县土壤有效铁含量分布图	
22	费县土壤有效铜含量分布图	
23	费县土壤有效锌含量分布图	

第七节　小　结

费县耕地资源管理信息系统数据库建设包括空间数据库和属性数据库两部分内容。空间数据库全部是按照县域耕地资源管理信息系统数据字典要求建设的。属性数据库由于部分资料难以收集到（如土地平差面积等），属性数据仅按照县域耕地资源管理信息系统数据字典要求编制了部分内容。再者，例如耕地地力评价土壤采样点位图，利用 GPS 坐标展绘到地理底图上点与实际点位误差较大，达不到精度要求，所以耕地地力评价土壤调查采样点位图是依据野外采样点位图经扫描矢量化后形成，属性挂接为 GPS 定点的坐标。

在数据库建设工作中，项目组虽然为了提高建库工作质量制定了相关的工作方法和技术要求，由于建库人员水平不一，难免有不对之处，敬请指正。

第三篇　费县耕地地力评价专题报告

费县耕地改良利用分区专题研究

耕地是人类生存的根本。费县自1984年第二次土壤普查结束以来，随着农村经营体制、耕作制度、作物品种、种植结构、产量水平和肥料使用等方面的变革，耕地利用状况也发生了明显改变。因此，开展区域耕地地力调查评价，针对土壤本身存在的问题和农业生产立地条件，摸清区域中低产耕地状况及其障碍因素，抓主要矛盾并有的放矢地开展中低产耕地的科学改良利用，提高耕地质量，充分发挥土壤的生产潜力，对于费县土地生产能力和耕地资源的可持续利用具有重要的意义。

一、耕地改良利用分区原则与分区系统

（一）耕地改良利用分区的原则

耕地改良利用区划的基本原则是：从耕地自然条件出发，主导性、综合性、实用性和可操作性相结合。按照因地制宜、因土适用、合理利用和配置耕地资源，充分发挥各类耕地的生产潜力，坚持用地与养地相结合，近期与长远相结合的原则进行。以土壤组合类型、肥力水平、改良方向和主要改良措施的一致性为主要依据。同时，考虑地貌、气候、水文和生态等条件以及植被类型，参照历史与现状等因素综合考虑进行分区。

（二）耕地改良利用分区系统

根据耕地改良利用原则，将影响耕地利用的各类限制因素归纳为耕地自然环境要素、耕地土壤养分要素和耕地土壤物理要素，将全区耕地改良利用划分为3个改良利用类型区，即：耕地自然环境条件改良利用区、耕地土壤培肥改良利用区、耕地土体整治改良利用区，并分别用大写字母E、N和P表示。各改良利用类型区内，再根据相应的限制性主导因子，续分为相应的具体改良利用亚类。

二、耕地改良利用分区方法

（一）耕地改良利用分区因子的确定

耕地改良利用分区因子是指参与评定改良利用分区类型的耕地诸属性。由于影响的因素很多，我们根据耕地地力评价，遵循主要因素原则、差异性原则、稳定性原则、敏感性原则，进行了限制主导因素的选取。考虑与耕地地力评价中评价因素的一致性，考虑各土壤养分的丰缺状况及其相关要素的变异情况，选取耕地土壤有机质含量、耕地土壤有效磷含量、耕地土壤速效钾含量、耕地土壤有效锌含量和耕地土壤有效硼含量因素作为耕地土壤养分状况的限制性主导因子；选取灌溉保证率、坡度和有效土层厚度作为耕地自然环境状况的限制性主导因子；选取耕层质地条件和土体构型作为耕地土壤物理状况的限制性主导因子。

（二）耕地改良利用分区标准

依据农业部《全国中低产田类型划分与改良技术规范》，根据山东省各县区耕地地力评价资料，综合分析目前全省各耕地改良利用因素的现状水平，同时针对影响费县耕地利用水平的主要因素，邀请具有土壤管理经验的相关专家进行分析，制订了耕地改良利用各主导因子的分区及其耕地改良利用类型的确定标准。具体分级标准见表1。

表1 耕地改良利用主导因子分区标准

耕地改良利用区划	限制因子	代号	分区标准
耕地土壤培肥改良利用区（N）	有机质（O，g/kg）	No	<12
	有效磷（P，mg/kg）	NP	<15
	速效钾（K，mg/kg）	NK	<100
	有效锌（Zn，mg/kg）	NZn	<0.5
	有效硼（B，mg/kg）	NB	<0.5
耕地自然环境条件改良利用区（E）	灌溉保证（i，%）	Ei	灌溉保障率低于50%
	坡度（s，度）	Es	>10°
	有效土层（d，cm）	Ed	<60cm
耕地土体整治改良利用区（P）	耕层质地（t）	Pt	沙土、沙壤、粗骨土
	土体构型（c）	Pc	土体中有障碍层次

（三）耕地改良利用分区方法

在GIS支持下，利用耕地地力评价单元图，根据耕地改良利用各主导因子分区标准在其相应的属性库中进行检索分析，确定各单元相应的耕地改良利用类型，通过图面编辑生成耕地改良利用分区图，并统计各类型面积比例。

三、耕地改良利用分区专题图的生成

（一）耕地土壤培肥改良利用分区图的生成

根据耕地土壤养分限制因素分区标准，把费县耕地有机质分为两类，即有机质改良利用区和有机质非改良利用区。有机质改良利用区以代号No标注；同样，有效磷改良利用区用代号NP标注，速效钾改良利用区用代号NK标注，有效锌改良利用区用符号NZn标注，有效硼改良利用区用代号NB表示。编辑生成耕地土壤培肥改良利用分区图（图1）。

（二）耕地自然环境条件改良利用分区图的生成

根据耕地自然环境条件限制因素分区标准进行费县耕地改良利用分

区。灌溉保证条件分为灌溉保证条件改良利用区和灌溉保证条件非改良利用区，改良利用区用代号 Ei 标注；坡度条件分为坡度条件改良利用区和坡度条件非改良利用区，坡度条件改良利用区以代号 Es 标注；有效土层厚度分为有效土层改良利用区和有效土层非改良利用区，有效土层改良利用区以代号 Ed。标注结果见图 2。

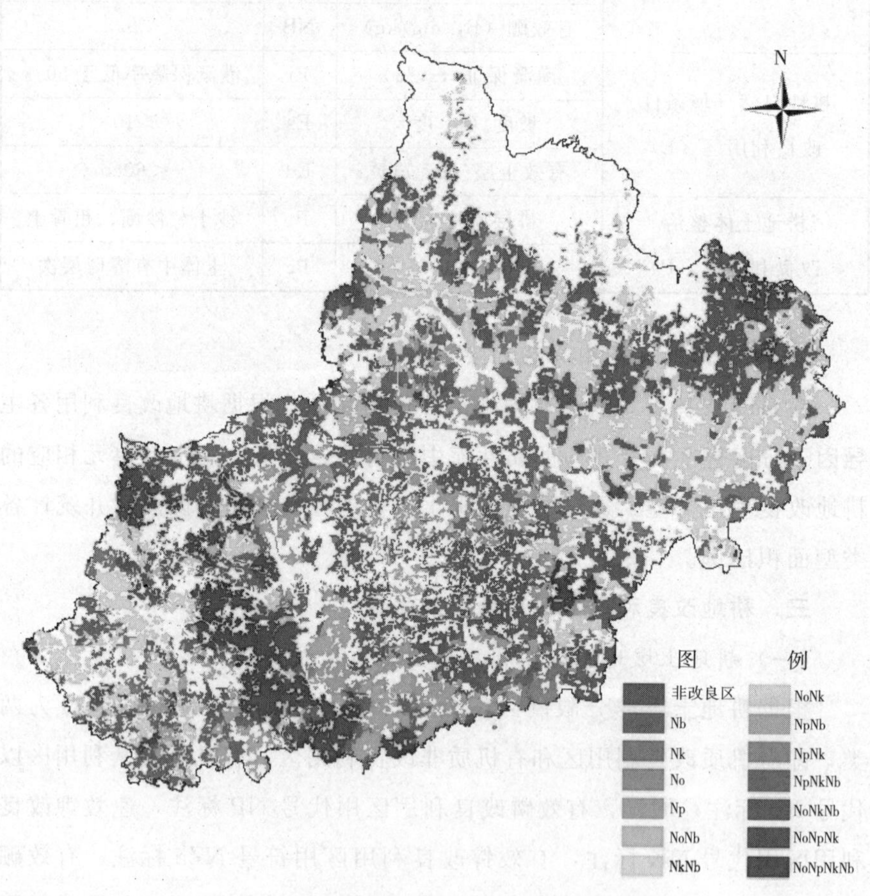

图 1　费县耕地土壤培肥改良利用分区图

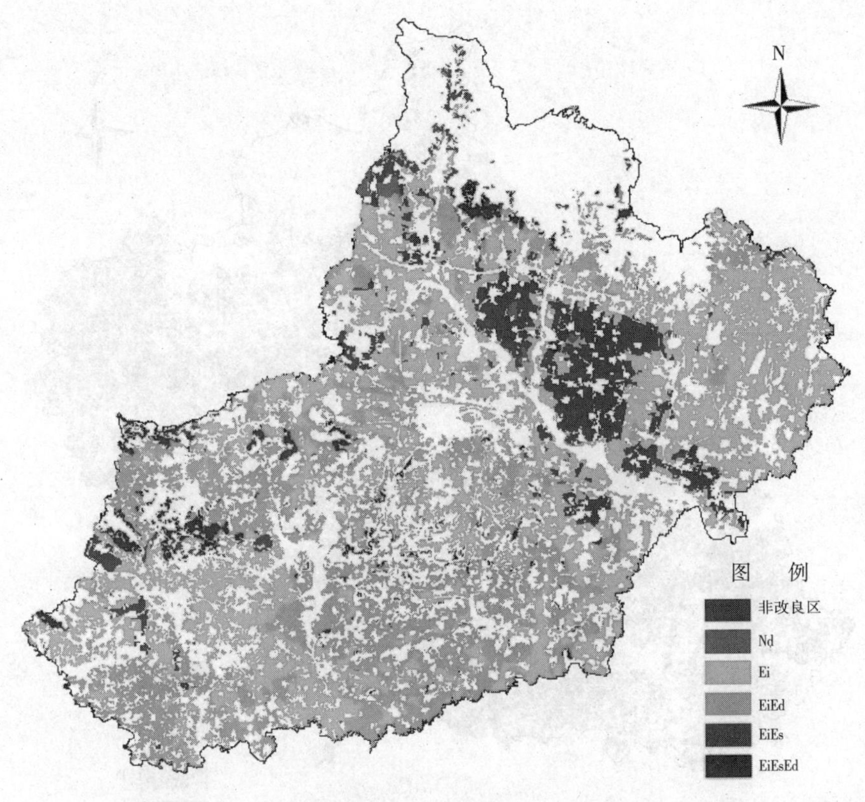

图2 费县耕地自然环境条件改良利用分区图

（三）耕地土体整治改良利用分区图的生成

根据耕地土体条件限制因素分区标准，耕地耕层质地条件改良利用区用符号 Pt 标注，耕地土体构型改良利用区用符号 Pc 标注。在 GIS 下检索生成耕地土体整治改良利用分区图（图3）。

四、耕地改良利用分区结果分析

（一）耕地土壤培肥改良利用分区面积统计及问题分析

费县耕地土壤培肥改良利用区各改良利用类型面积及其比例见表2。

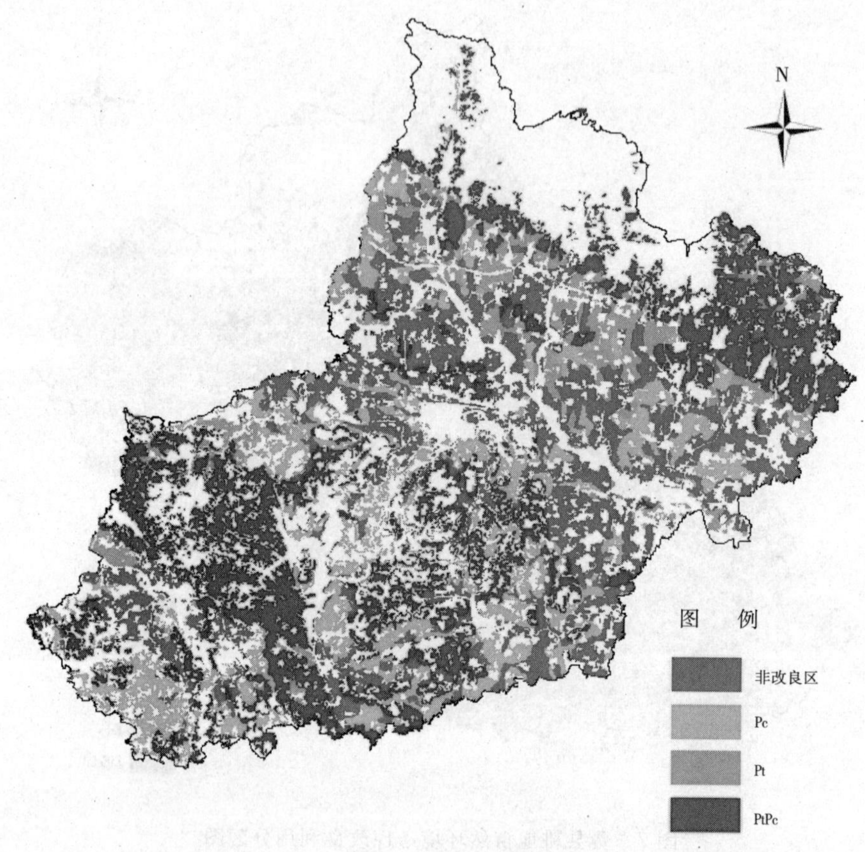

图 3 费县耕地土体整治改良利用专题图

表 2 费县耕地土壤培肥改良利用分区面积统计表 单位：ha,%

改良利用分区	Nb	No	Nk	Np	NoNb	NoNk	NpNb	NpNk	NkNb
面积	7 973.07	229.87	2 765.39	3 402.95	866.29	786.46	5 157.39	691.09	16 369.68
百分比	12.13	0.35	4.21	5.18	1.32	1.20	7.85	1.05	24.91

改良利用分区	NoNpNk	NpNkNb	NoNkNb	NoNpNkNb	非改良区	总计
面积	956.60	3 857.59	9 522.89	5 738.18	7 409.23	65 726.67
百分比	1.46	5.87	14.49	8.73	11.27	100

由图1和表2可以看出，费县耕地土壤培肥改良的情况比较复杂，不同养分需要改良的组合情况有13中之多。通过对比分析可以看出，整体情况可以分成三种情况：第一种情况是单一养分要素需要改良的情况。这种情况在地图上显示是偏绿色的地块，与行政区图叠加可以发现，主要分布在费城镇、芍药山乡、马庄镇、探沂镇，另外朱田镇的北部、石井镇的北部和东部、城北乡的南部、南张庄乡与上冶镇的交界处也有部分分布。由表二可以看出，单一元素缺乏主要是硼、钾、磷元素缺乏。其中缺乏有效硼元素的耕地面积为7 973.07 ha，占总耕地面积的12.13%，是单一养分元素缺乏占地面积最大的类型。第二种情况是同时缺乏两种养分要素的地块。在地图中这些地块整体颜色为偏黄色，可以看出这类地区分布比较零散，梁邱镇的西部，新庄镇的北部，新桥镇的大部分地区，胡阳镇、方城镇、汪沟镇三个镇的南部地区都有分布，其余上冶镇、南张庄乡、薛庄镇等都有大片分布。从表2中可以看出，其中钾肥和硼肥同时缺乏的地区面积为16 369.68 ha，占总耕地面积的24.91%。这类地也是所有需要培肥耕地中所占面积比例最大的耕地，需要着重处理。另外四种需要改良的类型分别为有机肥与硼肥同时缺乏，有机肥与钾肥同时缺乏，磷肥与钾肥、磷肥与硼肥同时缺乏。其中有效磷与有效硼同时缺乏的耕地面积为5 157.39 ha，占总耕地面积的7.85%，其余三种都只占总耕地面积的百分之一多点。第三种情况是同时缺乏三种或三种以上养分的地区，这些地区地块在地图上偏红色分布。由图可以看出朱田镇的西南部、梁邱镇的东部、新庄镇的西南部、南张庄乡的中部、汪沟镇的北部等地区有大块分布。由表2可以知道，同时缺乏有机质、速效钾、有效硼的地块面积为9 522.89 ha，占总耕地面积的14.49%，是此种情况占地面积最大的类型。有机质、有效磷、速效钾、有效硼四种养分同时需要改良的地区为5 738.18 ha，占总耕地面积的8.73%。从各类型面积比例看出，费县耕地土壤培肥改良的主要方向为增施有机肥、钾肥和硼肥，同时应注重养分的平衡施用，逐步提高土壤中的养分含量。

（二）耕地自然环境条件改良利用分区面积统计及问题分析

费县耕地自然环境条件改良利用区各改良利用类型面积及其比例见表3。

表3　费县耕地自然环境条件改良利用分区面积统计表

单位：ha,%

改良利用分区	Ed	Ei	EiEs	EiEd	EiEsEd	非改良区	总计
面积	381.81	37 266.7	844.3	18 276.5	1 840.92	7 116.44	65 726.67
百分比	0.58	56.70	1.28	27.81	2.80	10.83	100

由图2和表3可以看出，费县单一需要改良要素中没有坡度，在综合改良中，含有坡度改良的耕地总面积为2 685.22 ha，占总耕地面积的5%不到，可见费县整体地势平坦，耕地等级受坡度影响较小，非常适宜农作物的耕种。单一需要改良的区域主要分布在梁邱镇、城北乡、上冶镇、方城镇、汪沟镇和探沂镇。新庄镇的西部、朱田镇的北部和费城镇的中部，也有少量分布。其中有效土层需要改良的面积是381.81 ha，占总耕地面积的0.58%，只占很少的比例，而灌溉保证率需要改良的耕地面积是37 266.70 ha，占总耕地面积的一半以上，是影响费县自然环境条件状况的主要因素，需要集中力量进行整治和改良。灌溉保证水平和有效土层都需要改良的面积为18 276.50 ha，占总耕地面积的27.81%，这些地区主要分布在朱田镇、石井镇、新庄镇、芍药山乡、马庄镇、刘庄镇，其余地区有零星分布。灌溉保证和坡度需要改良的地区面积为844.30 ha，占总耕地面积的1.28%。三种条件都需要改良的面积为1 840.92 ha，占总耕地的2.80%，在地图上主要分布在梁邱镇、朱田镇的交界处，南张庄乡的中部，另外芍药山乡、费城镇、薛庄镇也有零星分布。根据以上分析可见，费县耕地自然环境条件改良利用的主要方向为改善该区耕地灌溉条件，费县大部分地区都或多或少地存在着灌溉保证的问题，因此提高灌溉保证率，是费县耕地自然条件改良的主

要方向。

（三）耕地土体整治改良利用分区面积统计及问题分析

费县耕地土体整治改良利用区各改良利用类型面积及其比例见表4。

表4　费县耕地土体整治改良利用分区面积统计表

单位：ha,％

改良利用分区	Pc	Pt	PtPc	非改良区	总计
面积	14 004.66	6 217.71	23 337.47	22 166.83	65 726.67
百分比	21.31	9.46	35.51	33.73	100

由图3和表4可以看出，费县耕地土体结构不需改良的耕地面积为22 166.83 ha，占耕地总面积的33.73％。需要改良的面积占耕地总面积的66.28％，主要分布在费县除中部和北部以外的地区。土体构型有障碍层，需要改良的耕地面积为14 004.66 ha，占总耕地面积的21.31％。主要分布在石井镇、新庄镇、马庄镇、费城镇、新桥镇和朱田镇的北部。费县需要改良的耕层质地的耕地主要为沙壤和沙土类型，其面积为6 217.71 ha，占总耕地面积的9.46％，主要分布在费县的北部边缘的乡镇中部，南部朱田镇和梁邱镇也有少量分布。耕层质地和土体构型都需要改良的耕地面积为23 337.47 ha，占总耕地面积的35.51％。朱田镇的南部，梁邱镇的北部，芍药山乡、方城镇、汪沟镇都有分布。

综合分析我县中低产田低产的原因主要有以下几个方面：

一是土壤贫瘠，养分缺乏，土壤有机质低，投入上重无机肥轻有机肥、重氮肥轻磷钾肥，造成土壤板结，给农业生产带来较大的影响。

二是水利条件特别是农田水利建设对中低产田的形成有重要影响。洪涝旱渍潮等自然灾害是农业生产的重大制约因素。

三是农民经营管理不善，对土地只种不养，采取掠夺式经营，造成土地肥力和产量下降。把不适宜开垦的土地开垦为耕地，如坡耕地等。

四是国家对农业基本建设的投入，特别是对农田水利建设的投资力度不够。

五、耕地改良利用对策及措施

我县中低产田土形成的原因比较复杂，有干旱缺水、水土流失、土壤瘠薄、经营管理等多种原因。中低产田土的形成多是环境因素综合作用的结果，为切实做好中低产田的改造工作，必须实行分区治理和总体治理相结合。

（一）垒堰筑坝，修筑梯田，保持水土

费县大部分低产田处于山地丘陵，地面起伏不平。据统计，耕地中34 979.6 ha处于山地丘陵的中上部，水土流失严重。据资料分析，每年被洪水带走的土壤多达426 443.75吨，因此，修筑梯田保持水土是一项基本措施。

（二）工程与技术措施相配套，合理利用降水

一是建以抽、提、引、蓄相配套的塘坝、小水池、集水窖等小水利工程，改善旱耕地的水利条件，以减轻季节性干旱对旱作农业的影响，提高旱耕地的高产稳产能力。

二是应用秸秆直接还田技术。实行作物秸秆夏季直接盖田并大力推行将农作物秸秆作为有机肥资源还田，实施施入表层的作物秸秆并同时要施入一定的活性微生物菌剂如腐秆灵菌剂相结合，以加速秸秆腐烂。秸秆还田后，不仅提高了抗侵蚀能力，同时也提高了土壤有机质含量，增加了土壤的团粒结构，调整了土壤的紧实度，促进了土壤孔隙度，提高土壤抗寒、保温及保水性能。

三是采用地膜保护地技术，也是改造低产田，克服春季低温干旱的作物生育逆境、确保晚熟作物正常成熟，是半干旱地区作物增产的有效途径，同时还能有效防止坡耕地水土流失，保持土壤水分和温度。

（三）深耕改土，增施有机肥，活化土壤

据统计，费县需要深耕的耕地26 132.92 ha，占耕地面积的39.76%。有计划地进行冬季深耕，并结合增施有机肥，一是能加厚熟土层，加大作物根系的营养面积；二是打破部分障碍层，如黏土层、砂

姜层、砂层等，有利于作物根系下扎；三是能改善土壤理化性状，提高土壤肥力。

（四）农业综合措施配套技术

推行旱作农业，在无灌溉水浇条件下，推行旱作农业技术和抗旱剂应用，并加强病虫害和草害防治、选用良种等。合理调整作物结构也是重要的改造中低产田土体的重要措施。

（五）大力调整农业结构，充分发挥地力

在不宜种粮的粗骨土和石质土上，因地制宜地大力发展板栗、核桃、金银花等土特产；在土层较厚的地方，可以发展果粮间作，以尽快提高经济效益。在25度坡上的土层薄、水土流失严重的耕地上，应先种草、养畜，发展牧业生产。

（六）因地制宜利用耕地，发展可持续农业

因地制宜地利用耕地资源，通过合理轮作、科学间套种等措施，努力提高耕地资源的利用率；注重农、林、牧、副、渔并举，建立生态型可持续农业系统，达到经济、生态和社会效益的高度统一。

（七）大力开展测土配方施肥技术推广

费县存在土壤有机质偏低、速效钾含量偏低和微量元素特别是有效硼含量偏低等限制性因素，需要增施钾肥的耕地面积为40 687.88 ha，占全县耕地总面积的61.92%；需要增施硼肥的耕地面积为49 485.09 ha，占全县耕地总面积的75.30%；需要增施磷肥的耕地面积为19 803.80 ha，占全县耕地总面积的30.14%；需要增施有机质肥料的耕地面积为17 870.42 ha，占全县耕地总面积的27.20%。因此要持续提高中低产耕地的基础地力，为农作物生长创造良好的条件，必须将用土与养土妥善结合起来，大力开展科学指导化肥的调配，实施测土配方施肥，平衡土壤养分，协调氮磷钾比例、科学合理施用微肥，增加有机肥施用量，不断培肥地力。

（八）合理用地，用养结合

合理种植，养用结合，是不断提高土壤肥力，实现农业持续增产的主要途径。种植上实行粮豆轮作或粮肥轮作，土壤瘠薄地区实行一粮一肥制。

（九）推广少（免）耕作技术

岭坡水土流失严重的地方，推广少耕深松耕作技术，提高土壤抗蚀抗旱能力。缓坡地主要采用等高耕作，开沟垄作，防治水土流失。

费县花生高产创建与耕地地力评价专题报告

一、费县花生生产现状及存在问题

（一）花生生产现状

费县地处沂蒙山区，总面积 1 903.75 平方千米，94 万人，65 726.67 ha 耕地，常年农作物种植面积 110 000 ha 左右，是一个典型的农业大县。

典型种植制度为：麦一玉、麦一玉/油、地瓜、花生；主要熟制：一年两作、两年三作和一年一作。

全县常年种植花生 23 333.33 ha 左右。2008 年全县花生播种面积 23 960.00 ha，平均单产 4 485.00 kg/ha，总产 10.75 万吨。其中春播 19 600 ha，夏播 4 026.67 ha，麦田套种 333.33 ha。地膜覆盖 22 733.33 ha，占播种面积的 94.9%。主栽品种为海花 1 号，播种面积 18 000 ha，占总播面积的 75%以上；丰花系列、鲁花 22 号和金花 1 号等新品种播种面积只有 5 933.33 ha，占总播种面积的 25%以下。从产量上看，3 000 kg/ha 以下地块，播种面积为 1 333.33 kg/ha；产量 3 000～4 500 kg/ha 的中产地块播种面积达 18 666.67 ha，占总播面积的 77.91%；产量 4 500～6 000 kg/ha 的播种面积为 3 560 ha，占总播面积的 14.86%；产量 6 000 kg/ha 以上的播种面积只有 400 ha 左右。

（二）花生生产中低产的原因

1. 耕层浅，肥力偏低。花生生产区域大部分位于山地丘陵，由于不便于整地，很少精耕细作，土壤耕层较浅，加之土壤砂性较大，有机肥施用量少，土壤肥力低。

2. 施肥不合理。重氮轻磷钾，氮肥施用过量，磷钾施用偏少，微量元素肥料很少施用，致使土壤养分比例严重失调。

3. 管理粗放。肥料施用大都采用一炮轰，花生生长后期表现脱肥，病虫草害防治不及时，特别是后期叶斑病严重。

4. 品种混杂退化严重。种子大都是自家留取，又不进行分级，种子混杂严重，播种后出苗不整齐，种植品种部分有的还保留着海花系列及花 37 等老品种，大部分没有进行提纯复壮，导致花生产量低下。

5. 密度偏低。一般密度为 5 000～6 000 墩/亩，比正常密度每亩普遍偏低 2 000～3 000 墩，花生生产潜力没有充分发挥。

二、费县耕地与花生生产适宜性评价

费县典型的地貌为山地、丘陵、平原，其中低山、丘陵面积占全县总面积的 70%以上。花生典型种植绝大部分为一年一作模式，兼有两年三作模式。主要分布在低山丘陵区域。从土壤类型看春作主要分布在粗骨土、石质土，夏种的分布于潮棕壤和潮土。种植区域重点为汪沟镇、方城镇、薛庄镇、胡阳镇、南张庄乡、朱田镇、梁邱镇、新庄镇等乡镇的局部村庄。限制因素评价主要为：地力较低，养分较缺乏，土层过浅，灌溉条件较差。但土壤质地适宜花生种植。具体情况如下：

1. 养分比较缺乏。大部分种植区属于同时缺乏三种或三种以上养分的地区。分布乡镇为朱田镇的西南部、梁邱镇的东部、新庄镇的西南部、南张庄乡的中部、汪沟镇的北部等。同时缺乏有机质、速效钾、有效硼的地块面积为 9 522.89 ha，占花生总种植面积的 40.81%；有机质、有效磷、速效钾、有效硼四种养分同时需要改良培肥的区域为 5 738.18 ha，占花生总种植面积面积的 24.59%。从各类型面积比例看出，费县花生种植耕地土壤培肥改良的主要方向为增施有机肥、钾肥和硼肥，同时应注重养分的平衡施用，逐步提高土壤中的养分含量。花生种植区土壤养分含量见表1。

表1　花生种植区域土壤养分含量

类别	有机质(g/kg)	全氮(g/kg)	有效磷(mg/kg)	速效钾(mg/kg)	速效硼(mg/kg)	有效钼(mg/kg)	有效锌(mg/kg)	pH值
丘陵	9.2	0.72	11.6	73	0.43	0.12	0.73	6.5
缓平地	15.6	1.02	27.3	87	0.49	0.23	0.96	6.3

2. 灌溉条件较差。花生种植区绝大部分没有灌溉条件，灌溉保证率需要改良的耕地面积是16 320.32 ha，占花生总种植面积的71.0%。灌溉条件是影响费县农业的自然环境条件状况中的主要因素，但由于费县花生生长期处于降雨量比较密集的6～9月份，水分比较充沛，协调利用好降水，对提高花生产量有较大的作用。

3. 在耕地土体整治改良利用分区中，花生种植区在该分区中属于三类改良类型。土壤质地粗，大部分为砾质土和粗砂土，土层较浅，薄层、中层土壤占大部分，部分有障碍层次。需要改良耕层质地和土体构型的总耕地面积为23 337.47 ha，其中花生种植面积为4 952.22 ha，占花生种植总面积的20.63%。重点分布在朱田镇的南部、梁邱镇的北部、芍药山乡、方城镇北部、汪沟镇北部和薛庄镇北部等。

4. 花生种植区域土壤质地从粗砂土到轻壤，较适合花生扎根和结果，对花生生长是有利的。

三、创建花生高产的条件

(一) 土壤条件

花生为地下结果，根部有根瘤共生的经济作物，对土壤选择虽然不很严格但也有一定的要求。一是以砂土到砂质壤土为适宜，这种土壤通透性好，总孔隙度50%以上，耕层容重1.3g/cm^{3}以下。土壤疏松有利于果针入土、根系发育，根瘤菌活动旺盛，荚果饱满，色泽鲜亮。二是土层相对深厚，地力肥沃为宜。土层厚度一般不能少于60 cm，耕层厚度不低于 20 cm，要有一定的肥力基础。花生高产地块有机质含量应为 7.0～11.0 g/kg，全氮 0.7～1.2 g/kg，速效氮 90 mg/kg 以上，速效磷 25mg/kg 以上，速效钾 90mg/kg 以上。三是土壤 pH 值较适宜。以 pH 值为 6～6.5 的微酸性土壤最为适宜，此范围内根瘤菌活动旺盛，磷肥的有效性也最好。

（二）其他条件

1. 品种要求

选用中熟或中早熟、产量潜力大、综合抗性好的花生品种。种子纯度要达到 98%以上，发芽率在 95%以上。当前生产上推荐选用丰花 1 号和花育 22 号等（丰花 5 号、花育 20 号、科花 1 号、花育 25）。

2. 培肥与整地

花生高产田通过深耕，结合秸秆还田和增施有机肥等措施不断加以改良，使土壤达到高产栽培条件。

3. 标准作畦

垄距 85～90 cm，垄高 10～12 cm，垄面宽 55～60 cm。要改梯形垄坡为矩形垄坡，使垄坡与地面接近垂直。同时尽量将播种垄面压平实，以利于机播展铺地膜，能使膜面与垄面贴实。

4. 种子处理

（1）晒果。剥壳前晒果 2～3 天，以提高种子发芽能力。

（2）分级粒选。播种前 7～10 天剥壳。剥壳时随时剔除虫、芽、烂果。剥壳后将种子分成 1、2、3 级，籽仁大而饱满的为 1 级，不足 1 级重量 2/3 的为 3 级，重量介于 1 级和 3 级之间的为 2 级。在分级的同时，要剔除与所选用品种不符的杂色种子和异形种子。选用 1、2 级种子播种，先播 1 级种，再播 2 级种。

（3）药剂拌种。播前要做好拌种或种子包衣。用 50%多菌灵可湿性粉剂或胶悬浮剂按种子量的 0.3%～0.5%进行拌种，或用 50%辛硫磷乳剂（或控释性辛硫磷）按种子量的 0.2%进行拌种，或用花生种衣剂包衣，以防治花生茎腐病、地下害虫。用 50%的多菌灵按种子量的

3%进行浸种或用适乐时（亩用2包）拌种，以预防花生前期的死苗。

四、花生高产创建措施及对策

（一）修筑梯田，保持水土

一般梯田可拦蓄坡面径流的70%～90%，保土90%～100%。坡地修成梯田并结合培肥，土壤水分增加4%～12%，土壤有机质由8.0 g/kg左右逐步增加到12.0 g/kg，全氮由0.50 g/kg左右增到0.80 g/kg，速效磷增到20 mg/kg以上，使产量达到5 250～6 000 kg/ha以上。

（二）加强农田基本建设，深挖改土，平整土地，加厚土层厚度

对于薄层、极薄层酥石棚耕地，土层厚度小于60 cm，土层过浅成为农作物低产的严重障碍因素。为提高耕地的生产能力，可于秋作物收获后的秋季至春节前通过大型挖掘机深挖耕地60～100 cm，但不要打破耕层与地层的土层。一是可以为根系下扎提供有利条件；二是提高了对降雨的蓄墒能力，提高花生等作物的抗旱能力；三是减少雨水冲刷及水土流失。大量的数据表明：深挖改土可提高农作物产量9.2%～25.3%。亩深层蓄水可达15～26方。

（三）深耕改土、活化土壤

深耕可以改善土壤耕层结构和营养比例。采用大中型农业机械加深耕作层在深秋至冬前深耕25～30 cm的基础上，早春化冻后，要及时进行旋耕整地。旋耕时可随耕随耙耢，做到地平、土细、肥匀、不板结，要彻底清除残余农作物根茎、地膜、石块等杂物。使耕层深度由10～12 cm逐渐加深到20～30 cm。耕翻整地时要结合秸秆还田和增施有机肥，可以改良土壤培肥地力，提高了土壤保肥保水能力。据测定，深翻改土平均降低容重0.12 g/cm^3。

（四）抓好肥效试验研究与测土配方施肥技术推广，协调土壤养分

花生种植区域土壤肥力较低，部分养分缺乏，土壤有机质低，要采取有机质提高作物产量的措施。种植区普遍存在速效磷、速效钾含量偏低和微量元素特别是有效硼含量偏低等限制性因素，因此，要持续提高中低产耕地的基础地力，为农作物生长创造高产基础，必须广辟有机肥

源，重视有机肥的施用。同时应利用耕地调查评价成果有针对性地大力开展好测土配方施肥试验，科学指导肥料的调配，采用养分丰缺指标法及地力分级法优化平衡施肥，重视合理增施钾肥、磷肥和微肥，并根据花生生产需肥规律及中后期难以追肥的特点推广应用控释肥料，以满足花生整个生育期需肥。通过试验确定了花生高中低产量水平氮磷钾的施用量（见表2）及控释肥料的效果（见表3）。

表2　费县花生不同产量水平条件下最佳施肥量及相应的产量表

产量水平 (kg/ha)	N_{max} (kg/ha)	P_{max} (kg/ha)	K_{max} (kg/ha)	Nopt (kg/ha)	Popt (kg/ha)	Kopt (kg/ha)	试验次数
< 3750	123.22	102.6	102.30	111.82	93.22	92.85	2
3 750～5 250	75.45	98.25	88.65	67.65	89.85	79.50	5
> 5250	75.15	83.40	112.20	70.50	78.6	101.40	3

表3　十亩方、百亩片、万亩区花生控释肥示范结果

	处理	小区产量（kg/0.01亩）				折干率	折单产	比对照
		Ⅰ	Ⅱ	Ⅲ	平均	(%)	(kg/ha)	增减（%）
十亩	控释肥处理	6.21	6.08	6.42	6.24	56.10	9 355.50	7.8
	常规肥 CK	5.81	5.90	5.65	5.79	55.8	8 679.00	—
百亩	控释肥处理	5.61	5.82	5.47	5.63	55.20	8 449.50	7.7
	常规肥 CK	5.27	5.41	5.00	5.23	55.30	7 840.50	—
万亩	控释肥处理	4.12	4.06	4.25	4.14	56.7	6 214.50	12.7
	常规肥 CK	3.71	3.52	3.80	3.68	56.10	5 515.50	—

注：试验设在汪沟镇。控释肥处理：花生专用控释肥（18－12－20）750kg/ha，折纯氮 135 kg（控氮 82.5 kg），纯磷 90 kg，纯钾 150 kg，随花生专用控释肥一起的螯合铁和钼酸钠拌种施用，公顷各施 510g。CK 处理：普通复合肥（15－15－15）（CK）：900 kg/ha，折纯氮 135 kg，纯磷 135 kg，纯钾 135 kg 全部作基肥使用，即播种前耕地时使用。

（五）把好花生高产创建的配套基础关

一是落实好花生示范片，为高产创建活动打下基础。高产创建活动安排在农业科技入户示范乡镇——汪沟镇。该示范区气候适宜，花生栽培历史悠久，农民对花生新品种、新技术接受快，种植水平较高。同时，通过近几年的标准化栽培，测土配方施肥和有机栽培等项目的实施，积累了丰富的技术经验。

二是选好良种。品种是花生高产的第一位要素。在项目区，我们重点推广了丰花1号、花育25等高产品种。

三是夯实播种基础。为夯实播种基础，我们在播期、整地、种子处理方面加强指导，适当推迟播期，使花生生长期与季节相适应，并保证示范区内所有农户在5月15日前播种完毕。整地标准高，种子全部实行种衣剂包衣。

四是做好土壤测试。我们结合实施测土配方施肥项目，示范区内，每13.3 ha取一个土样，共取50个土样进行土壤养分化验。根据化验结果，由县土肥站向示范区供应花生专用配方肥及控释肥料。

五是植保站做好病、虫、草害预测预报，及时防治花生蚜虫、蛴螬、红蜘蛛、棉铃虫和叶斑病、白绢病、根腐病，及时拔除田间杂草，适时进行化学控制，防止倒伏。

六是做好"天达2116"试验示范推广工作。试验证明施用"天达2116"可以增强花生的抗低温、干旱等抗逆能力，有效提高花生产量和品质。从表4可以看出亩增产花生荚果22.8～31.1 kg，增产率可达15.38%。

表4　花生应用天达2116对花生产量的影响

处理	小区产量（kg/20m²）					折干率（%）	荚果产量（kg/ha）	增产（kg）	增产率（%）	出米率（%）	籽仁产量（kg/ha）	增产（kg）	增产率（%）
	Ⅰ	Ⅱ	Ⅲ	Σ	X								
处理1	18.3	18.5	18.4	55.2	18.4	52.4	4821.00	21.9	7.31	70	3375.00	22.8	11.28
处理2	18.8	18.8	19.1	56.7	18.9	52.9	4999.50	33.8	11.29	70	3499.50	31.1	15.38
对照	18.3	18.1	18.5	54.9	18.3	49.1	4492.50	——	——	67.5	3033.00	—	——

注：试验设在南张庄乡欢庆庄村。处理1：齐苗、盛花期喷施天达2116；处理2：齐苗后、7天后、盛花期喷施一次花生豆类型天达2116；处理3：对照，除不喷天达2116外其他管理一致。

五、花生高产创建取得显著成绩

2009 年我县充分利用耕地地力评价结果，在实施花生高产创建活动中积极做好土壤改良和培肥工作，充分发挥土壤优势，扬长避短，使花生高产创建工作取得了圆满成功。2009 年 9 月 6 日，经省、市专家测产验收，我县在汪沟实施的 0.75 ha 花生十亩高产攻关田平均单产 9 240.00 kg/ha，8.07 ha 百亩花生高产示范田平均单产 7 680.00 kg/ha，746.67 ha 万亩高产示范田平均单产 5 445.00 kg/ha，完成了花生中低产向中高产的转变。同时通过开展高产创建活动，带动了全县花生生产。2009 年全县花生播种面积 22 400 ha，平均单产 4 650 kg/ha，比上一年增产 3.7%。高产创建活动取得的成效充分说明了利用地力评价成果，充分发挥当地土壤等农作物立地条件优势，克服不利因素，对进一步提高农作物产量，开展节约型农业具有重大的指导作用。

费县白浆化棕壤的改良利用专题报告

一、概况

白浆化棕壤是费县低产土壤之一，不同程度地影响着农业生产的发展。费县共有 1 933.33 ha 的以白浆化棕壤土为主的耕地，主要分布在费县胡阳镇缓坡平地上，在石井镇、方城镇及上冶镇也有少量分布。以农耕地为主要利用方式的滞水型白浆化棕壤土属有两个障碍层次：犁底层以下有一层坚硬、紧实、养分贫乏且含大量铁锰结核的白浆层，厚度 20～30 cm；其下为黏重、紧实、透水不良的黏土层。由于存在不利作物生长发育的障碍层次，农作物产量水平低，适种范围窄，目前以花生、地瓜、小麦和玉米为主，一般为一年两作制和二年三作制。种植方式为：冬小麦—玉米（花生、大豆）和冬小麦—玉米/花生，未经改良的白浆化棕壤产量较低，花生产量一般为 2 250～3 750 kg/ha，小麦产量为 4 500～5 250 kg/ha，大豆产量为 1 050～1 650 kg/ha。大量试验研究结果及改良利用经验证明，白浆化棕壤可以改良，并且由于我县白浆化棕壤区大部分地势平坦，表层质地较好，通过改良利用可以使农作物产量有大幅度的增长，从而使土壤增产潜力充分发挥出来。

二、白浆化棕壤低产原因

白浆化棕壤低产的原因很多，主要有以下几方面：

(一)植物营养元素总储量不高，速效养分含量较低

农耕地滞水型白浆化棕壤土表层有机质含量全县平均为9.6 g/kg；白浆层更低，有的仅为2.0 g/kg左右。此种土壤由于生物积累差，大量营养元素含量较低，并缺乏锌、钼、硼等微量元素。费县白浆化土壤养分含量见表1。

表1 费县白浆化土壤养分状况表

类别	有机质(g/kg)	全氮(g/kg)	有效磷(mg/kg)	速效钾(mg/kg)	速效硼(mg/kg)	有效钼(mg/kg)	有效锌(mg/kg)	pH值
全县平均	14.5	0.85	22.7	96	0.40	0.17	1.28	6.5
白浆化土	9.6	0.62	11.3	63	0.36	0.11	0.66	6.2

(二)土壤透水性能差，雨季土体内排水不良，易涝

白浆化棕壤土分布区降水量较高，且较集中。降水渗入透水性良好的表土层后，由于白浆层的滞水及白浆层下部难透水的黏化层的托水作用，致使上层土壤水分经常处于饱和状态，影响作物根系的发育，加之土壤水分饱和，高秆作物易倒伏，造成更大的减产。

(三)土壤蓄水作用差，黏土层毛管作用弱，易旱

白浆化棕壤土虽然在雨季经常处于饱和状态，但水分只是停止在难透水的黏土层以上，雨季过后，上层土壤水分强烈蒸发，黏土层毛管作用弱，加之白浆化棕壤区地下水位较深，下层土壤水及地下水难以补给上层土壤，白浆层失水后，坚硬而又无结构，根系难以伸展，致使旱象严重。

(四)土体构型不良，是造成不良的土壤水分物理性质，并致使低产的重要原因

表土层—白浆层—黏土层这一土体构型在自然条件下是难以改变的，必须人为地因地制宜进行改良。

三、白浆化土壤改良目标

白浆化土壤改良要达到“涝能排、旱能灌、渠相通、灌排系统齐

全”的目标。一是形成良好的灌排系统。二是活土层厚，土体构造好，彻底打破障碍层次，土体的构造最好是上松下紧，即活土层要松，心土层要紧；活土层要20～25 cm，固、气、液三相比例适当；活土层疏松多孔，有利于热、水、气、肥的调节，形成根系生长的理想环境，根深叶茂，保证作物生长好，产量高。三是提高耕地综合生产能力的基本建设，清除或减轻制约产量的土壤障碍因素，提高耕地基础地力等级，改善农业生产条件。

四、白浆化棕壤改良利用配套措施

（一）浅沟排水，及时排除土壤上层滞水

应对白浆化棕壤土采取措施，及时解决雨后土壤上层滞水即包浆或解涝问题。为此，可在田间开挖临时排水浅沟，这种浅沟既可加速地表径流的排除，又可以排除土壤上层滞水。临时排水浅沟应横坡开挖，沟的深度以挖透白浆层为宜，以便提高排水效率。这些临时排水浅沟应与排水通畅的支沟相连。

（二）引水灌溉，消除白浆化棕壤的干旱问题

土壤愈干旱，其物理性质会愈加恶劣。因此引水灌溉，除了解决作物的需水要求外，还能起到调节土壤水分物理性质的作用。

（三）增施有机肥料，大力推广秸秆还田技术

白浆化棕壤低产的重要原因是土壤有效养分低，养分之间的比例不协调，土壤有机质含量低，所以“增肥”是关键。首先主要是指增施有机肥料。白浆化棕壤施用有机肥料的效果，比其他土壤增产幅度大，这是因为有机肥料的增产作用，一方面是补充农作物的养料，另一方面又能改良土壤的物理性质，不断提高土壤肥力。增施有机肥料，关键是解决有机肥料的来源问题。就目前情况来看，种植绿肥是开辟有机肥料来源的重要途径。据外地经验，可以种植夏绿肥掩青，作为小麦的基肥。种植绿肥，在品种及间、套种方式上也应因地制宜，可先小面积试验，再大面积推广。

推广秸秆还田技术，实行小麦“高留茬”等措施，对提升土壤有机

质和土壤养分含量，改良土壤结构，提高土壤保肥保水能力具有重要作用。据我站在胡阳镇的试验证明，于夏季的7～8月份实行农田盖草或小麦高留茬，亩盖草量150～200 kg，每年可提高土壤有机质3.0g/kg，土壤全氮、速效磷、速效钾等养分也有所提高，并可提高除草剂药膜的保护，能减少杂草90%以上。

（四）实施测土配方施肥，是改良白浆化棕壤的有效措施

在施用有机肥料的基础上，科学合理测土配方施肥和适当补施化肥，是及时补充作物生长期间所需养分，提高作物产量的有效措施。除林地侧渗型白浆化棕壤表层全磷含量较高外，其下层及农耕地滞水型白浆化棕壤各层含量均低，速效磷含量更低。全氮含量亦属低量。据试验，白浆化棕壤单施磷肥，对绿肥作物及大豆、花生、地瓜、小麦增产效果均较显著；土壤水分充足时，氮肥效果显著，土壤水分较少时，磷肥效果超过氮肥；土温升高，土壤水分适宜时，磷肥的有效性增加，肥效更加显著。因此解决白浆化棕壤的灌排条件，调节土壤水热状况，是提高氮磷肥效的重要环节。试验还证明，白浆化棕壤开垦初期施用磷肥增产效果明显，而几年后，氮肥的肥效显著，而氮、磷、钾配合施用效果较好。不同化肥品种对不同作物效果不同，有待进一步研究。

白浆化棕壤全钾含量丰富，属于高量。但速效钾和缓效钾的含量并不高，特别是作物主要根系活动范围的表土层及白浆层的速效钾和缓效钾属低—极低量。因此，白浆化棕壤施用钾肥普遍有效。据费县胡阳镇努力庄村和四九庄村近几年的测土配方施肥试验，玉米窝施草木灰1 500 kg/ha，比对照增产750 kg/ha。施用硫酸钾对玉米亦有显著增产效果，每公顷施用375 kg、750 kg、1125 kg窑灰钾和37.5 kg、75 kg、150 kg硫酸钾，花生的植株高度、根长、根重和出仁率都较对照有显著增长，而花生的根瘤菌数一般增加两倍，可见施用钾肥还起到了以钾促氮的作用。

在微量元素方面，初步查明白浆化棕壤缺钼、锌、硼，在花生上施用钼肥，能显著增加根瘤菌数量，根瘤菌增大，显著增加了产量。7个

花生试验结果表明，每千克种子施用钼酸铵 3 克，增产幅度 4.3～20.8％，平均 11％，每公顷增产荚果 232.50 kg。

(五) 深耕、翻改土，逐渐加深耕层，消除障碍层次，改变不良的土体结构

白浆化棕壤上砂、中白浆、下黏的土体构型，是造成不良的农业生产特性的主要条件。只有人为地耕、翻改土，才能逐渐改变这种不良的土体构型。“耕”主要是指逐渐加深耕层；“翻”主要是指在耕层以下进行深松土壤，沙黏渗混，改变原来土壤层位，抽掉障碍层等。耕翻最好结合施用有机肥料进行，这样可以逐渐加深活土层，改良土壤结构，改善心土层的通透性，提高土壤蓄水保肥及抗旱抗涝能力。据费县胡阳镇反映，深翻不能将白浆层直接翻到地表，否则将造成连续几年的减产。

(六) 客土改良

白浆化棕壤表层偏沙，白浆层板结，下层黏重。在有条件的地方可以结合耕翻土地，渗入一些改变土壤质地的壤土、细砂、炉灰渣及岩石的风化物，以改良土壤的水分物理性质、提高表层亚表层土壤的代换能力。费县胡阳镇四九庄村，近几年来，将挖塘蓄水挖出的花岗片麻岩风化物压在地里，第二年种的春地瓜及秋后种的小麦长势很好，比不压的增产显著。

(七) 种稻改良技术

农耕地白浆化棕壤分布地区一般地下水位较深，水源缺乏。由于白浆化棕壤特殊的土壤结构特点，形成了此类土壤的水运动及水循环的独特特点，加之水资源缺乏，是直接造成农作物产量过低的重要原因。应结合兴修水利，提供农田的灌溉能力，实行种植结构调整，特别是引种水稻，实行旱改水。过去也有引种水稻提高产量的事例，所以推广水稻种植是合理利用白浆化棕壤的重要途径。

通过近两年在胡阳镇农力庄村试验示范表明：通过综合措施改良，小麦增产率可达到 17％～36.6％，玉米、花生平均增产率分别为 32.3％和 37.9％。

费县土壤酸化状况与改良对策专题报告

随着社会的发展和人口的增长，人口、资源、环境之间矛盾的日益尖锐，土壤退化直接威胁着人类生存和农业生产的发展。从农业生产角度看，土壤退化就是植物生长条件的恶化和土壤生产力的下降。其中土壤酸化给生态农业和农业增效带来的损害越来越明显，因而在我县加强土壤酸化的改良利用，对进一步提高耕地质量和地力，实现农作物稳产高产，保证粮食安全都具有重要作用。

一、基本情况与耕地土壤酸化现状

费县属于暖温带大陆性季风气候，地形地貌类型较繁多，土壤类型主要有棕壤、褐土、潮土、砂姜黑土、粗骨土和石质土等类型。土壤主要是由花岗岩和沉积岩类成土母质发育而成的棕壤和褐土，土壤 pH 值一般为酸性、弱酸性或中性，全县 pH 值平均为 6.6，较二次土壤普查的 6.8 降低 0.2，说明土壤 pH 值呈下降趋势。

全县土壤 pH 值变化范围为 7.8～4.8，平均为 6.6，（于二次普查的 6.8 相比有所降低），属 3 级水平。1 级（＞8.5）我县土壤 pH 值无超过 8.5 的；2 级（7.5～8.5）水平的土地面积为 13.14 ha，占耕地总面积的 0.02％；3 级（6.5～7.5）水平的土地为 32 166.63 ha，占耕地总面积的 48.94％；4 级（5.5～6.5）水平的土地 33 507.46 ha，占耕地总面积的50.98%；5级（4.5～5.5）水平的土地39.44 ha，占耕地总面积的0.06%；无6级（<4.5）以下土地。我县土壤pH值四、五级微酸性及酸性土壤占全部土地面积的51.04%。

表1 费县耕层土壤pH值分级及面积表

级别	pH值	酸碱性	代表面积（ha）	所占百分率（%）	样品个数（个）
1	>8.5	碱性	0	0	—
2	7.5～8.5	微碱性	13.14	0.02	2
3	6.5～7.5	中性	32 166.63	48.94	664
4	5.5～6.5	微酸性	33 507.46	50.98	735
5	4.5～5.5	酸性	39.44	0.06	31

二、土壤酸化的原因及不利影响

土壤pH值是土壤酸性的主要指标，它代表与土壤固相平衡的土壤溶液中的氢离子浓度的负对数，是土壤盐基状况的综合反映，对土壤一系列其他性质有深刻的影响。土壤酸性随着交换复合体固持的和土壤溶液中的H^+数量的增加而增加。

（一）土壤致酸的原因

1. 气候因素

主要包括大气降水和酸沉降的影响，环境污染形成的酸沉降是导致土壤酸化的原因之一。酸沉降包括干沉降和湿沉降两个方面。干沉降是指排放到大气中的二氧化硫和氮氧化物一部分直接渗入地面，即通过气体扩散、固体物降落的大气沉降。湿沉降就是通过酸雨和酸雾，在大气中被氧化成三氧化硫和二氧化氮，经过水化随雨水而降落入土。

2. 农作物因素

农作物选择性吸收养分从土壤中移走了过多的碱基元素，如钙、镁、钾等，导致了土壤中的钾和中微量元素消耗过度，使土壤向酸化方向发展。

3. 大量生理酸性肥料的施用

造成土壤酸化的肥料主要是生理酸性肥料和氮肥。如长期施用硫酸铵或氯化钾等生理酸性肥料时，当其中的 NH^{+} 及 K^{+} 被作物吸收后，酸根就残留在土壤中而酸化土壤。氮肥也能产生对土壤的酸化，主要是铵态氮在土壤中进行硝化作用形成的酸所致。

4. 复种指数高，种植作物单一，导致土壤有机质含量下降，缓冲能力降低，土壤酸化有所加重。

5. 大量地投入氮、磷单质肥料及三元复合肥料，大量元素之间的不平衡，氮磷用量偏高，钾肥、钙、镁等中微量元素投入相对不足，造成土壤养分失调，使土壤胶粒中的钙、镁等碱基元素很容易被氢离子置换而导致土壤致酸。

6. 无机肥和有机肥的投入比例不平衡

有机肥投放量偏低进而导致了土壤有机质的降低，从而降低了土壤对酸的缓冲性能，间接地导致土壤致酸。

（二）土壤酸化的不利影响及危害

一是土壤酸化直接对养分的有效性产生不利影响：土壤反应影响到土壤养分的有效性是使土壤中某种养分发生化学反应，使易溶性养分变为难溶性养分或使难溶性养分变为易溶性养分。在 pH 值 6～7 时，土壤中磷的有效性最高。钾、钙、镁等盐基在酸性土壤中易淋失，因而在酸性土，特别是强酸性土上，这些元素常常缺乏。活性铁、锰、铝等随土壤 pH 值的降低而增加，在极强酸性土壤中可溶性铁、锰、铝常常过高而造成对植物的毒害。

二是土壤酸化对肥力的影响还表现在对土壤物理性质的影响。在酸性土壤上胶体多吸附铝离子和氢离子，而钙离子多已淋失，在有机质缺乏的情况下，土壤物理性质恶化，黏重板结，透水通气不良。

三是土壤反应直接影响微生物区系的分布和活动。土壤的有机态养分要经过微生物的转化后才能成有效态，而参与分解有机质的微生物大多数都在接近中性的环境中活动是最旺盛的，因而许多养分在接近中性时有效性最大。其中特别是氮和硫等元素主要以有机态存在，在 pH 值为 6～8 时硝化细菌最适合，有效氮最多。

四是土壤酸化直接对植物生长产生不利影响。各种植物都有其最适的土壤酸碱度范围，这是植物在长期的自然选择过程中形成的。大部分农作物的正常生长的 pH 值在中性范围较适宜，土壤酸性过大均不利农作物高产。

另外，土壤 pH 值对植物病害也常常有很大的影响，导致植物病害的一些病原菌对 pH 值也有一定的要求，因而我们可通过土壤酸碱度的管理来控制病害。此外，在酸性条件下，铝、锰的溶解度增大、有效性提高，对蔬菜产生毒害作用；酸性条件下，土壤中的氢离子增多，对蔬菜吸收其他阳离子产生拮抗作用。

三、土壤酸化改良目标及控制措施

根据我县土壤酸碱度实际情况，一是对中性及弱酸性土壤维持不酸化，对于酸性土壤通过一定措施逐渐降低酸性程度，使之逐渐向弱酸性及中性方向发展，以不断提高耕地生产潜力。具体采取以下措施。

（一）增施有机物料

加大对有机肥施用好处的宣传工作，促进农田有机肥料等有机物料的投入，对提高土壤有机质的含量，提高土壤对酸化的缓冲能力，降低土壤酸化程度，而且增加了土壤有效养分，改善土壤结构，并能促进土壤有益微生物的繁殖速度，抑制有害微生物的发生，大大改善了农作物根系生活环境。提倡秸秆还田等改土效果好的粗有机肥，在施用速效性有机肥时适当减少化肥用量。

（二）加大推广测土配方施肥技术

大面积推广测土配方施肥等科学合理的施肥技术，协调氮磷钾施肥比例，科学施用中微量元素肥料，实行有机与无机、大量元素与微量元素相配合，大力推广有机无机复合肥，使养分协调，抑制土壤酸化。在酸化程度高的土壤中尽量减少酸性肥料的施用。

（三）适量施用石灰和碱性肥料

石灰及其他含钙的碱性物质，如钙镁磷肥、草木灰等，不仅可以中和土壤酸性，还可以补充土壤中的钙。合理地施用草木灰、钙镁磷肥等碱性肥料，减少含氯化肥、过磷酸钙等酸性肥料的使用，可以中和部分酸性，可以抑制土壤向酸化方向发展。对于微酸性（pH 值 6.0～6.5）土壤，可施石灰 300～450 kg/ha，酸性土壤（pH 值 5.5～5.9），可每公顷施 750 kg 石灰中和酸性，可有效提高土壤 pH 值，对改良土壤酸性具有较好的效果。石灰的施用方法：将生石灰粉碎，过细筛，至少要过 60 目的筛子，于整地时，将生石灰撒施于田块，通过耕耙使生石灰与土壤充分混匀，以防烧种或烧苗。

（四）调整施肥结构，施用固氮、解磷解钾等微生物肥料

施用微生物肥料，可以减少化肥用量，逐步消除土壤障碍和改善土壤酸碱状况。此外，施用含钙的土壤调理剂如“神六 54”对缓解土壤酸化和补充钙镁等养分，进而提高农作物产量也有一定的作用。

四、土壤酸化改良专题研究

（一）大棚西瓜施用生石灰调节土壤酸度效果及增产作用

1. 试验材料与方法

（1）试验概况

试验设在方城镇昌国村和薛庄镇安定庄村河潮土上，土壤地力基本均匀一致，土壤质地为砂壤土，土壤 pH 值分别为 5.61 和 5.76 的大棚 2 处。试验整地前采集 0～20 cm 土样，并测试 pH 值等，并于西瓜收获期取 0～20 cm 耕层土样，测试经处理的土壤的 pH 值。

（2）试验设计与方法

试验设计：（1）不施生石灰作对照 CK。（2）施生石灰 450 kg。（3）施生石灰 900 kg。（4）施生石灰 1 350 kg。（5）施生石灰 1 800 kg。试验设 3 次重复，小区随机排列，小区面积 20 m^2。

试验选用生石灰是刚烧制的，将生石灰粉碎后全部过细筛，种植沟填完后把生石灰均匀撒施于土壤表面，然后进行整翻均匀开种植沟，使生石灰与耕层土壤充分混匀，一个星期后灌墒，2 月上中旬移栽。

（3）试验管理

除了按照试验设计的生石灰用量有差别外，其他施肥、灌溉、防治病虫害的措施要严格一致。12月25日施试验用生石灰，翌年2月13日移栽，5月10日进入收获期，开始测产，并取土测试酸碱度。

2. 结果与分析

（1）施生石灰对 pH 值的影响：

表 2　生石灰不同处理对 pH 值的影响

试验地点	处理		pH 值	
	编号	生石灰量（kg/ha）	施用前	收获时
薛庄镇安定庄村	1	0	6.06	6.10
	2	450	6.06	6.49
	3	900	6.06	6.65
	4	1 350	6.06	6.87
	5	1 800	6.06	7.02
方城镇昌国村	1	0	5.76	5.72
	2	450	5.76	6.11
	3	900	5.76	6.39
	4	1 350	5.76	6.67
	5	1 800	5.76	6.77

从上表二的试验结果可以得出：生石灰能比较显著地改良土壤酸性，生石灰用量由每公顷用量 450 kg 增加到 1 800 kg，土壤 pH 值也随着增大。薛庄镇的 pH 值由 6.10 增加到 7.02，方城镇的由 5.72 增加到 6.77，当施用量达到 450～900 kg 时 pH 值基本达到大部分农作物比较适宜的范围，再增加生石灰施用量仍能提高土壤 pH 值，但是对改良土壤已无必要，并且有可能起到相反的作用。因此本试验生石灰合理施用量分别为每公顷 450kg 和 900 kg，土壤 pH 值即可达到比较满意的范围。

（2）施生石灰对西瓜产量影响

从表 3 可以看出：施用生石灰均对西瓜产量的提高有一定的作用，但随着生石灰施用量的增加，西瓜产量相对增产量反而有所降低。薛庄镇试验当生石灰施用量为 450 kg 时，每公顷增产 4 215.15 kg，增产 9.18%，增产量达到最高；方城镇试验当生石灰施用量为 900 kg 时，每公顷增产 4 742.10 kg，增产 10.67%，亩增产量达到最高。把两个试验增产效果和投入综合分析，西瓜施用生石灰的适宜每公顷用量为 450～900 kg。

表 3　施生石灰对西瓜产量的影响

试验地点	处理		西瓜产量 (kg/ha)	比 CK 增减产（kg）	比 CK 增减产（%）	单瓜重（kg/个）
	编号	生石灰量 (kg/ha)				
薛庄镇安定庄村	1	0	45 904.35	3.68		
	2	450	50 119.50	4 215.15	9.18	4.02
	3	900	49 831.80	3 927.45	8.55	4.00
	4	1 350	49 459.95	3 855.60	8.40	3.97
	5	1 800	49 141.65	3 237.30	7.05	3.94
方城镇昌国村	1	0	44 411.40	3.56		
	2	450	48 294.15	3 882.75	8.74	3.88
	3	900	49 153.50	4 742.10	10.67	3.94
	4	1 350	48 992.70	4 581.30	10.31	3.93
	5	1 800	49 084.50	4 673.10	10.52	3.94

3. 小结

（1）生石灰能比较显著地降低土壤酸性，是改良土壤酸化的一项重要的措施。

（2）施用生石灰能显著提高西瓜等农作物的产量。每公顷施用生石灰 450－900 kg，西瓜增产 3 237.30～4 742.10 kg/ha，增产 7.05%以上。从对提高土壤pH值改良土壤和提高西瓜产量分析，我县大棚西瓜产区适宜的生石灰施用量应为公顷用量450～900 kg为宜。

（二）“神六五四”土壤改良剂对花生的增产效果

1. 试验目的

酸性土壤利用障碍不仅仅是过低的pH值，而且钙镁等碱基元素也由于土壤淋溶而缺乏。通过对“神六五四”土壤改良调节剂的试验，探索“神六五四”对酸性土的改良效果及增产效果，为酸性土壤改良利用提供科学依据。

2. 试验材料及方法

（1）供试土壤及材料

试验地点胡阳镇的秦屯村，试验地为典型棕壤，地势平坦，土壤肥力中等。土壤养分含量具体为：有机质12.7 g/kg，碱解氮179 mg/kg，有效磷9.0 mg/kg，速效钾63 mg/kg，交换性钙550 g/kg，交换性镁160 g/kg，pH值5.78。花生供试品种为：海花1号。常规用肥料为尿素（46%）、磷酸二铵（N：18%、P_2O_5：46%）和氯化钾（60%）。试验用调理剂为省研发中心提供的含有钙镁及微量元素等多种矿物元素的土壤调理剂。

（2）试验设计与方法

试验设计：（1）不施土壤调理剂作对照CK。（2）公顷施调理剂375 kg。（3）公顷施调理剂750 kg。（4）公顷施调理剂1 125 kg。（5）公顷施调理剂1 500 kg。试验设3次重复，小区随机排列，小区面积25 m^2。

试验小区严格按照上述设计施用调理剂外各个小区均施用等量的氮磷钾肥料，试验用土壤调理剂在调整花生种植板时条施入垄板内，5月上旬播种。

（3）试验管理

除了按照试验设计的调理剂用量有差别外，其他施肥、灌溉、防治病虫害的措施要严格一致。2008年4月26日花生起垄并施用调理剂，

5 月 3 日开沟播种，7 月 17 日喷施化控剂，9 月 17 日收获并取土测试酸碱度。在生长关键期注意观察长势及病害发生情况。

(4) 测产方法

每小区采用随机量取面积，称在收取小区内实际的荚果鲜重，留取样品带回晒干称重，称重后按实际收获面积折算计产。

3. 结果与分析

(1) 施用“神六五四”对 pH 值的影响：

表 4　土壤调理剂不同处理对 pH 值的影响

试验地点	处理		pH 值	
	编号	调理剂用量（kg/ha）	施用前	收获时
胡阳镇秦屯村	1	0	5.78	5.72
	2	375	5.78	5.91
	3	750	5.78	5.96
	4	1 125	5.78	5.86
	5	1 500	5.78	5.90

从表 4 的试验结果可以得出：调理剂能比较显著地改良土壤酸性。调理剂用量由每公顷用量 375 kg 增加到 1 500 kg，土壤 pH 值也随着增大，pH 由 5.72 增加到 5.90，说明施用土壤调理剂可以改善土壤酸碱度，增加土壤调理剂施用量能适当提高土壤 pH 值。从本试验还可以看出处理 3 的施用量即可得到较好效果又可降低施用成本。因此本试验调理剂合理施用量应该为每公顷 375～750 kg。该土壤调理剂不含碱性物质，提高土壤 pH 值的原因可能是增加了碱性盐基元素，提高了盐基饱和度。

(2) 施用“神六五四”对花生产量及产量性状的影响

从表 5 可以看出：施用“神六五四”均对花生产量有增产作用，但随着施用量的增加，花生产量也相应地提高，当施用量为 375 kg 时，公顷增产 811.50 kg，增产 19.78%，产投比最高，为 6.35：1；当施用量为 1 125 kg 时，公顷增产量达到最高，公顷增产 918.00 kg，增产率为 22.38%，但是产投比仅为 0.28∶1，已经没有效益。把两个试验增产效果和投入综合分析，花生施用“神六五四”的适宜亩用量为 375～750 kg。

表 5　施用“神六五四”对花生产量的影响

试验地点	处理		花生产量 (kg/ha)	比 CK 增减产（kg）	比 CK 增减产（%）	产投比
	编号	用量 (kg/ha)				
胡阳镇秦屯村	1	0	4 401.00			
	2	375	5 212.50	811.50	19.78	6.35
	3	750	5 305.50	904.50	22.05	1.16
	4	1 125	5 319.00	918.00	22.38	0.28
	5	1 500	5 286.00	885.00	21.58	0.07

表 6　施用“神六五四”对花生产量性状的影响

试验地点	处理		株高 (cm)	分枝（个）	双饱（个）	单饱（个）	秕果（个）	百果重 (g)
	编号	调节剂用量 (kg/ha)						
胡阳镇秦屯村	1	0	42	21.2	22.2	6.4	9.6	177.2
	2	375	46	22.4	24.4	9.8	6.8	185.0
	3	750	44.5	23.5	24.6	8.6	6.4	180.0
	4	1 125	46.5	26.0	24.6	7.6	6.4	180.0
	5	1 500	43	22.5	24.2	8.4	8.8	181.0

从表 6 也可以看出：施用“神六五四”增产作用主要表现在百果重，双饱、单饱果都有所提高，而秕果有所降低，分支也提高了少许。

另外据试验观察记载：施用“神六五四”土壤调理剂花生死棵大幅度减少，甚至基本没有死棵。花生叶片相比增厚，叶色墨绿，植株生长健壮，花生叶斑病明显减少，还据农户反映有一定的抗重茬作用。

4. 小结

（1）“神六五四”有一定的降低土壤酸性的作用，施用“神六五四”是改良土壤酸化的一项辅助措施。

（2）施用“神六五四”能显著提高花生荚果等农作物的产量。

施用“神六五四”375～750 kg/ha 增产荚果 811.50 到 918.00 kg，增产 20%左右。从对提高土壤 pH 值改良土壤和提高花生产量分析，花生产区适宜的“神六五四”施用量应为公顷用量 375～750 kg 为宜，施用量再增加效益明显降低，甚至没有效益。

（3）花生施用“神六五四”土壤调理剂有一定的抗重茬作用。

附：

费县耕地地力评价成果图

附图 1：

费县耕地地力评价等级图

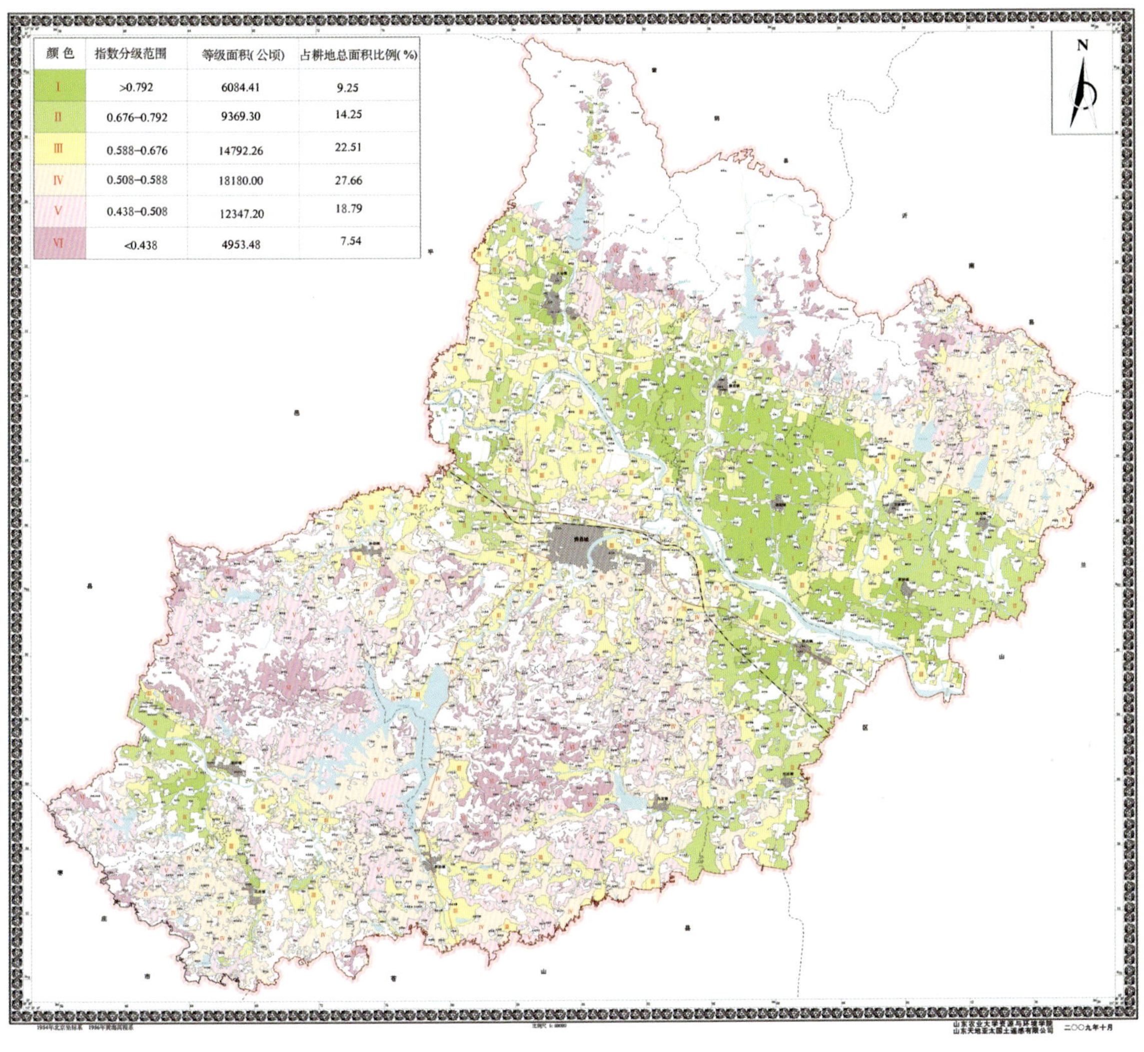

附图 2：

费县土壤 pH 值分布图

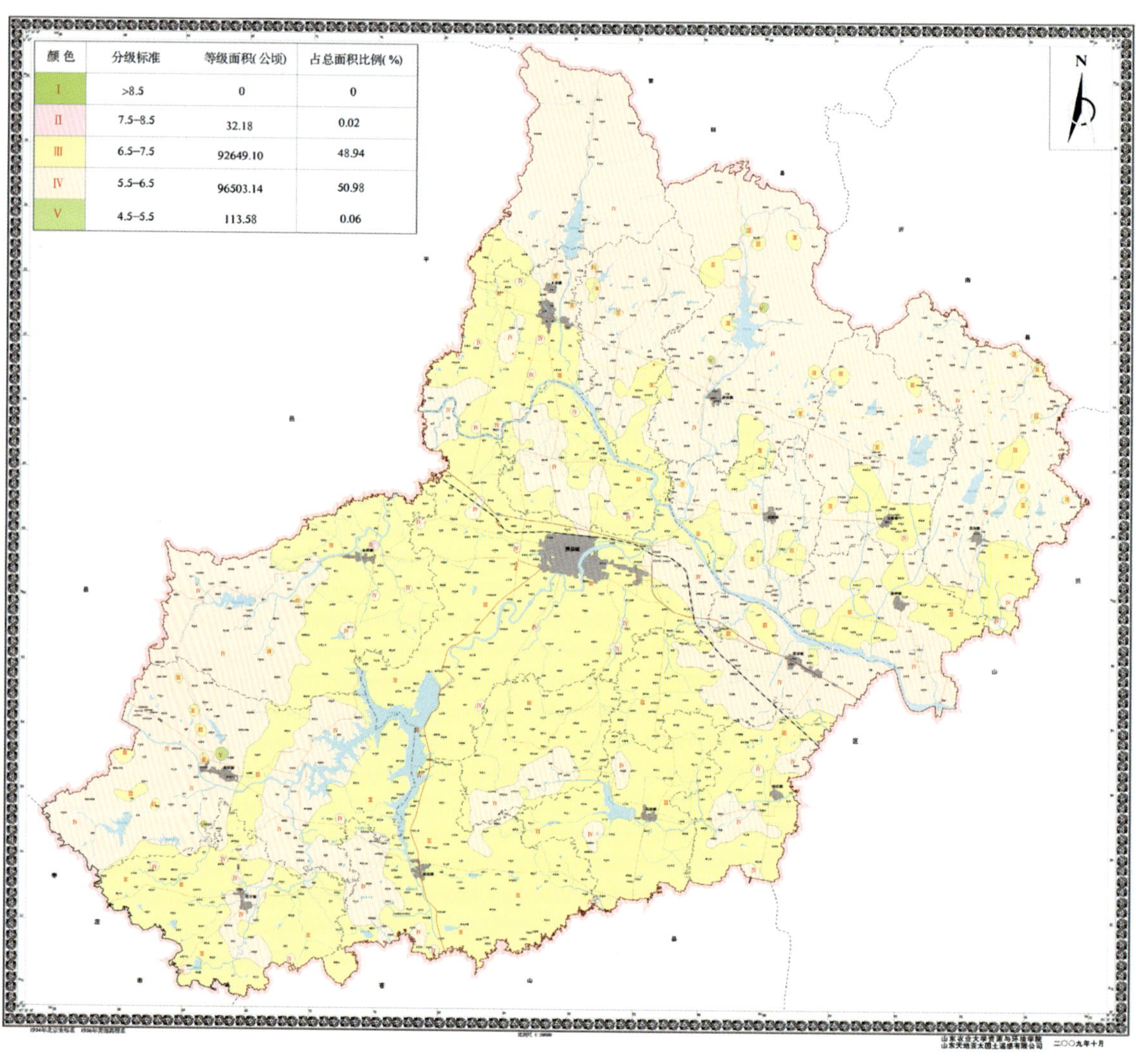

附图 3：

费县土壤缓效钾含量分布图

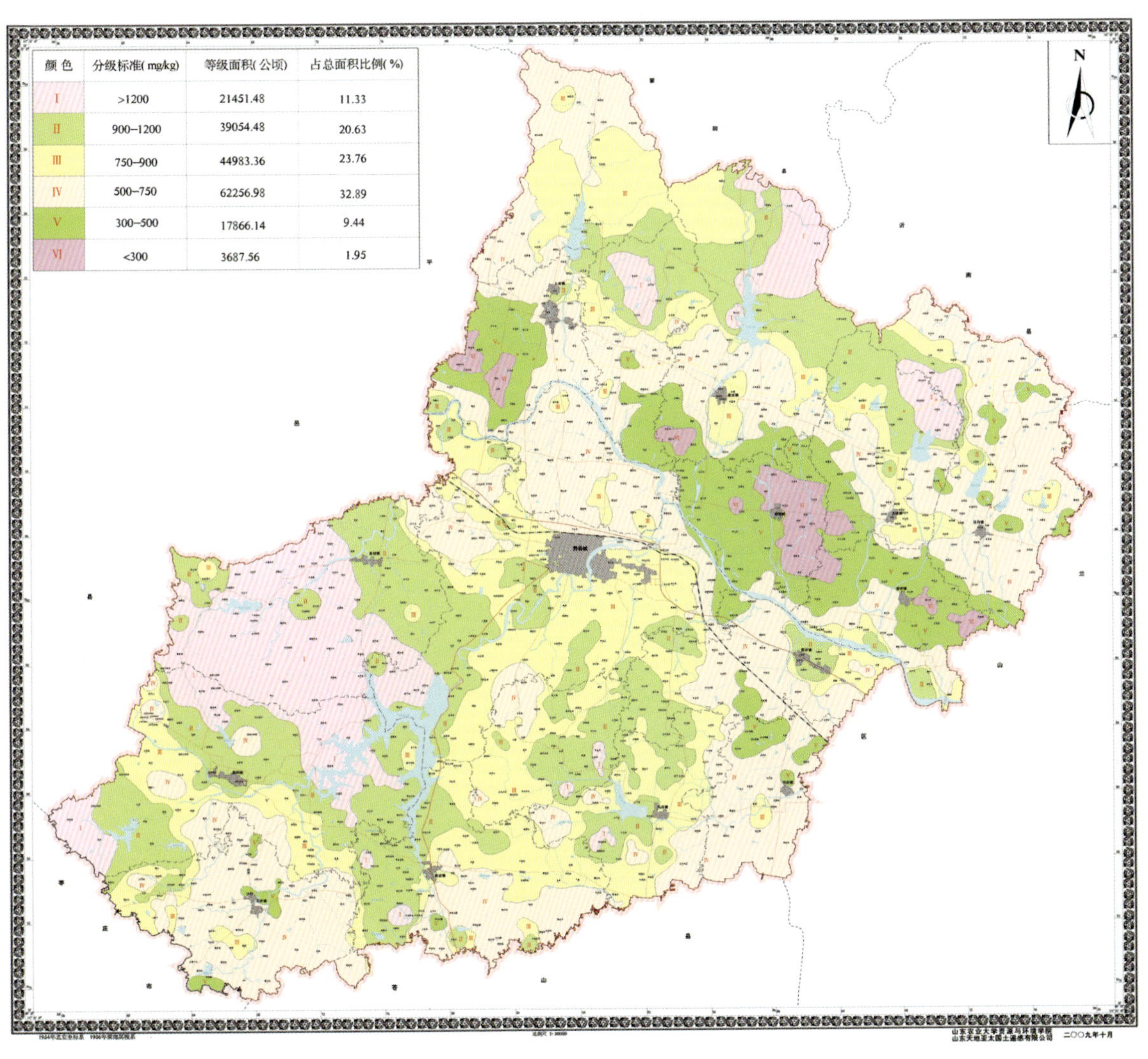

颜色	分级标准(mg/kg)	等级面积(公顷)	占总面积比例(%)
Ⅰ	>1200	21451.48	11.33
Ⅱ	900-1200	39054.48	20.63
Ⅲ	750-900	44983.36	23.76
Ⅳ	500-750	62256.98	32.89
Ⅴ	300-500	17866.14	9.44
Ⅵ	<300	3687.56	1.95

附图 4：

费县土壤碱解氮含量分布图

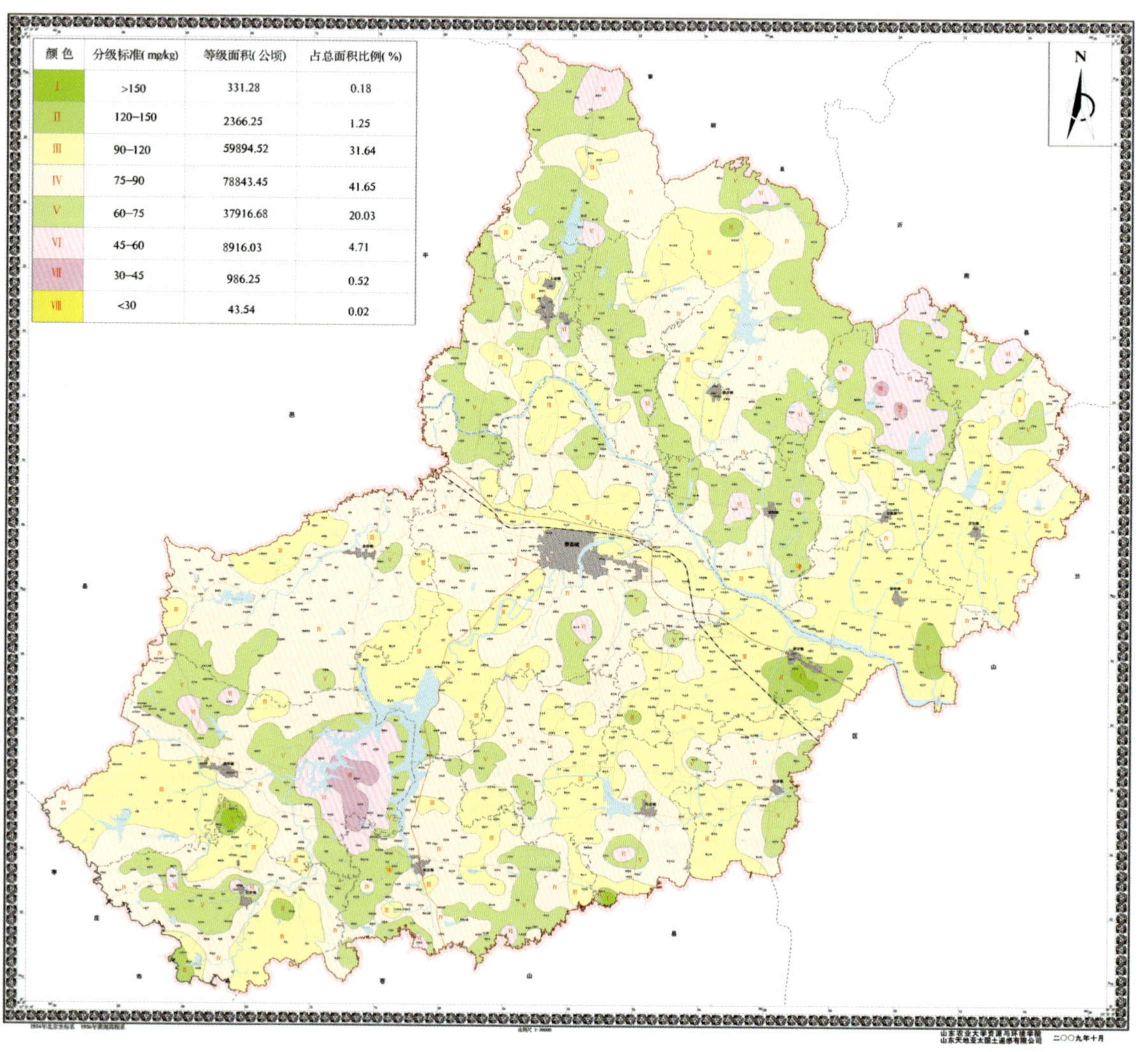

附图 5：

费县土壤交换性钙含量分布图

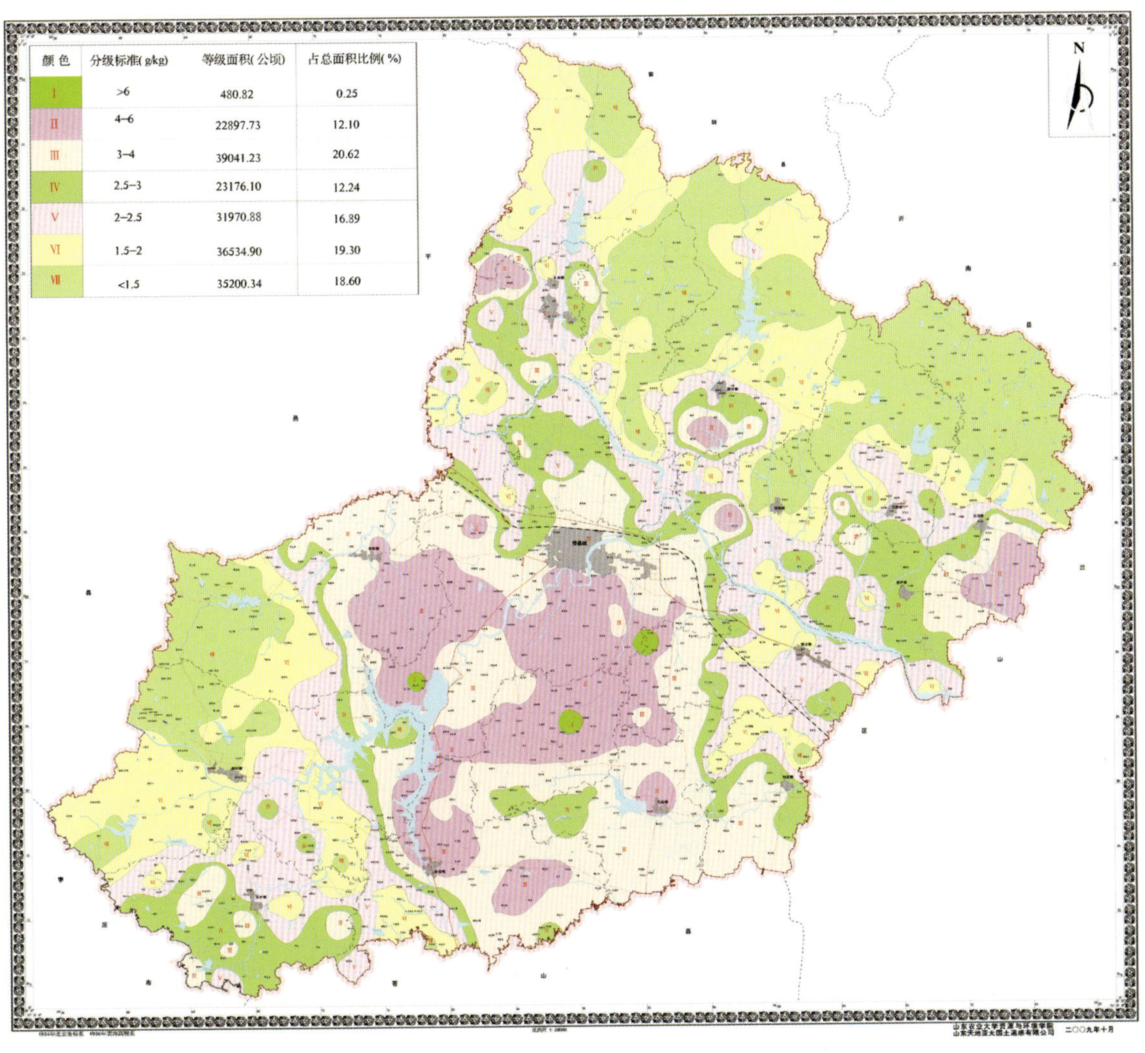

颜色	分级标准(g/kg)	等级面积(公顷)	占总面积比例(%)
Ⅰ	>6	480.82	0.25
Ⅱ	4–6	22897.73	12.10
Ⅲ	3–4	39041.23	20.62
Ⅳ	2.5–3	23176.10	12.24
Ⅴ	2–2.5	31970.88	16.89
Ⅵ	1.5–2	36534.90	19.30
Ⅶ	<1.5	35200.34	18.60

附图 6：

费县土壤交换性镁含量分布图

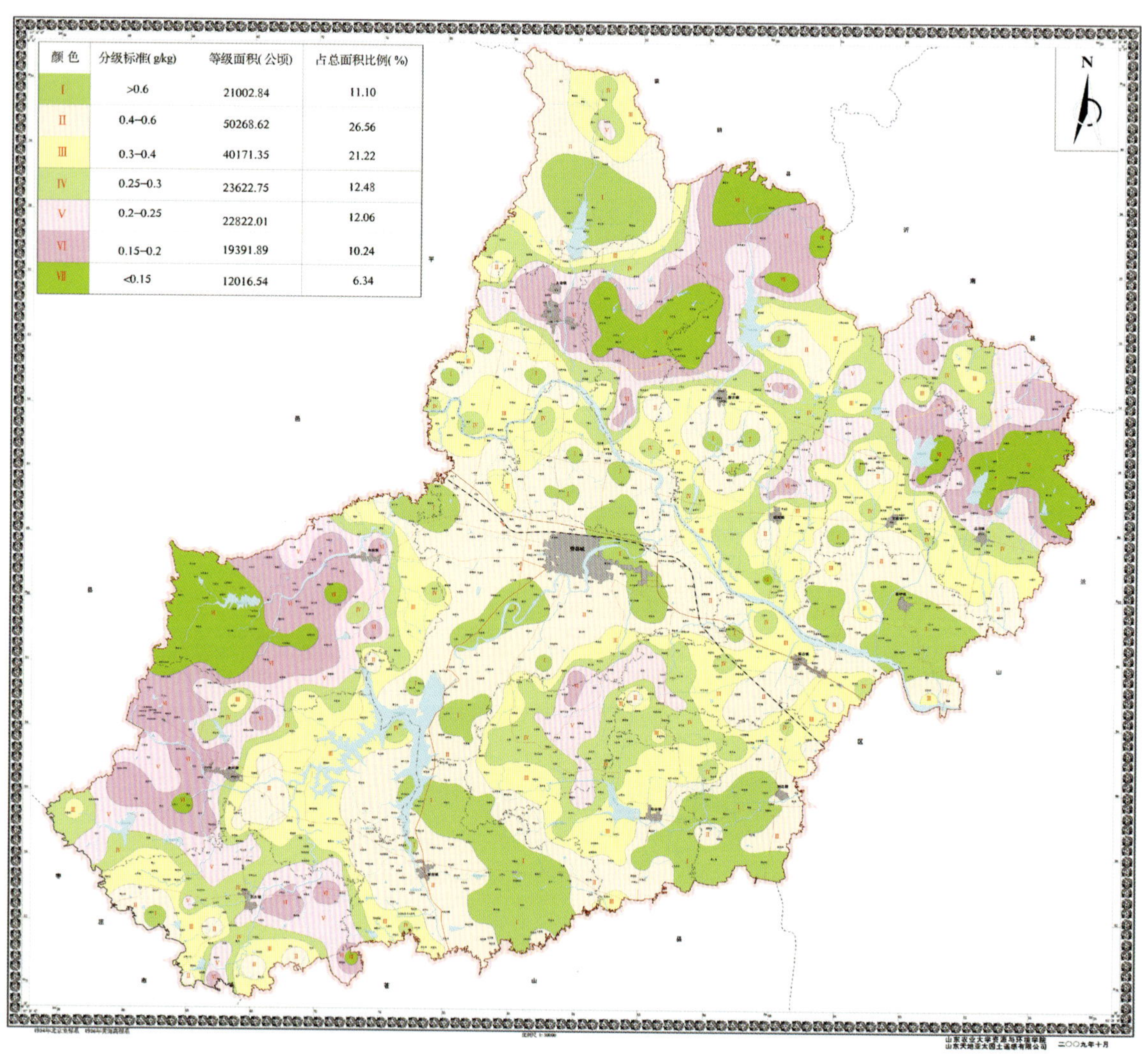

附图 7：

费县土壤全氮含量分布图

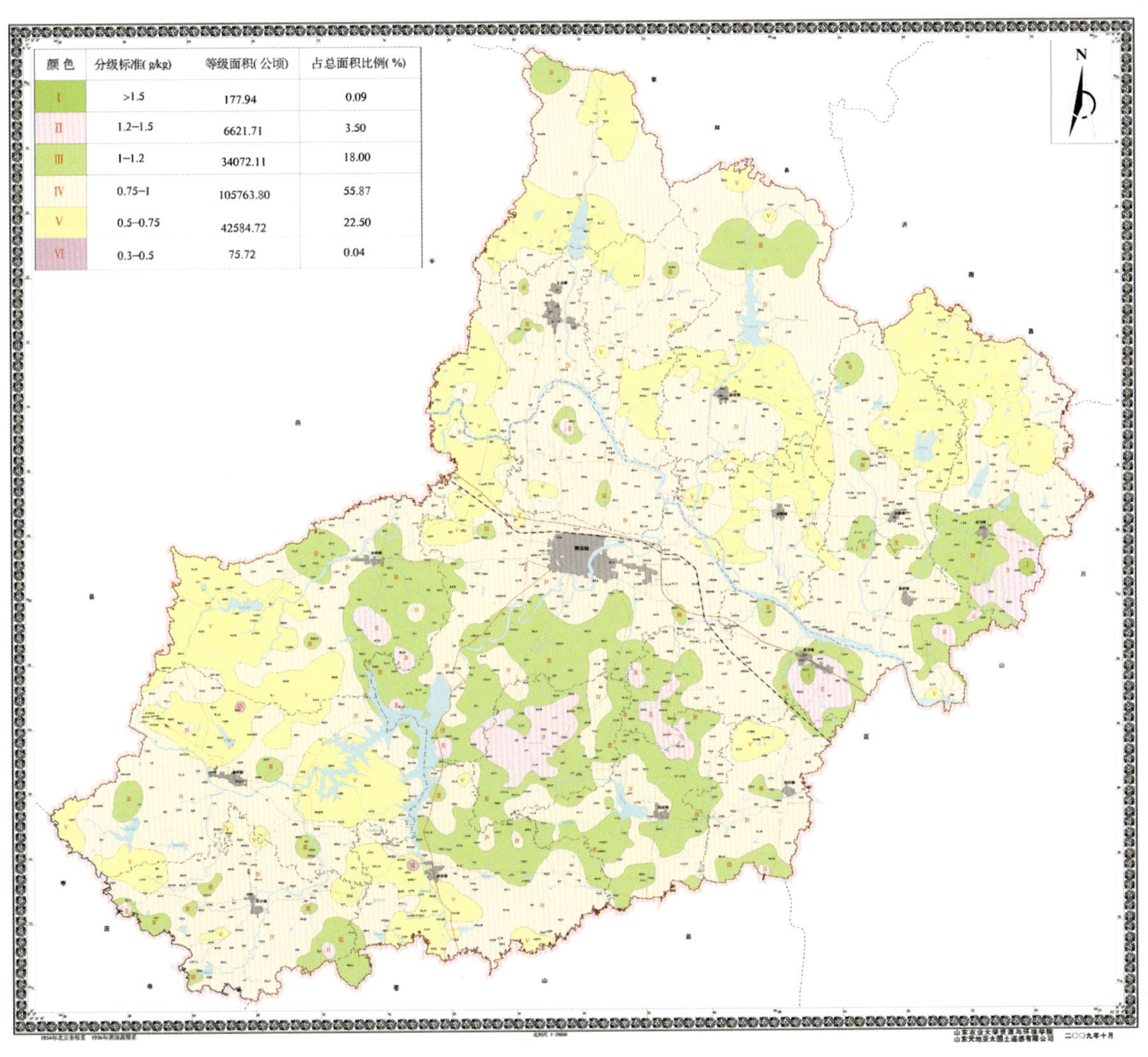

附图 8：

费县土壤速效钾含量分布图

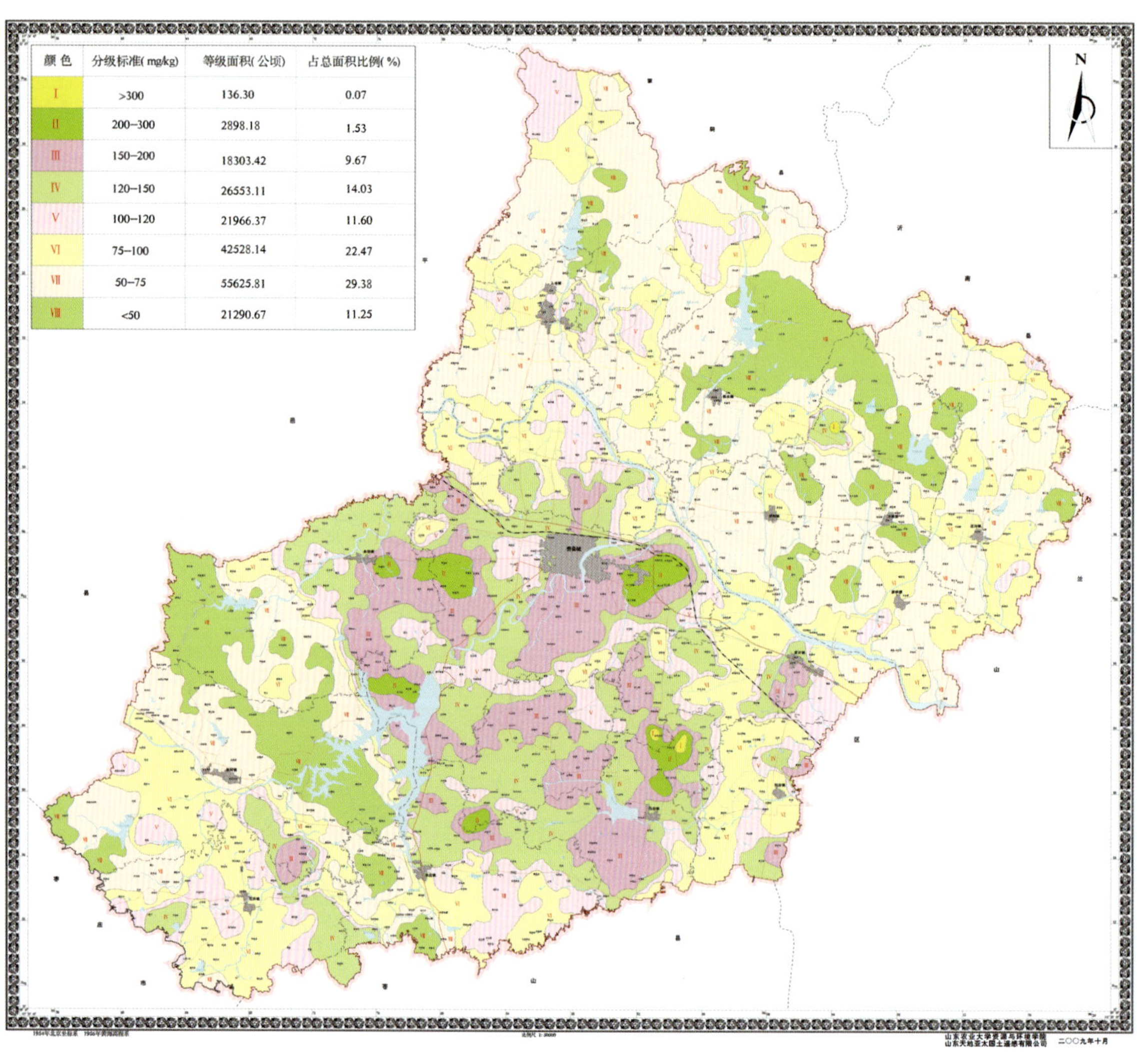

附图 9：

费县土壤有机质含量分布图

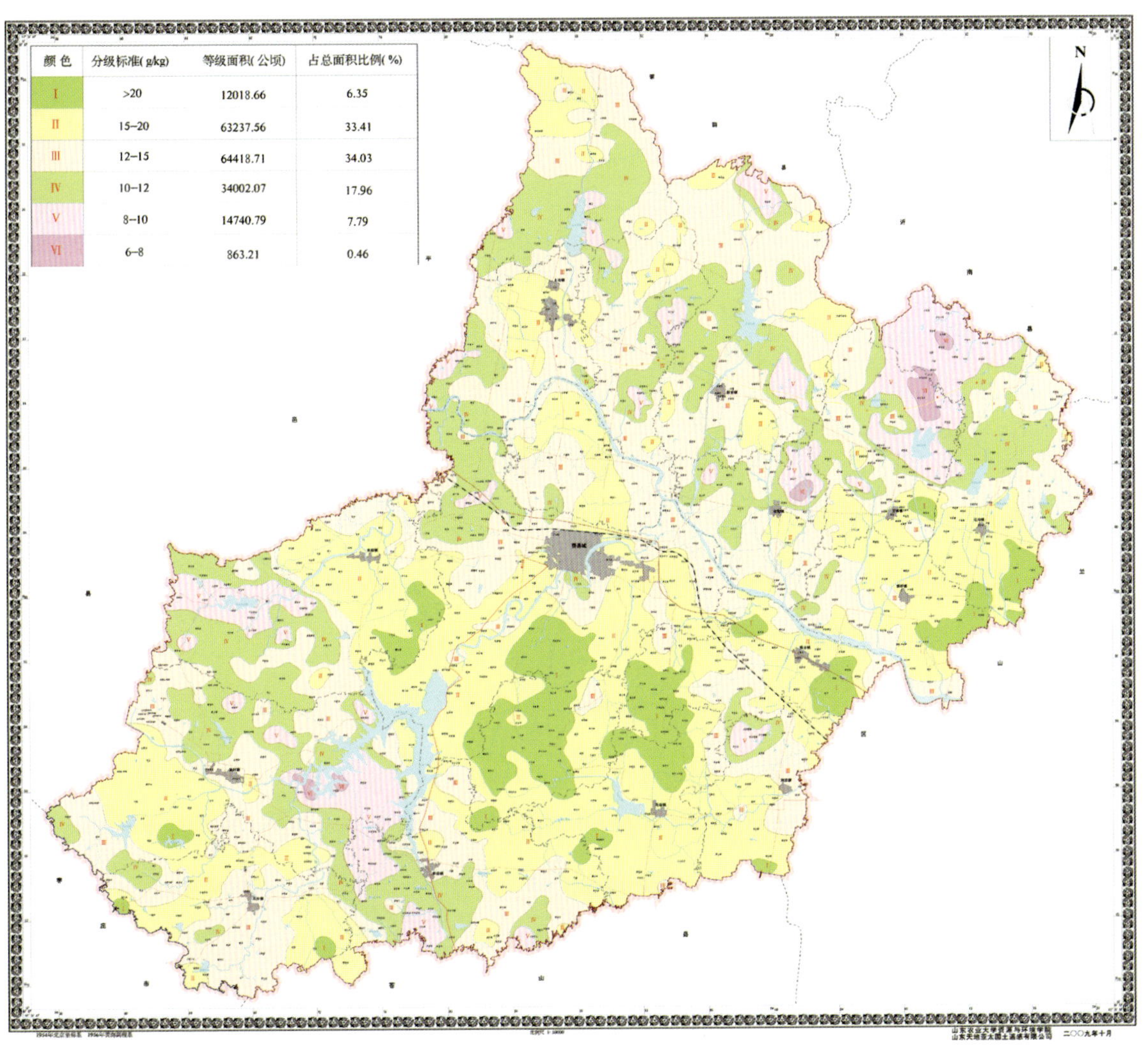

附图 10：

费县土壤有效磷含量分布图

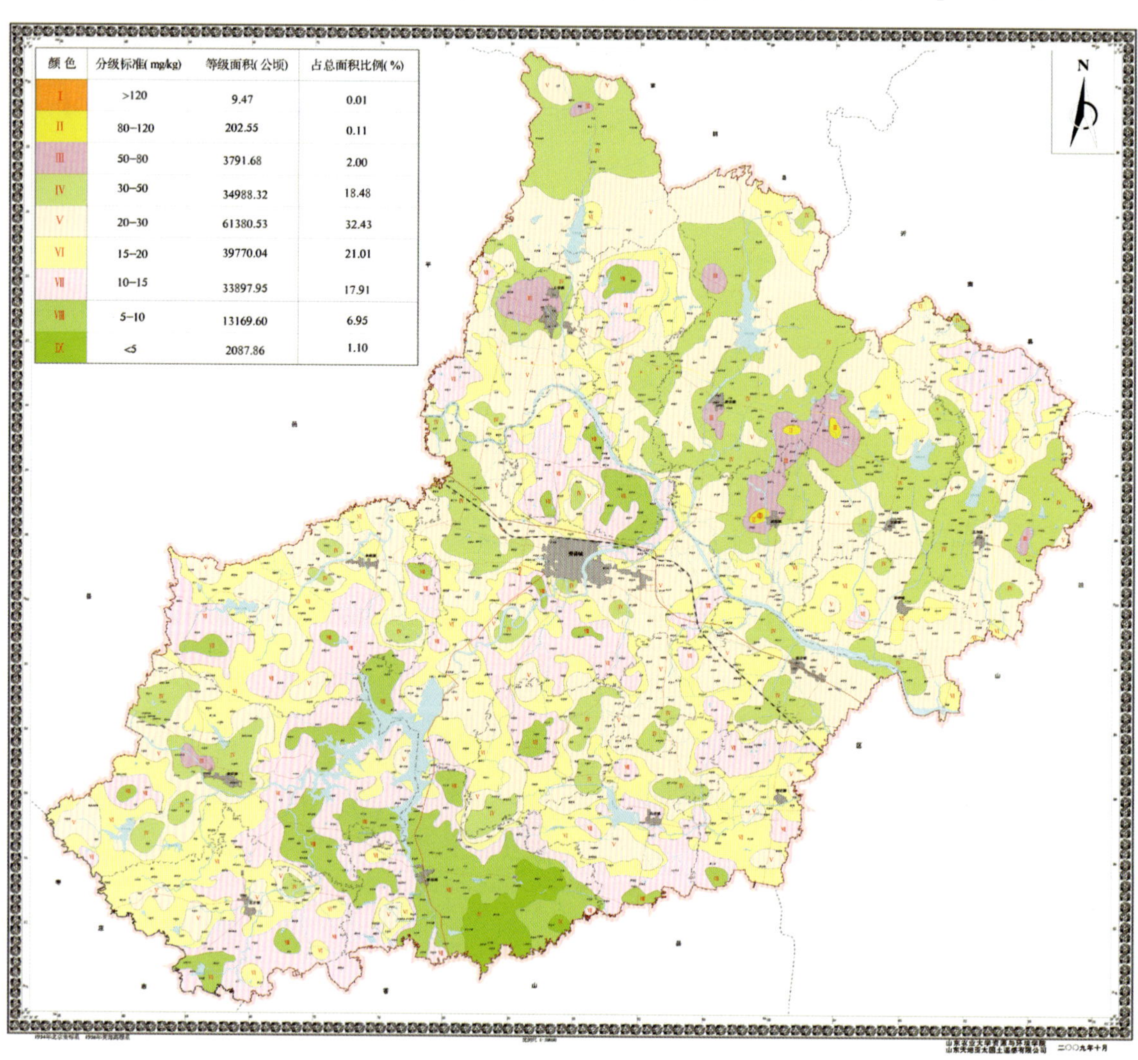

颜色	分级标准(mg/kg)	等级面积(公顷)	占总面积比例(%)
Ⅰ	>120	9.47	0.01
Ⅱ	80–120	202.55	0.11
Ⅲ	50–80	3791.68	2.00
Ⅳ	30–50	34988.32	18.48
Ⅴ	20–30	61380.53	32.43
Ⅵ	15–20	39770.04	21.01
Ⅶ	10–15	33897.95	17.91
Ⅷ	5–10	13169.60	6.95
Ⅸ	<5	2087.86	1.10

附图 11：

费县土壤有效硫含量分布图

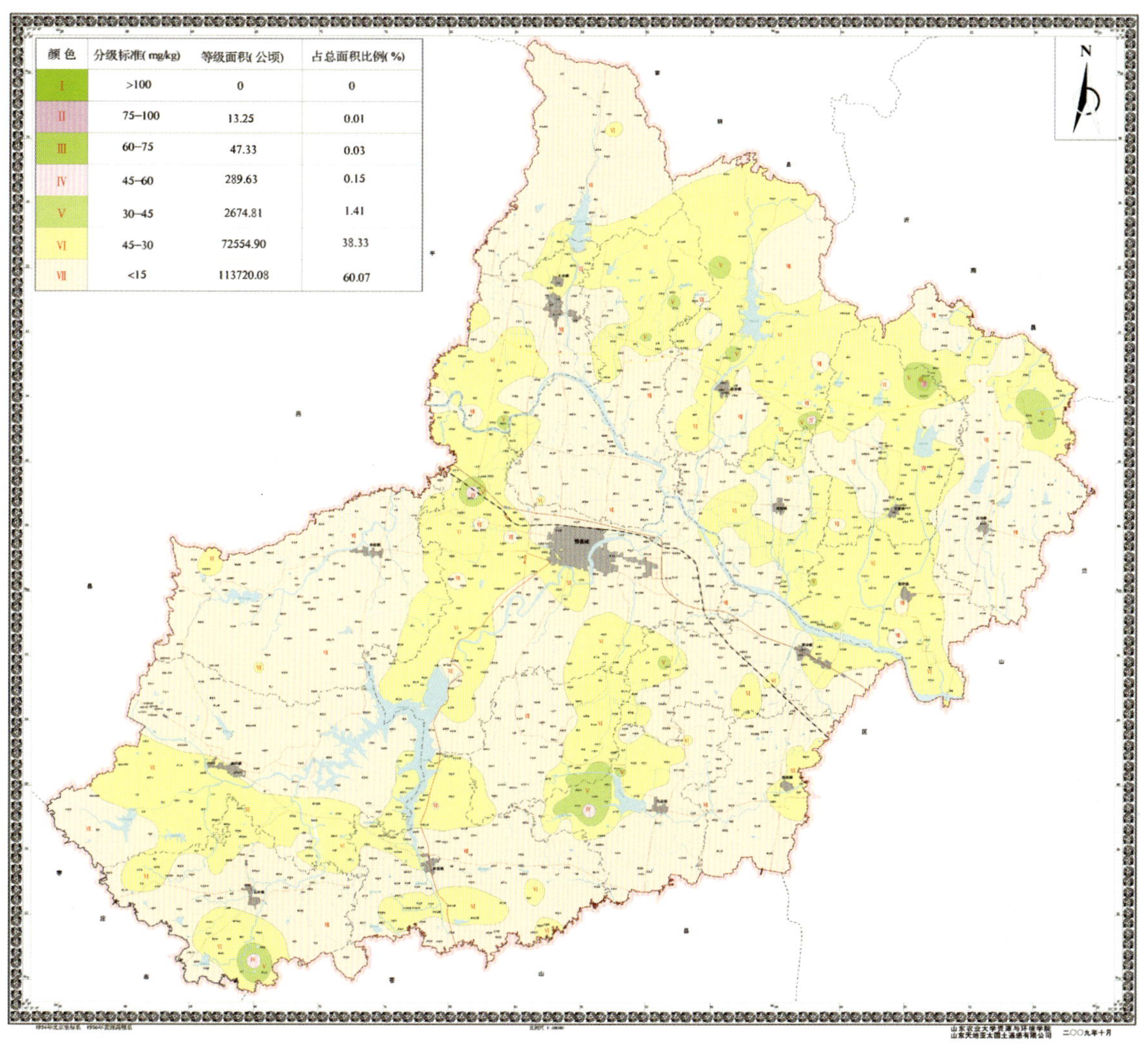

附图 12：

费县土壤有效锰含量分布图

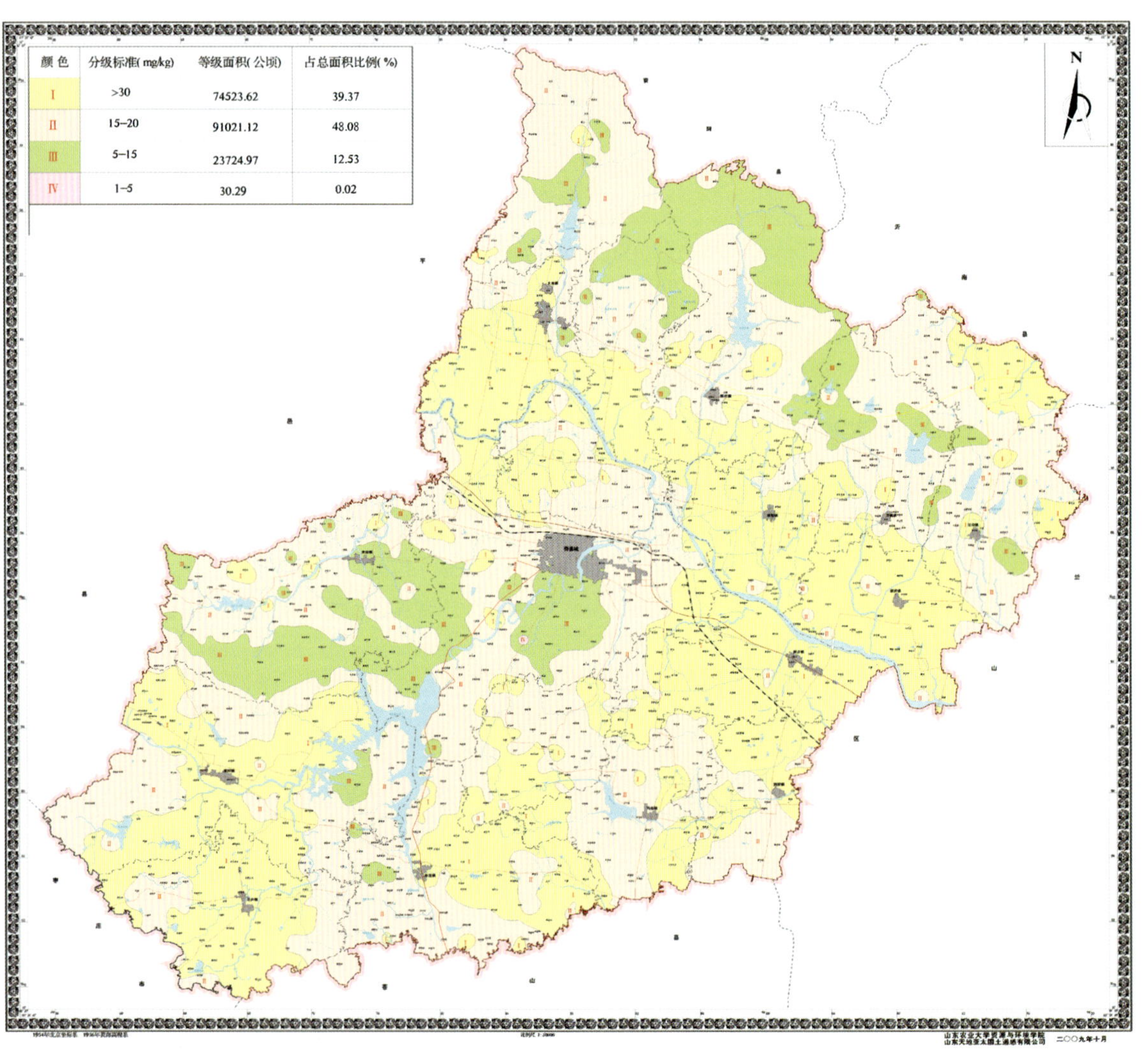

附图 13：

费县土壤有效钼含量分布图

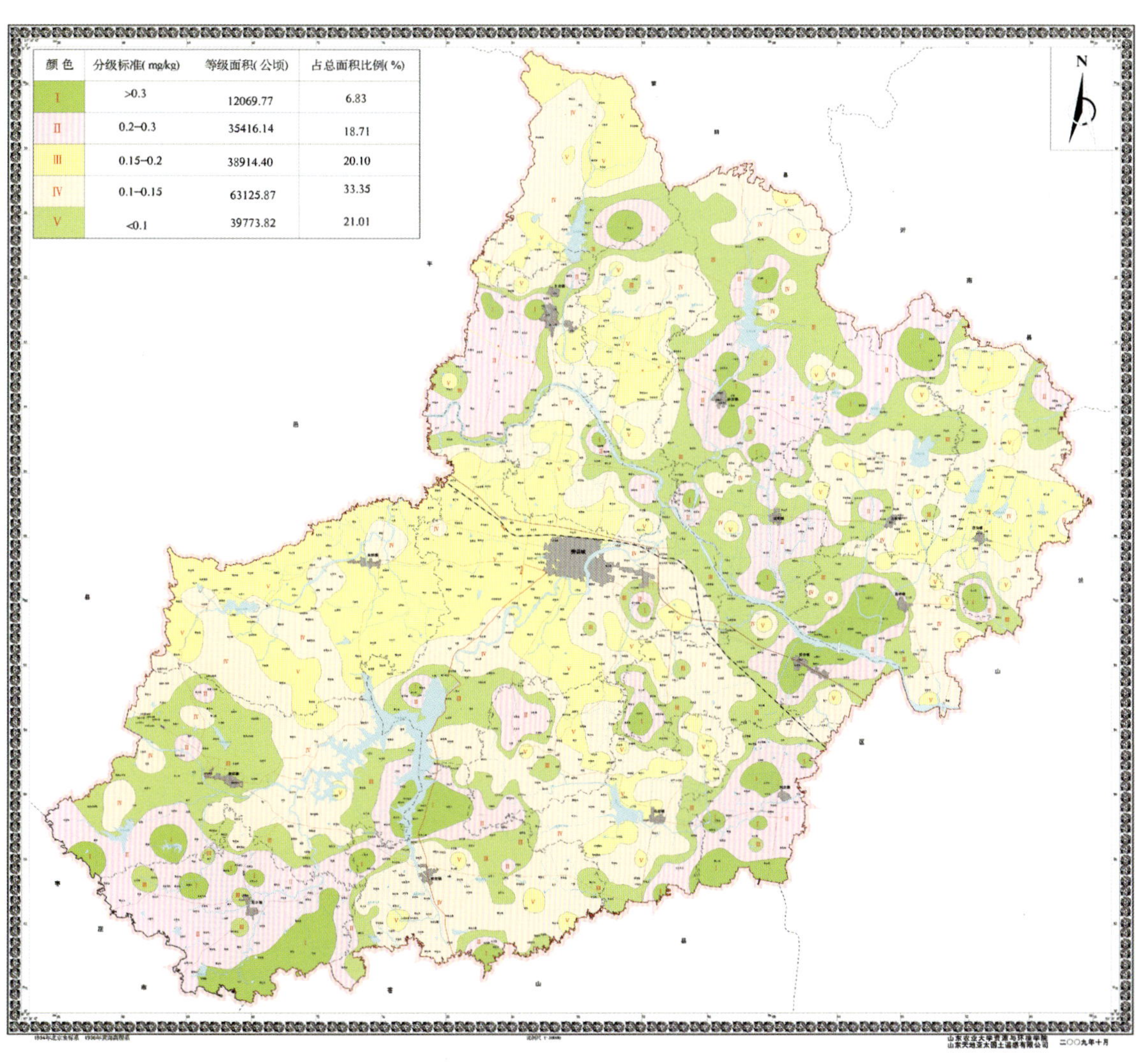

附图 14：

费县土壤有效硼含量分布图

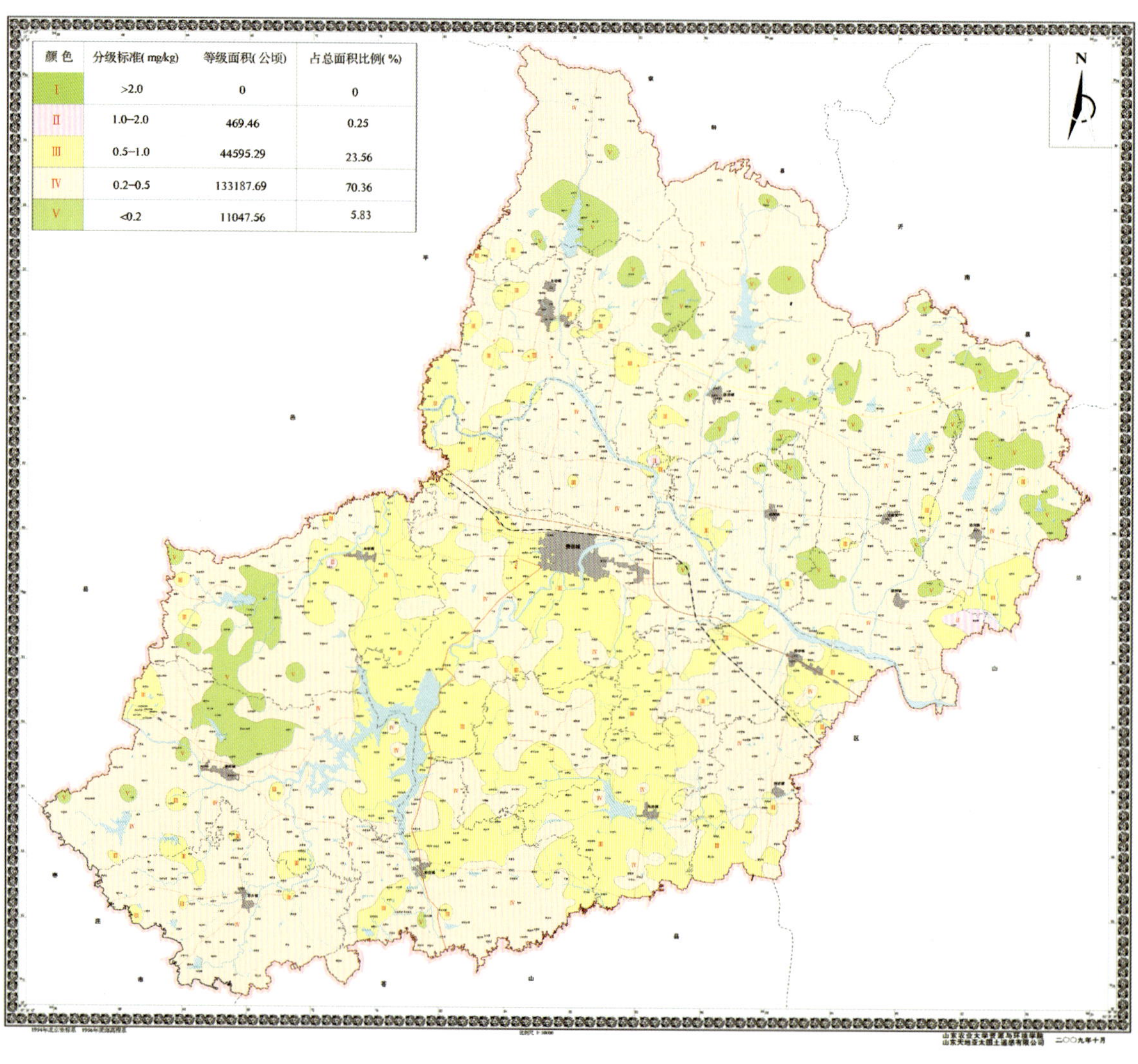

附图 15：

费县土壤有效铁含量分布图

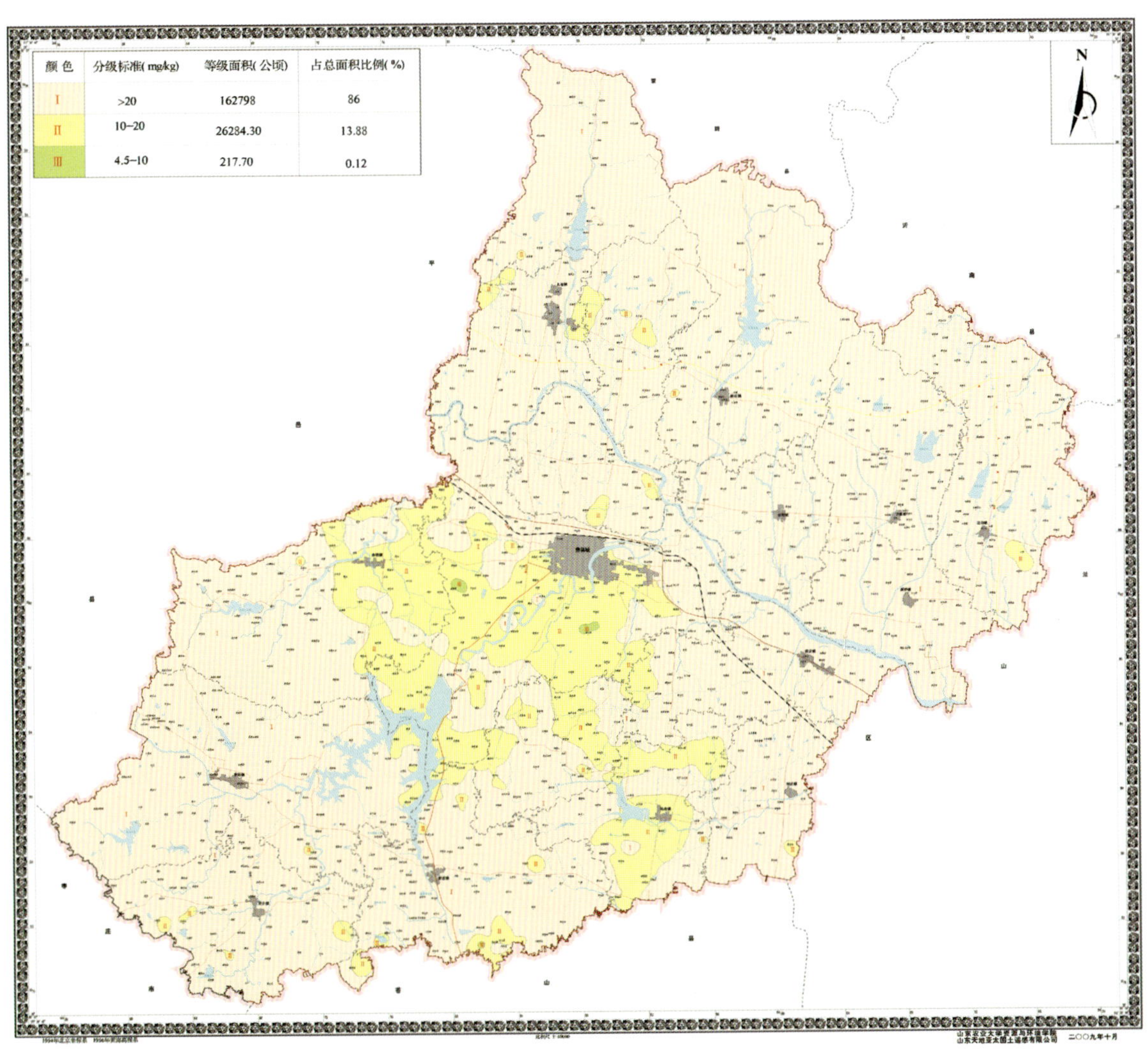

附图 16：

费县土壤有效铜含量分布图

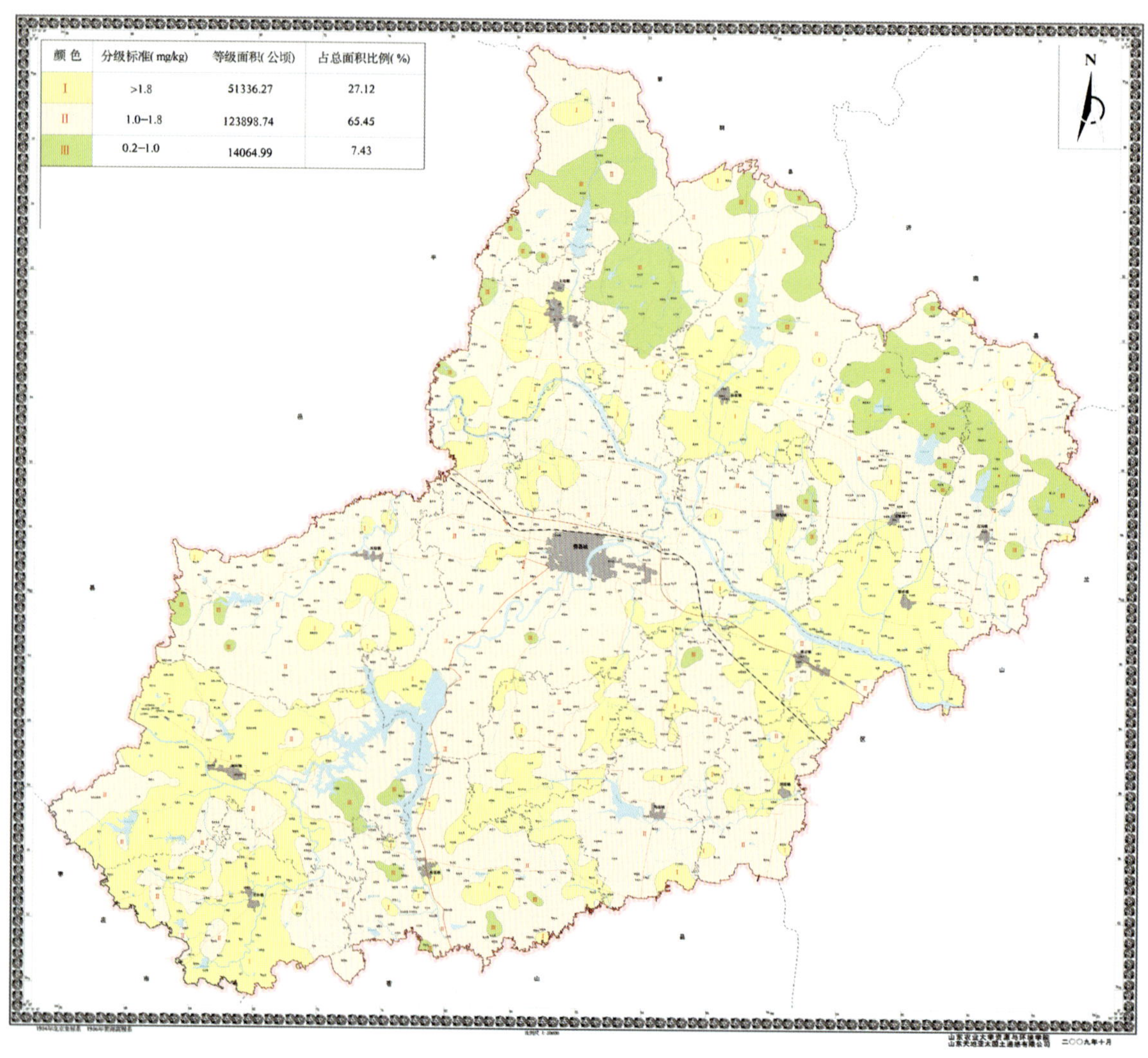

附图 17：

费县土壤有效锌含量分布图

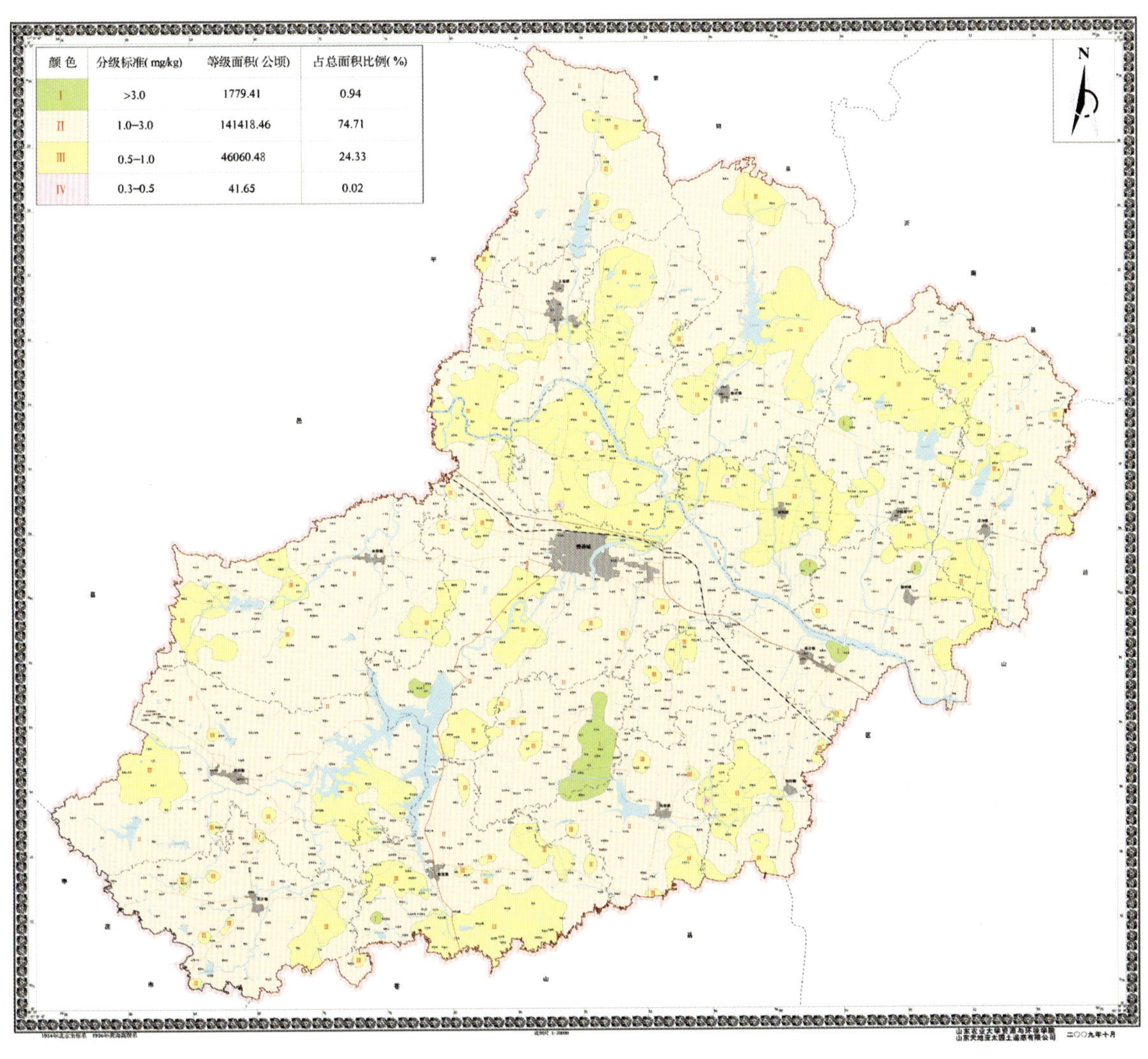

颜色	分级标准(mg/kg)	等级面积(公顷)	占总面积比例(%)
Ⅰ	>3.0	1779.41	0.94
Ⅱ	1.0–3.0	141418.46	74.71
Ⅲ	0.5–1.0	46060.48	24.33
Ⅳ	0.3–0.5	41.65	0.02

附图 18：

费县耕地地力调查点点位图

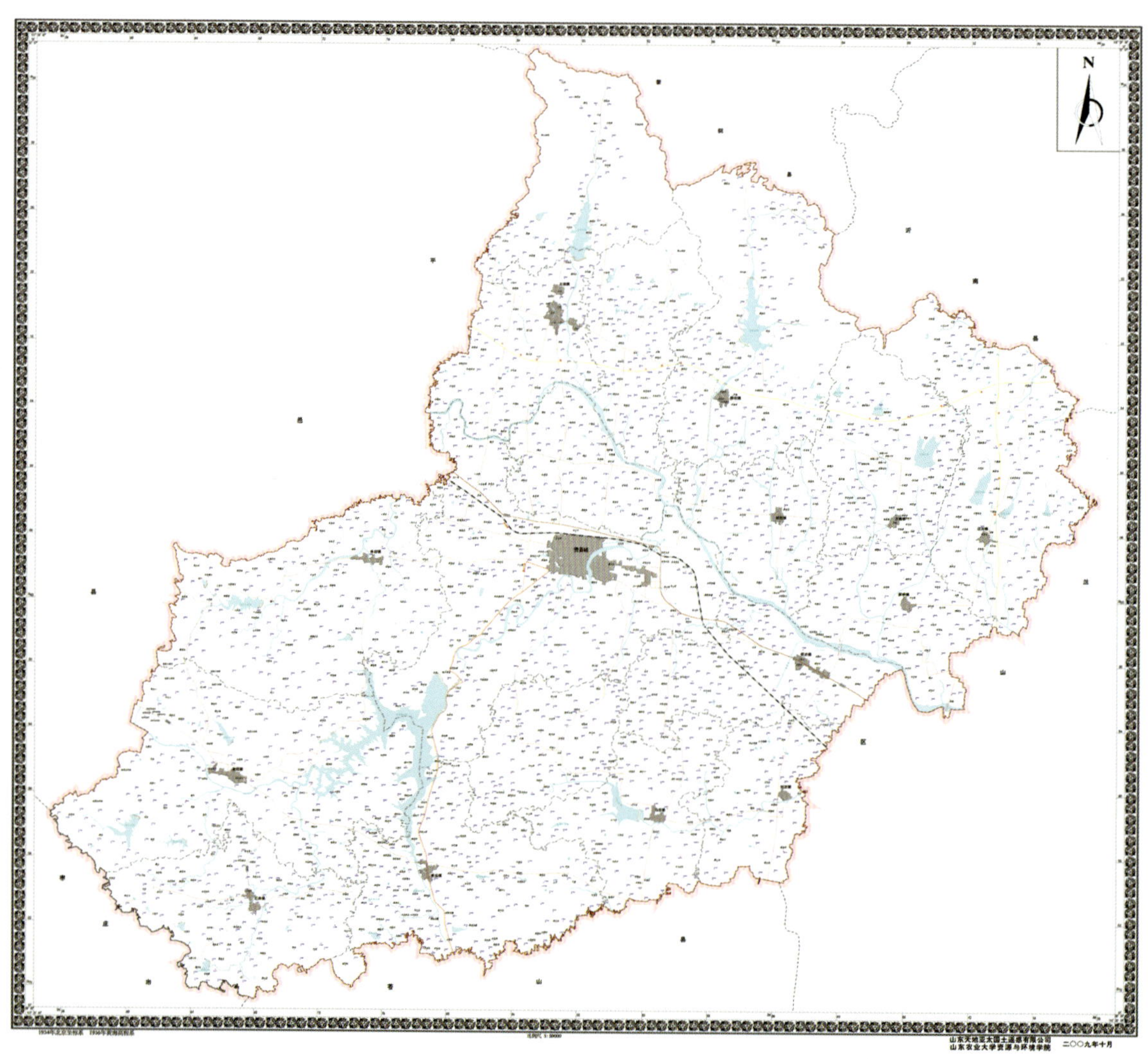

附图 19：

费 县 坡 度 图

N
图 例
0~0.2
0.2~0.5
0.5~1
1~3
3~5
5~7
7~10
10~15
15~25
>25
山东天地亚太国土遥感有限公司
山东农业大学资源与环境学院
二〇〇九年十月

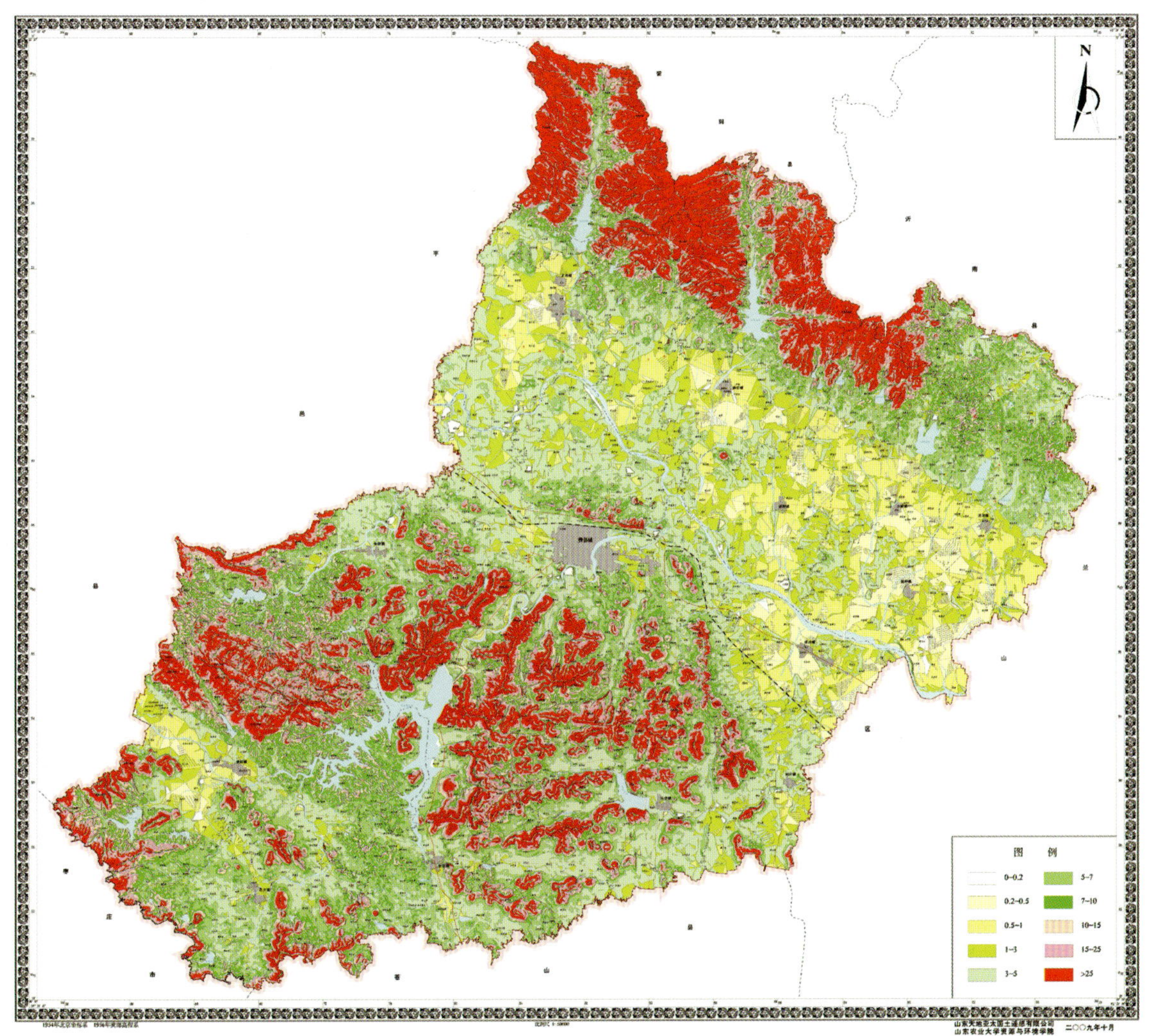

附图 20：

费 县 灌 溉 分 区 图

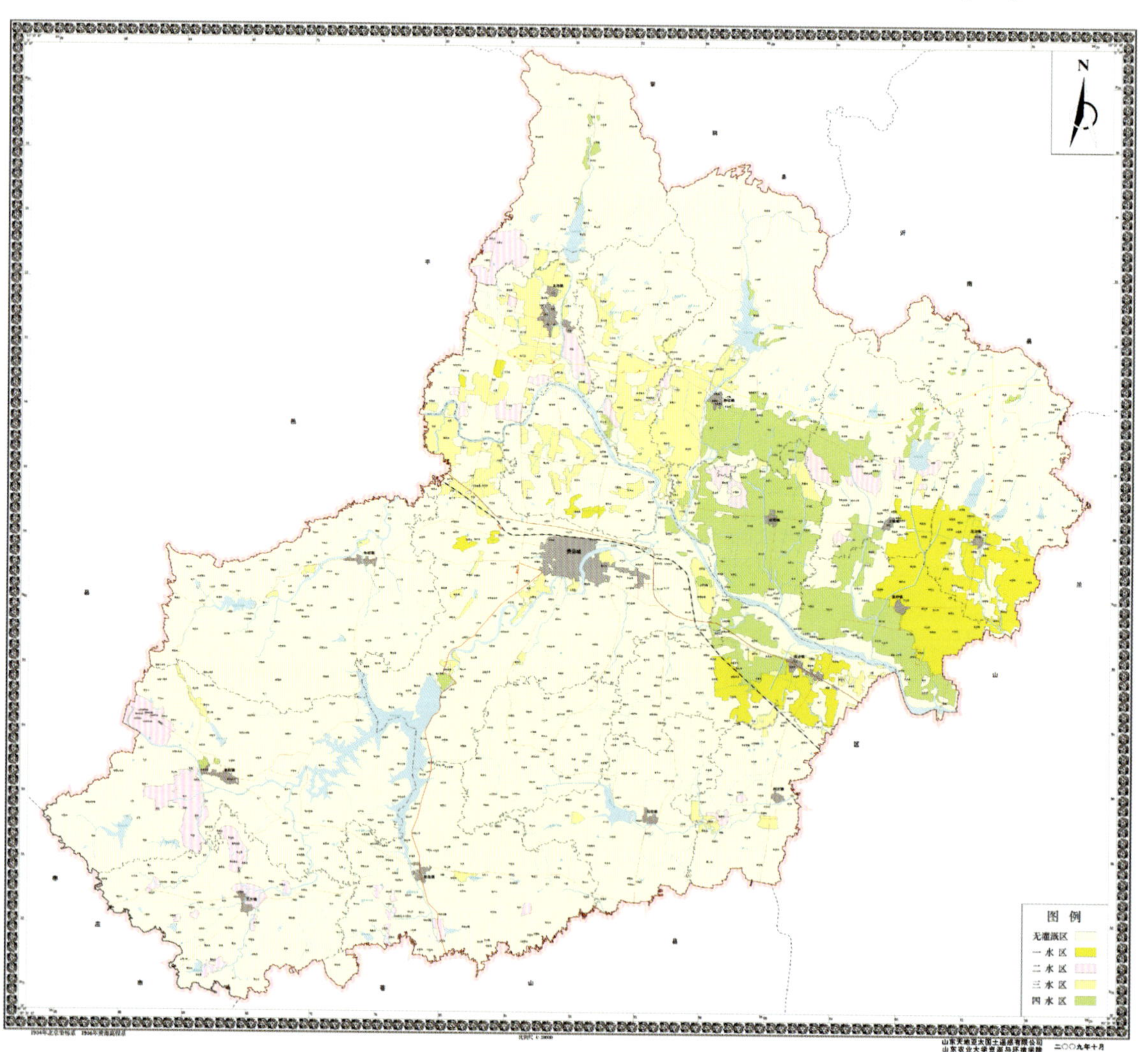

附图 21：

费县地理底图

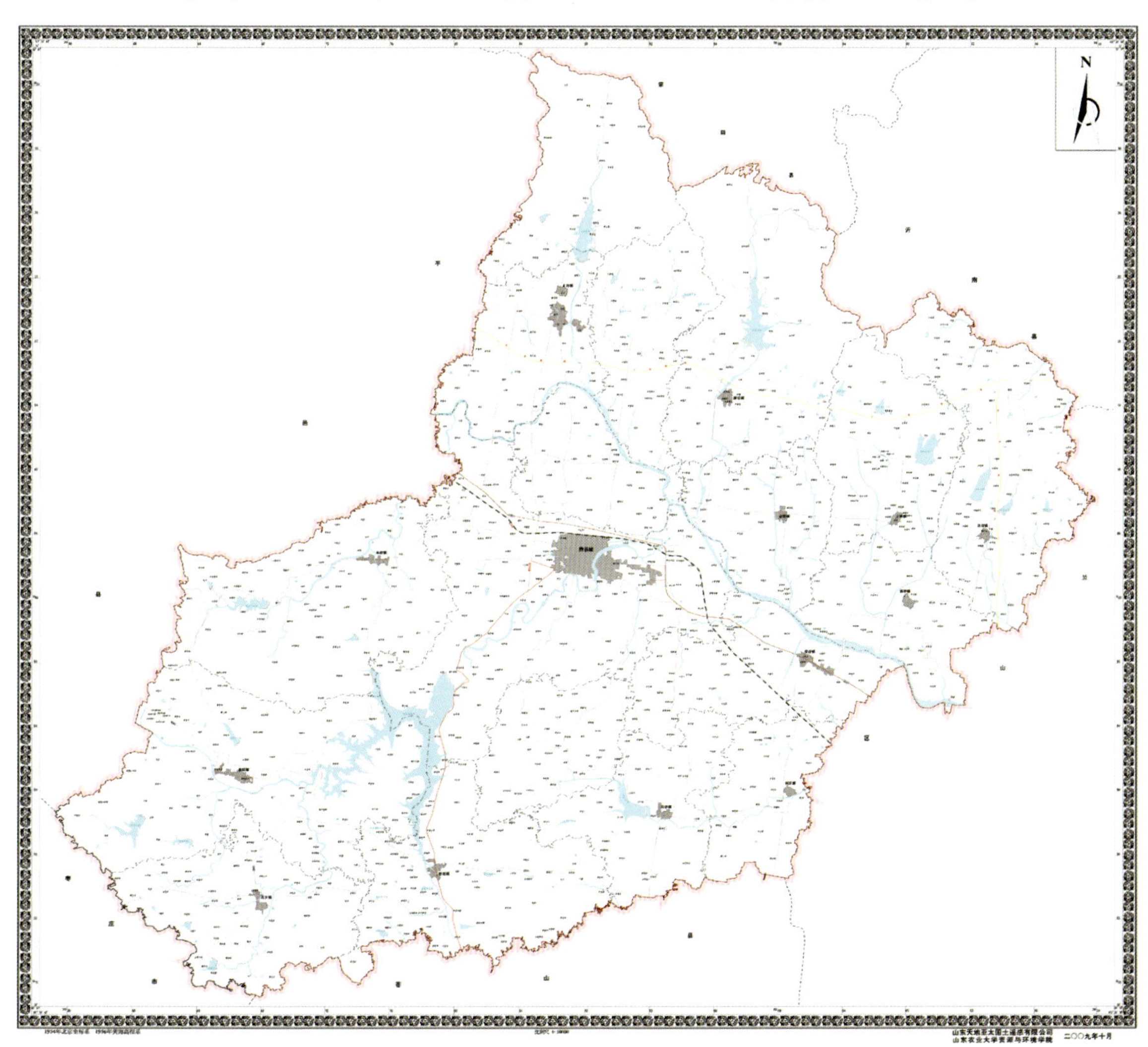

附图 22：

费 县 地 貌 图

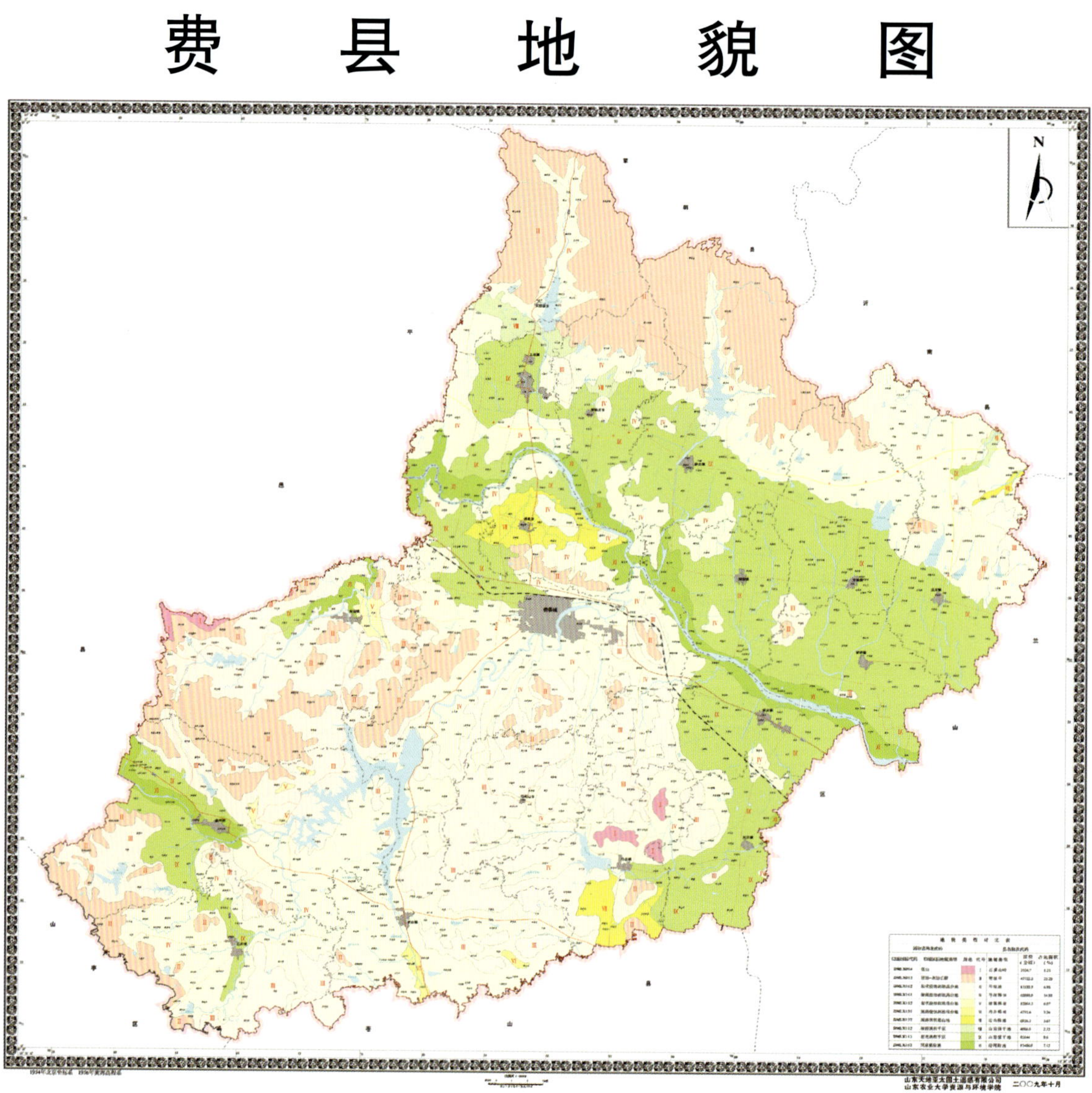

附图 23：

费 县 土 地 利 用 现 状 图

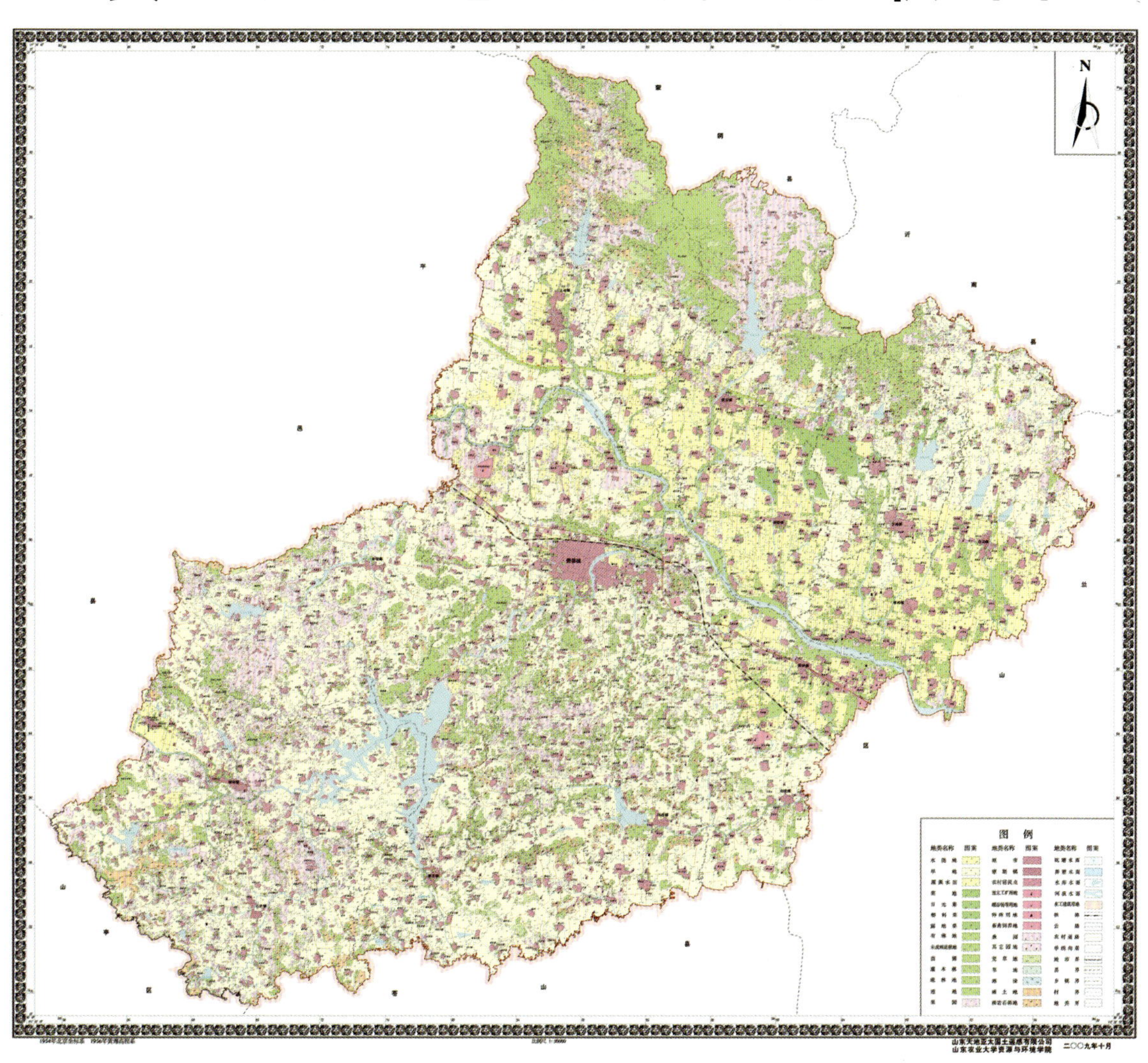

附图 24：

费 县 土 壤 图

1954年北京坐标系 1956年黄海高程系
山东天地亚太国土遥感有限公司
山东农业大学资源与环境学院
二〇〇九年十月

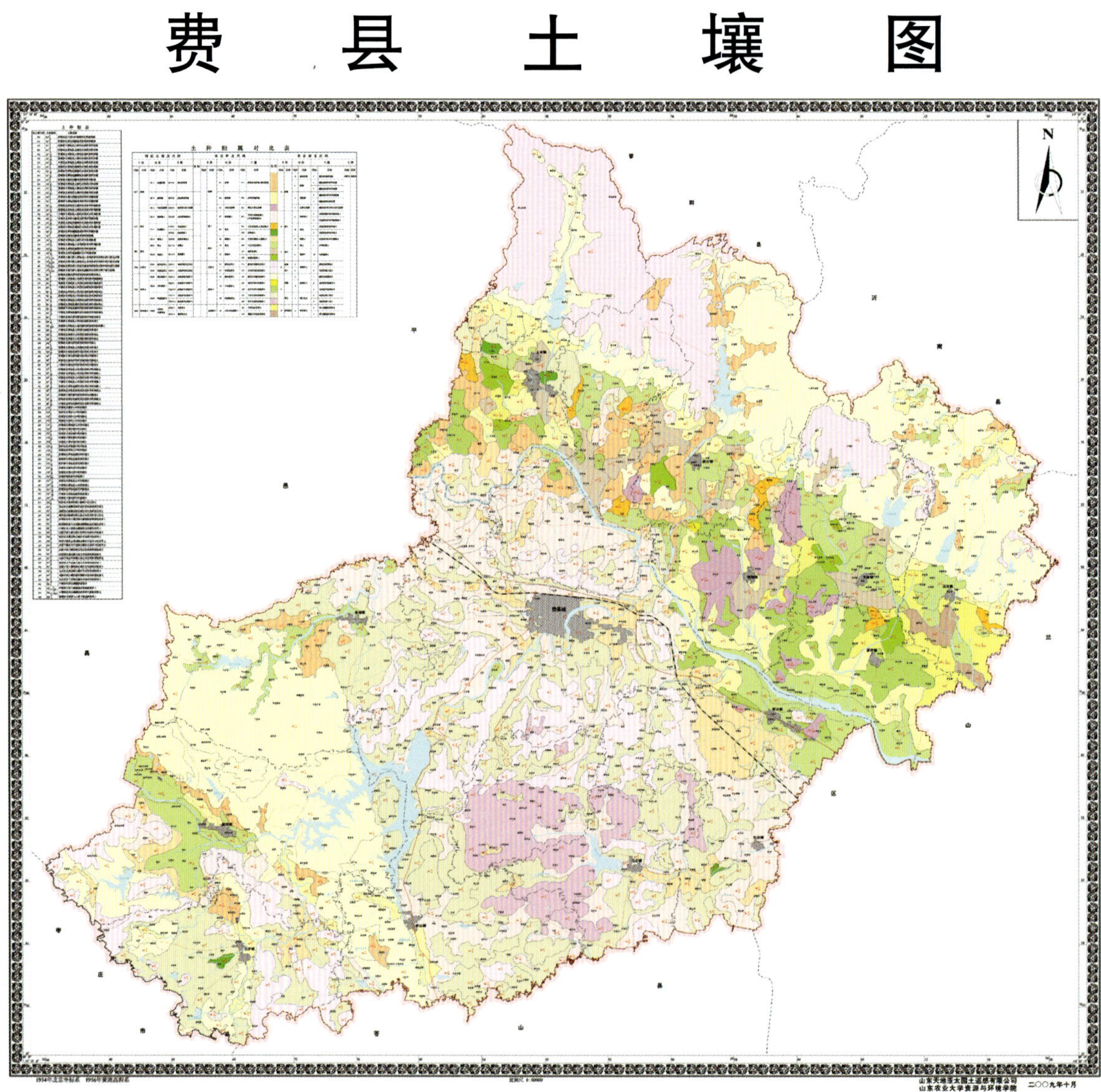